高等学校规划教材

土木工程制图

蒋红英　盛尚雄　编著
王秀丽　主审

中国建筑工业出版社

图书在版编目（CIP）数据

土木工程制图（含土木工程制图习题集）/蒋红英，盛尚雄编著. —北京：中国建筑工业出版社，2006（2023.8重印）
高等学校规划教材
ISBN 978-7-112-08551-4

Ⅰ.土… Ⅱ.①蒋…②盛… Ⅲ.土木工程-建筑制图-高等学校-教材　Ⅳ.TU204

中国版本图书馆CIP数据核字（2006）第095438号

高 等 学 校 规 划 教 材
土 木 工 程 制 图
蒋红英　盛尚雄　编著
王秀丽　主审
*
中国建筑工业出版社出版、发行（北京西郊百万庄）
各地新华书店、建筑书店经销
北京红光制版公司制版
建工社（河北）印刷有限公司印刷
*

开本：787×1092毫米　1/16　印张：34　字数：643千字
2006年8月第一版　2023年8月第十一次印刷
定价：**54.00**元（含习题集）
ISBN 978-7-112-08551-4
(20938)

版权所有　翻印必究
如有印装质量问题，可寄本社退换
（邮政编码 100037）

本书依据高等学校工科制图课程教学指导委员会制定的《画法几何及土木工程制图课程教学基本要求》的精神,按照《房屋建筑制图统一标准》(GB/T 50001—2001)编写。本书主要内容包括:绪论,点、直线和平面的投影,平面立体的投影,曲面立体的投影,工程上常用的曲线与曲面,轴测投影,建筑制图国家标准的基本规定,组合体的投影,建筑形体的表达方法,建筑施工图,结构施工图,建筑给水排水工程图,桥梁、涵洞、隧道工程图,Auto CAD2006绘图基本方法与技能等。

遵循形象思维、模仿思维、空间与平面对应思维的三维训练思想方法,由感性认识到理性认识、先由三维立体再到二维平面图形的认识规律,不论是画法几何教学内容,还是三视图、组合体、剖面图、施工图等都采用了大量配套的三维立体图样,图文并茂;并编写了 Auto CAD2006,更有利于计算机技术的学习与应用。

本书配有相应的习题集,题目简洁明了,学生对作业内容可根据自己的实际情况有很大的选择性。本书适合于土木工程、建筑学、城市规划、工程管理、给水排水工程等专业不同层次的学生学习,特别适合学时少而通过较少时间能够尽快掌握三维空间投影规律的学生及相关工程技术人员。

* * *

责任编辑:王 跃 牛 松
责任设计:董建平
责任校对:张树梅 王金珠

前言

自上世纪末教育部实施新的普通高校本专科专业目录以来，我国对高等教育专业设置进行了较大幅度的调整，现有的土木工程专业涵盖原有的建筑工程、交通土建工程、桥梁工程、地下工程等专业，原有教材难以在课程门数多，学时少的情况下满足国家拓宽专业口径的要求。为了适应土木工程专业课程教学的要求，本书是以土木工程专业指导委员会制定的《画法几何及土木工程制图》教学大纲为基本依据，根据建设部高等学校土木工程学科专业指导委员会关于当前大中专院校专业设置的调整以及拓宽专业面、优化课程结构、精选教学内容的要求，并结合当前我国普通高校专业基础课的教育发展趋势编写的。

本教材注重突出教学基本要求规定的必学内容，尽量做到层次分明，深浅适当，详略适度，循序渐进，图文并茂。在理论和实践相结合方面，教材突出了科学性、时代性、实践性的编写原则，全书尽可能地按照国家的最新标准、规范和规程编写，并在内容上注意推陈出新，为学生的后续课程学习打下良好的基础。

"构成我们学习最大障碍的是已知的东西，而不是未知的东西。"如何利用更少的时间，摄取更多的新知识、新方法是当代大学生不断的追求。所以，调整固有课程的内容，加强本门学科实践内容，给学生提供更宽松的学习空间是编者的宗旨。对于创新思维来说，见林比见树更为重要，学生在特定的学习环境中有只见树木不见森林的危险。在世界的进步中，起作用的不是我们的才能，而是我们如何运用才能。如何运用自己的才能使学生尽快成才是至关重要的。试图研究如此广泛复杂课题的任何一本书，也许都难免会有不足之处，本书也在所难免。编者力图分析作出新发现的方法，综合有成就的老师的观点中带有普遍性的东西，提供给学生。

本书主要介绍土木工程制图的一般投影理论和读图、绘图方法以及计算机绘图与技能，吸取了近年来教学改革经验，紧密结合专业，注重从投影理论到制图实践的应用。遵循最新规范，并注意全书的系统性，力求反映近年来土木工程专业的发展水平。适用于土建类、水利类等相关专业的《土木工程制图》课程教学。全书分为二篇：第一篇画法几何，第二篇土木工程制图，同时新编了 Auto CAD2006 计算机绘图方法与技能。本书在编写过程中，得到了兰州理工大学土木工程学院的领导和教师们的大力支持，在此表示深切的谢意。

本书由兰州理工大学蒋红英、盛尚雄编著。其中第2章、第4章、第7章、第10章、第11章、第12章由蒋红英编写，绪论、第1章、第3章、第6章、第8章、第9章由盛尚雄编写，第5章、第13章由张兰英编写。全书由博士生导师王秀丽教授主审。

在编写过程中作者力图尽量避免不必要的错误，但由于编者水平有限，加之时间仓促，书中难免存在一些缺点和错误，欢迎广大师生批评指正。

目 录

第一篇 画法几何

绪论 ··· 1

第1章 点、直线和平面的投影 ·· 9
§1-1 点的投影 ·· 9
§1-2 直线的投影 ··· 14
§1-3 平面的投影 ··· 28
§1-4 换面法 ··· 37
§1-5 直线与平面、平面与平面的相对位置 ·· 43

第2章 平面立体的投影 ··· 48
§2-1 棱柱、棱锥（台）的投影 ·· 48
§2-2 平面立体表面上的点和直线 ·· 51
§2-3 平面立体的截割 ·· 52
§2-4 两平面立体相交 ·· 57
§2-5 同坡屋面的交线 ·· 60

第3章 曲面立体的投影 ··· 63
§3-1 回转体（圆柱、圆锥、圆球）的投影 ·· 63
§3-2 回转体的截割 ··· 68
*§3-3 平面体与回转体相交 ·· 73
§3-4 两回转体相贯 ··· 76

*第4章 规则曲线、曲面及曲面立体 ··· 82
§4-1 曲线 ·· 82
§4-2 曲线的形成与分类 ··· 82

第5章 轴测投影 ·· 88
§5-1 轴测投影的基本概念 ··· 88
§5-2 正等轴测图 ··· 90
§5-3 斜二测 ··· 98
§5-4 轴测剖视图的画法 ·· 101

第二篇 土木工程制图

第6章 建筑制图国家标准及其基本规定 ··· 104
§6-1 建筑制图国家标准的基本规定 ··· 104
§6-2 制图工具及使用 ·· 108

§6-3　几何作图 ··· 113
　　§6-4　尺寸的标注形式 ·· 116
第7章　组合体 ·· 121
　　§7-1　组合体的形体分析 ·· 121
　　§7-2　组合体的三视图及其画法 ··· 123
　　§7-3　组合体的尺寸注法 ·· 127
　　§7-4　组合体三视图的读图和补画视图 ··· 130
第8章　建筑形体的表达方法 ··· 136
　　§8-1　建筑形体的视图 ·· 136
　　§8-2　建筑形体的剖视图 ·· 141
　　§8-3　建筑形体的断面图 ·· 151
第9章　建筑施工图 ·· 154
　　§9-1　概述 ··· 154
　　§9-2　施工总说明及建筑总平面图 ·· 162
　　§9-3　建筑平面图 ·· 166
　　§9-4　建筑立面图 ·· 174
　　§9-5　建筑剖面图 ·· 178
　　§9-6　建筑详图 ··· 182
　　§9-7　绘制建筑平、立、剖面图的步骤和方法 ··· 190
　　§9-8　楼梯图画法 ·· 192
第10章　结构施工图 ··· 197
　　§10-1　概述 ··· 197
　　§10-2　结构平面图 ·· 202
　　§10-3　基础图 ·· 205
　　§10-4　钢筋混凝土构件结构详图 ··· 209
　　§10-5　钢结构图 ··· 213
第11章　建筑给水排水工程图 ··· 220
　　§11-1　管道平面图 ·· 220
　　§11-2　管道系统图 ·· 225
　　§11-3　室外给水排水平面图 ··· 227
第12章　桥梁、涵洞、隧道工程图 ··· 229
　　§12-1　桥墩图 ·· 229
　　§12-2　桥台图 ·· 233
　　§12-3　涵洞的构造 ·· 237
　　§12-4　隧道洞门图 ·· 239
第13章　AutoCAD2006绘图基本方法与技能 ·· 244
　　§13-1　AutoCAD基础知识 ·· 244
　　§13-2　设置绘图环境 ··· 248
　　§13-3　绘制二维图形 ··· 259

§13-4 编辑二维图形 …………………………………………………………… 274
§13-5 尺寸和文本的标注与编辑 ………………………………………………… 281
§13-6 图块与属性 ………………………………………………………………… 292
参考文献 …………………………………………………………………………… 295

第一篇 画法几何

绪 论

土木工程制图是培养绘制和阅读土木工程图样基本能力的技术基础课。土木工程图样是土木工程建设中的重要技术文件，工程图纸表达了有关工程建筑物的形状、构造、尺寸、工程数量以及各项技术要求和建造工艺，在设计和施工建造中起着记载、传达技术思想和指导生产实践的作用。通过系统地学习这门课程，可以使学生具有一定的空间想像能力和思维能力，并掌握把空间几何元素和空间形体的三维信息用投影原理准确地转换并表达为平面二维信息的技能。据此，设计师和工程师能够把所设计建筑物和相关设施的形状、大小、相对位置及技术要求等准确地在图纸上表达出来，工程实施部门则根据图纸的要求建造出建筑物。

§0-1 画法几何及土木工程制图的任务

画法几何像几何学的其他分支一样，也是把空间的几何元素（点、线、面）和几何形体作为研究对象，解决它们各自的和相互之间的定形、定位及度量等问题。所不同的是，画法几何在解决上述问题时，主要采用图解和图示的方式，即以"图"作为答案，而不是用解析的方法以符号、数字或方程式作为答案。因此，画法几何的"图"不是示意性的，而是可以度量且具有一定精度的。由此可见，画法几何主要研究空间几何元素和几何形体的表达方法以及它们之间的定位及度量问题。

工程设计离不开图样。它是设计构思、技术交流的重要工具，是施工和建造必备的技术文件。土木工程制图的重点是贯彻执行制图国家标准，研究绘制和阅读土木工程图样的理论和方法，为日后从事专业工作打下必要的基础。

因此，画法几何及土木工程制图的基本任务是：

(1) 研究空间几何问题的图解法。

(2) 研究几何元素和几何形体的图示法（即绘图原理）以及由图样确定空间形体形状的基本方法（即读图方法）。

(3) 培养绘制和阅读土木工程图样的基本能力。

(4) 培养和发展空间思维能力和创新能力。

图解法、图示法、空间思维能力、绘图能力、读图能力和创新能力是每一个当代的工程技术人员从事本职工作时所必须具备的基本素质。

由于画法几何及土木工程制图是以投影法为基础的，因此下面先介绍有关投影法的基本知识。

§0-2 投影法的基本概念

一、投影法

现代一切工程图样的绘制都是以投影法为基础的。

人们受到光线照射物体在平面上投下影子的自然现象启示,创造了投射线通过物体,向选定的面投射,并在该面上得到图形的方法,这种方法称为投影法。

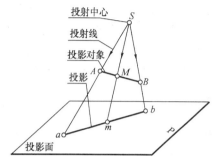

图 0-1 投影的基本概念

如图 0-1 所示,由投射中心 S 作出直线段 AB 在投影面 P 上的投影 ab 的过程是:过投射中心 S 作射线 SA、SB 分别与投影面 P 相交,于是得点 A、B 的投影 a、b;连接 a、b,则直线段 ab 就是直线段 AB 在投影面 P 上的投影。因此,为了得到空间几何元素或几何形体的投影,必须具备如下三个条件:

(1) 投射中心和从投射中心发出的投射线;
(2) 投影面——不通过投射中心的承影平面;
(3) 投影对象——空间的几何元素或几何形体(其所处的空间位置可以在投影面的任意一侧或投影面上)。条件确定后,投影对象在投影面上所产生的投影图形就是惟一的。或者说该图形是通过投影对象的一系列投射线(例如 SA、SB、SM)与投影面 P 的交点(例如 a、b、m)的总和。

二、投影法分类

1. 中心投影法

当投射中心 S 距投影面 P 为有限远时,所有的投射线都从投射中心一点出发,如图 0-2 所示,这种投影方法称为中心投影法。用中心投影法所获得的投影称中心投影。由于中心投影法所有投射线对投影面的倾角均不一致,因此所获得的投影,其形状大小与投影对象本身在度量问题上有着较复杂的关系。

用中心投影法投影所得到的建筑物或工业产品的图形通常是一种能反映它们的三维空间形态的立体图,其真实感强,但度量性差。这种图习惯上称之为透视图(如图 0-2 所示)。

2. 平行投影法

当投射中心 S 移向投影面 P 外无限远处,即所有投射线变成互相平行时,如图 0-3 所示,这种投影法称为平行投影法。其中,根据投射线与投影面 P 的相对位置的不同,又可分为正投影法和斜投影法两种。

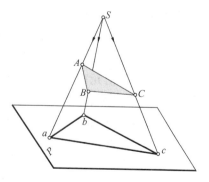

图 0-2 中心投影法

(1) 正投影法 投射线垂直于投影面 P 的投影方法称为正投影法,用这种方法获得的投影称为正投影。如图 0-3(a)所示,正投影是平行投影中的惟一的一种特殊情况。由于正投影法所有投射线对投影面的倾角都是 90°,因此所获得的投影,其形状大小与投

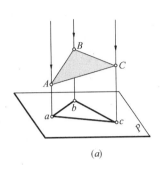 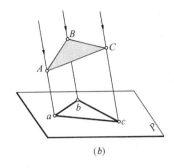

图 0-3 平行投影法

(a) 投射线垂直于投影面；(b) 投射线倾斜于投影面

影对象本身存在着简单明确的几何关系，即这种图具有较好的度量性。

(2) 斜投影法　投射线倾斜于投影面 P 的投影方法称为斜投影法，用这种方法获得的投影称为斜投影，如图 0-3 (b) 所示。用斜投影法作投影图时，必须先给定投射线的方向。

§0-3　平行投影的基本性质

研究投影的基本性质，旨在研究空间几何元素"本身"与其落在投影面上的"投影"之间的一一对应关系，即它们之间内在联系的规律性。其中最主要的是要弄清楚哪些空间几何特征在投影图上保持不变，哪些空间几何特征产生了变化和如何变化，以作为画图和看图的依据。在工程图样中，由于主要采用了正投影原理，故这里仅以正投影法加以讨论。

图 0-4 所示为建模小屋的三面投影立体图及其他的三面投影图的形成。他完整地表达了将物体用正投影法分别向 V、H、W 三个投影面投影及其三视图的形成过程。

一、不变性

正投影法之所以在绘制工程图样时被广泛应用，其主要的原因之一就在于所画出的图

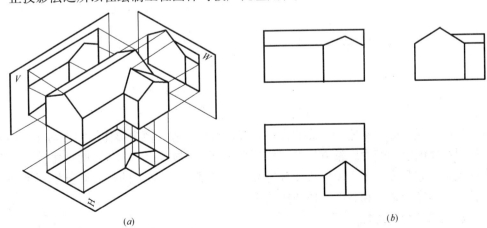

图 0-4　正投影的基本性质

(a) 三面投影的形成示意图；(b) 三面投影图

样在很大程度上具有"不变性",即能够很方便地按设计对象的表面形状和尺寸进行度量和作图。正投影的"不变性"主要有:

(1) 当直线段平行于投影面时,它在该投影面上的投影反映该直线段的实长,见图0-5(a);或反映该直线段的实长和倾角,见图0-5(b)。

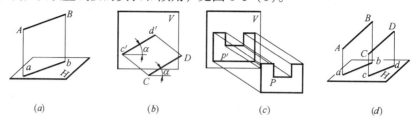

图 0-5　正投影的基本性质——不变性
(a) 水平线；(b) 正平线；(c) 正平面；(d) 两平行线

(2) 当平面图形平行于投影面时,它在该投影面上的投影反映该平面图形的实形,见图0-5(c)。

(3) 平行两直线的投影仍相互平行,见图0-5(d)。

由初等几何可知,两平行平面与第三平面相交,其交线一定相互平行。在图0-5(d)中,直线 AB 平行于直线 CD,它们在投影面 H 上的投影 ab 也一定平行于 cd。因为通过两平行直线所作的两个光投射平面 ABab、CDcd 相互平行。

二、积聚性

正投影的"积聚性"主要有:

(1) 当直线垂直于投影面时,它在该投影面上的投影积聚为一点,见图0-6(a)。

(2) 当平面垂直于投影面时,它在该投影面上的投影积聚为一直线,见图0-6(b)。

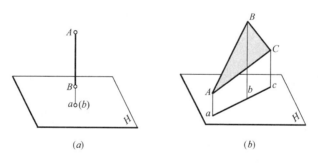

图 0-6　正投影的基本性质——积聚性
(a) 直线；(b) 平面

正是由于投影图中某些线、面的投影具有积聚性,故可使投影作图大大简化,即可使三维空间形体的投影变为度量方便的二维平面图形。例如图0-4(b)所示建模小屋在 H 面上的投影,它只反映了小屋的长度和宽度,在 V 面、W 面上的投影则分别只反映了小屋的长度和高度或宽度和高度,作图比较简易。

三、从属性和定比性

从属性和定比性在作图时也经常应用到,具体包含以下几个问题:

(1) 从属于直线的点,其投影仍从属于该直线的投影。如图0-7(a)所示,点 C 从

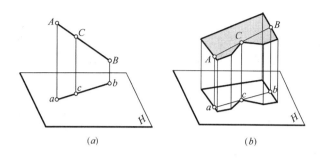

图 0-7 正投影的基本性质——从属性和定比性
(a) 直线上的点；(b) 平面上的点

属于直线 AB，故其投影 c 从属于直线的投影 ab；且 $AC:CB = ac:cb$。

(2) 从属于平面的直线，根据几何公理，必须符合下列两个条件之一：

1) 通过从属于该平面的两个已知点；
2) 通过从属于该平面的一个已知点，且平行于该平面上的另一已知直线。

如图 0-7（b）所示，若要定出平面上 "V" 形之顶点 C 的 H 投影，须先在平面上过 C 点任作一条直线 AB，AB 直线的投影必定在平面的投影上；因为 C 点在直线上，故 C 点的投影必定在平面的投影上。

(3) 空间两平行线段的长度之比等于两线段投影的长度之比，即 $AB:CD = ab:cd$，见图 0-5（d）。

四、单面投影的不可逆性

初学看图时，往往很不习惯，这是因为在既定的投影条件下，虽然一个空间几何元素或几何形体在一个投影面上有惟一确定的投影；但是反过来，仅据一面投影却不能完全确定该投影对象的空间位置或形状。如图 0-8（a），H 面上的投影 a 可以对应于投射线上的任意点 A_1，A_2，A_3，…A_n；图 0-8（b）则表示单面投影不能完全确定空间几何形体的形状。为了解决这个问题，工程上根据实际需要选用各种不同的表达方法。

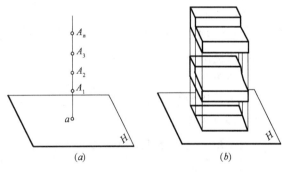

图 0-8 单面投影不能完全确定投影对象
的空间位置或形状
(a) 点的单面投影；(b) 形体的单面投影

§0-4 工程上常用的几种投影图

一、正投影图

正投影图是采用正投影法将空间几何元素或几何形体分别投影到相互垂直的两个或两个以上的投影面上，然后按一定的规律将投影面展开成一个平面，将获得的投影排列在一起，利用多个投影互相补充，来确切地、惟一地反映出它们的空间位置或形状的一种表达方法。

图 0-9（a）所示是将空间形体向 V、H、W 三个相互垂直的投影面分别作正投影的情形；图 0-9（b）是移去空间形体后，将投影面连同形体的投影一起展开成一个平面时的情形。

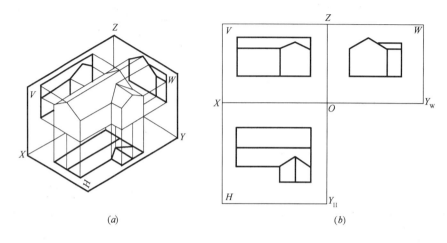

图 0-9 形体的三面投影
（a）轴测图；（b）V、H、W 三面投影图

作形体的正投影图时，常使形体长、宽、高三个方向上的主要特征面分别平行或垂直于相应的投影面，这样画出的每一面投影都能最大限度地反映出空间形体相应特征表面的实形并将其他相应表面积聚为线段，即每一面投影都具有较好的"不变性"和"积聚性"，使画图既快捷准确，又便于度量。因此，画形体的正投影图时，必须首先考虑好形体在空间的摆放位置。

工程上常用的图样（如土建图、机械图、地形图等）一般都是正投影图。

二、轴测投影图

轴测投影图（简称轴测图）是一种单面投影。它是采用正投影法或斜投影法，将空间形体连同确定其空间位置的直角坐标系一起，投影到单一投影面（轴测投影面）上，以获得能同时反映出形体长、宽、高三个方向上的"立体感"的一种表达方法。

如图 0-10（a）所示，将形体连同选定的坐标系放成倾斜于轴测投影面 P 的位置，这样在投影面 P 上所获得的正投影，就是一个具有立体感的正轴测图。单独画出的图例见图 0-10（b）。

图 0-11 为斜轴测图的形成和图例。从该图可见，它采用的是斜投影法。因为空间形体上的 XOZ 坐标面及其平行面平行于轴测投影面，所以在这种情况下，空间形体上位于或平行于 XOZ 坐标面的表面，其轴测投影形状保持不变，而 O_1Y_1 的倾斜角度及度量比例则可以是任意的。

虽然轴测图直观性较好，但作图比较麻烦、度量性欠佳，而且表达又不如正投影图那样严谨，所以在工程上常用作辅助图样。

三、透视投影图

透视投影图（简称透视图）也是一种单面投影。它是采用中心投影法将空间形体投影

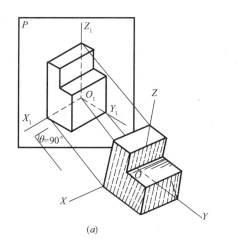 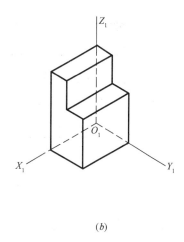

图 0-10 正轴测图
（a）轴测投影形成；（b）轴测投影图

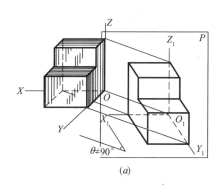 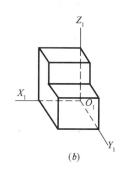

图 0-11 斜轴测图
（a）轴测投影形成；（b）轴测投影图

到单一投影面上，以获得能反映出形体的三维空间形象，具有近大远小视觉效果的一种表达方法。

透视图有一个很明显的特点，这就是其图形较接近人眼的直观感强，如图 0-12 所示。而在轴测图中，空间形体上相互平行的棱线，其投影仍然是相互平行的，故在直观效果上不如透视图好。

图 0-12 透视图

四、标高投影图

标高投影图也是一种单面投影，它具有正投影的特征。其特点是在某一面（通常是水平面）投影上用一系列符号或"等高线"来表明空间形体上某些点、线、面相对于某一基准平面的高度。

例如要表达一处山地，作图时，用间隔相等的多个不同高度的水平面截割山地表面，其交线即为等高线；将这些等高线投影到水平投影面上，并标出各等高线的高度数值，所得的图形即为标高投影图（图 0-13），它表达了该处地形地貌的情况。

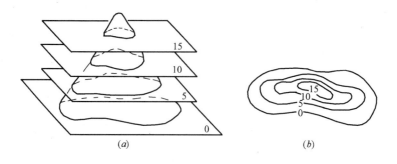

图 0-13 标高投影图
(a) 示意图；(b) 投影图

在工程上常用标高来表示建筑物各处不同的高度和用标高投影图表示不规则的地形表面等。

综上所述，用不同的投影法所获得的投影图是不同的。它们之间的对应关系如下：

$$
投影法\begin{cases}中心投影法\to 透视图\\ 平行投影法\begin{cases}正投影法\to 正投影图（含土建图、机械图等）、正轴测图、标高投影图（地形图）\\ 斜投影法\to 斜投影图、斜轴测图\end{cases}\end{cases}
$$

第1章 点、直线和平面的投影

任何几何形体（无论是平面形体还是曲面形体）都可看成是由点、线（直线或曲线）、面（平面或曲面）所组成。本章重点研究将三维空间中的点、直线、平面及其相对位置关系反映在二维平面上的投影理论和方法。通过点、直线、平面的学习，可使大家初步建立起一定的空间概念，为学习下一环节打下良好基础。

§1-1 点的投影

一、点在两面投影体系中的投影

如图1-1表示空间点 A 在 H、V 面中的投影。a 是过 A 向 H 面所作垂线的垂足，即 A 的水平投影；a' 是过 A 向 V 面所作垂线的垂足，即 A 的正面投影。

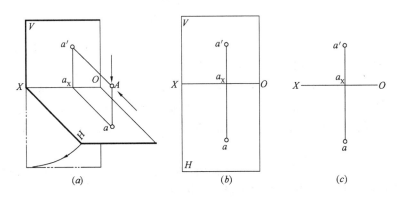

图1-1 点在两面投影体系中的投影图
（a）轴测图；（b）展开图；（c）投影图

由于 $Aa \perp H$，$Aa' \perp V$、Aa 和 Aa' 所决定的平面既垂直于 H、V，又垂直于 H、V 的交线 OX 轴；aa_X、$a'a_X$ 分别是 H、V 投影平面上的投影连线（由 Aa、Aa' 决定的平面和 H、V 的交线），a_X 是它和投影轴 OX 的交点。

显然，Aaa_Xa' 是个矩形。因而 $Aa' = aa_X$，$Aa = a'a_X$。

按规定：V 面不动，将 H 面向下旋转展开与 V 面成同一平面，形成图 H（b）的投影图时，aa_X 随 H 面在垂直于 OX 轴的平面内旋转，$a'a$ 一定垂直于 OX 轴。据此可得：

1. $aa' \perp OX$ 轴，即点的水平投影和正面投影的连线垂直于 OX 轴；
2. $aa_X = Aa'$，即点的水平投影到 OX 轴的距离等于空间点 A 到 V 面的距离；
3. $a'a_X = Aa$，即点的正面投影到 OX 轴的距离等于空间点 A 到 H 面的距离。

由此得出点的投影连线必垂直于投影轴的规律。

这里须注意的是：已知点的两个投影时，则点的空间位置 X 方向坐标不确定。

点是组成线、面及空间形体最基本的几何元素，要讨论空间几何问题的图解法以及空间形体的图示法，首先就应该从点的投影开始。

二、三投影面体系的建立

从第 1 章可知，单面投影不能惟一地确定几何元素或形体的空间位置和形状。因此，工程上常采用两面或两面以上的投影来表达设计对象。三投影面体系是由相互垂直的水平投影面 H（简称 H 面或水平面）和正立投影面 V（简称 V 面或正面）以及侧立投影面 W（简称 W 面或侧面）所构成（图 1-2）。

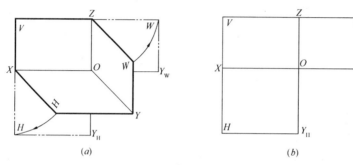

图 1-2 三投影面体系的建立与展开
（a）轴测图；（b）投影图

三投影面的交线称投影轴。V、H 面的交线称 OX 轴，W、H 面的交线称 OY 轴，V、W 面的交线称 OZ 轴。三根轴的交点 O 称原点。

将三个投影面展开成为一个平面时，规定 V 面保持不动，H 面绕 OX 轴向下旋转 90°；W 面绕 OZ 轴向右旋转 90°，最终使 H 面、W 面与 V 面处于同一平面上。此时，OY 轴一分为二，属于 H 面的称 OY_H 轴，属于 W 面的称 OY_W 轴，如图 1-2（b）所示。

三、点的三面投影

如图 1-3（a）所示，设点 A 位于三投影面体系中的空间，过点 A 作投射线垂直于投影面 H，所得的投影称空间点 A 的水平投影，用 a 表示。

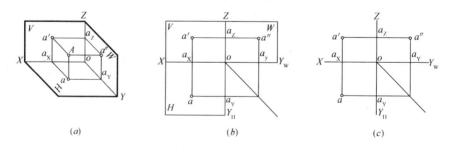

图 1-3 点的三面投影
（a）轴测图；（b）展开图；（c）投影图

同理，过点 A 作投射线垂直于投影面 V，所得的投影称空间点 A 的正面投影，用 a' 表示。过点 A 作投射线垂直于投影面 W，所得的投影称空间点 A 的侧面投影，用 a'' 表示。

由立体几何学可知，由 Aa 和 Aa' 所确定的平面分别与 H 面和 V 面垂直相交，其交线 aa_X、$a'a_X$ 必与投影轴 OX 相互垂直，且交点为 a_X。由 Aa 和 Aa'' 所确定的平面分别与 H 面和 W 面垂直相交，其交线 aa_Y、$a''a_Y$ 必与投影轴 OY 相互垂直，且交点为 a_Y。由 Aa'' 和 Aa' 所确定的平面分别与 W 面和 V 面垂直相交，其交线 $a''a_Z$、$a'a_Z$ 必与投影轴 OZ 相互垂直，且交点为 a_Z。

移去空间点 A 后，将 V 面、H 面、W 面按前述规定的方法展开成为一个平面，得图 1-3（b），再去掉表示投影面范围的边框，便得点 A 的三面投影如图 1-3（c）所示。

从图 1-3（a）及其展开的规定可知，图 1-3（c）所示的点的三面投影之间有如下的投影规律：

1. 点的正面投影与水平投影连线与 X 轴的截距反映空间点到 W 面的距离，它们的连线垂直于 OX 轴。即 $aa_Y = a'a_Z = Aa''$，$a'a \perp OX$。

2. 点的正面投影与侧面投影连线与 Z 轴的截距反映空间点到 H 面的距离，它们的连线垂直于 OZ 轴。即 $a'a_X = a''a_Y = Aa$，$a'a'' \perp OZ$。

3. 点的水平投影与侧面投影连线 aa_Y、$a_Y a''$ 分别与 Y_H、Y_W 轴的截距反映空间点到 V 面的距离，所以点的水平投影到 OX 轴的距离等于其侧面投影到 OZ 轴的距离。即 $aa_X = a''a_Z = Aa'$。

点的投影规律是画图和读图最基本的规律，应熟练掌握。为实现上述规律 3 中 a、a'' 的正确关联，可借助于以 O 为圆心作圆弧或作 45°辅助线来作图，见图 1-3（c）。

作图时，点的投影一般用直径约 1mm 的小圆表示，投影轴、投影连线及其他作图线用细实线画出。

【例 1-1】 已知点 A 的水平投影 a 和正面投影 a'，求作其侧面投影 a''（图 1-4）。

【解】

1. 投影图分析

从投影图 1-4 中看出：

a' 投影由 x、z 坐标确定；

a 投影由 x、y 坐标确定；

a'' 投影由 y、z 坐标确定；

其规律是：

V、H 投影面的投影具有相同的 x 坐标，且具有相同的左右方向坐标，见图 1-4(a)、(d)；

V、W 投影面的投影具有相同的 z 坐标，且具有相同的上下方向坐标，见图 1-4(b)、(e)；

H、W 投影面的投影具有相同的 y 坐标；且具有相同的前后方向坐标，见图 1-4(c)、(f)。

2. 作图

（1）为使 $a''a_Z = aa_X$，由已知的水平投影 a 向右作 OX 轴的平行线，与过原点 O 的 45°辅助线相交，并过该交点向上作 OZ 轴的平行线，此平行线上的点到 OZ 轴的距离必等于 aa_X；

（2）由于 $a'a'' \perp OZ$，故过 a' 向右作 OZ 轴的垂直线，与上述所作的平行于 OZ 轴的直线交于一点，该点即为所求的侧面投影 a''。

四、点的三面投影与其直角坐标的关系

把三投影面体系中的投影轴 OX、OY、OZ 当作空间直角坐标系 $O\text{-}XYZ$ 的三根坐标轴，把三投影面体系中的原点 O 当作空间直角坐标系的坐标原点 O，把投影面 H、V、W

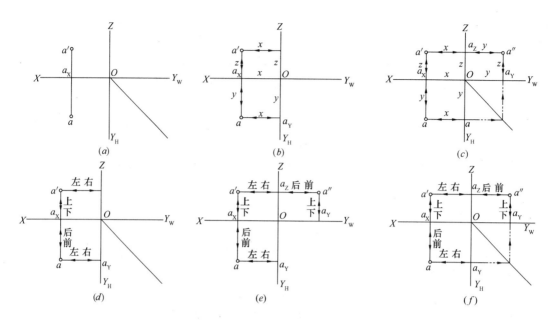

图 1-4 根据点的水平投影和正面投影,求其侧面投影
(a) 题目;(b) 坐标分析;(c) 作图结果;(d) 方向坐标;(e) 方向坐标分析;(f) 方向坐标对应作图结果

分别当作坐标面 XOY、XOZ、YOZ。则点的空间位置也可用直角坐标值来确定,即点到三个投影面之间的距离分别为该点的三个坐标值。如图 1-4 所示,点 A 到 W 面的距离等于 Oa_X,即点 A 的 x 坐标;点 A 到 V 面的距离等于 Oa_{Y_H} 或等于 Oa_{Y_W},即点 A 的 y 坐标;点 A 到 H 面的距离等于 Oa_Z,即点 A 的 z 坐标。

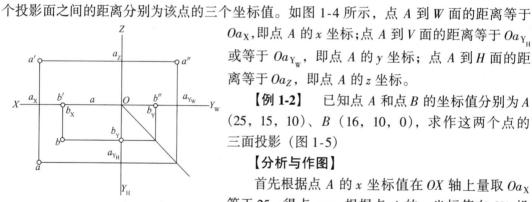

图 1-5

【例 1-2】 已知点 A 和点 B 的坐标值分别为 A (25, 15, 10)、B (16, 10, 0),求作这两个点的三面投影(图 1-5)

【分析与作图】

首先根据点 A 的 x 坐标值在 OX 轴上量取 Oa_X 等于 25,得点 a_X;根据点 A 的 y 坐标值在 OY_H 投影轴上量取 Oa_{Y_H} 等于 15,得点 a_{Y_H}(也可以在 OY_W 投影轴上量取 Oa_{Y_W} 等于 16,得点 a_{Y_W});根据点 A 的 z 坐标值在 OZ 投影轴上量取 Oa_Z 等于 10,得点 a_Z。

然后,分别过上述各点 a_X、a_{Y_H}、a_Z 根据点的三面投影规律作点 A 的投影连线,其两两相交处即分别为点 A 的三面投影。

同理,可得点 B 的三面投影(点 B 在投影面 H 上)。

五、点的空间方位与投影图中坐标的对应关系

我们知道,确定人、空间点与三个投影面的相对位置可以理解为:人——几何元素——投影面的关系,点相对人和投影面存在着:上下、左右、前后的空间方位,那么空间方位与投影图中坐标 x、y、z 到底有着什么样的关系呢?下面以图 1-6 为例加以讨论。

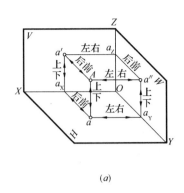
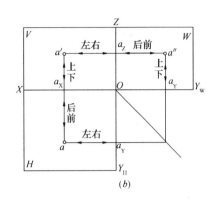

(a)　　　　　　　　　　　(b)

图 1-6　点的空间方位与投影图中坐标的对应关系
(a) 点的空间方位；(b) 点的空间方位与投影关系

在如图 1-6 (a) 中，如把投影面当作坐标面，投影轴当作坐标轴，O 便成为坐标原点。这时：

空间点 A 到 W 投影面的方向表示左右方向；即：左右方向表示 x 坐标方向
空间点 A 到 V 投影面的方向表示前后方向；即：前后方向表示 y 坐标方向
空间点 A 到 H 投影面的方向表示上下方向；即：上下方向表示 z 坐标方向

综上所述，在如图 1-6 (b) 展开后的平面投影图中，其：

空间投影体系 H 投影面上的前后方向的投影此时为上下方向；
空间体投影系 W 投影面上的前后方向的投影此时为左右方向；
这两个投影面上的前后"方向感"与空间的前后"方向感"不一致。

根据解析几何学得知，点的空间位置由 x、y、z 三个坐标决定。

假如把点的 X 坐标当作"长"，Y 坐标当作"宽"，Z 坐标当作"高"，则在三视图中"长对正、宽相等、高平齐"的关系，可用点的投影对应关系来说明。而点的投影对应关系所得结论，概念清楚明确，但"长对正、宽相等、高平齐"有便于记忆的优点。

如果已知点的三个坐标或点的两个投影，就可根据点的投影对应关系，画出它的投影图来。

六、两点的相对位置及重影点的可见性

如已知两点的投影，便可根据点的投影对应关系和坐标，判别它们在空间的相对位置。例如在图 1-7 中，已知 a、a'、a'' 和 b、b'、b''，a' 在 b' 的左方，即 $X_A > X_B$（$x_a > x_b$）表示点 A 在点 B 的左方；a 在 b 的前方，即 $Y_A > Y_B$（$y_a > y_b$）表示点 A 在点 B 的前方；b' 在 a' 的上方，即 $Z_B > Z_A$（$z_b > z_a$）表示点 B 在点 A 的上方。总起来说，就是点 B 在点 A 的右后上方。

图 1-8 所示 A、B 两点的投影：$a'b'$ 在 V 面上的投影重合为一点，说明 A 点与 B 点具有相同的 x 坐标和 z 坐标，即 $x_a = x_b$；$z_a = z_b$。但 a 在 b 的前边，即 $y_a > y_b$。这说明 A 点在 B 点的正前方。也就是说当有两对坐标值相等时，方具有重影点。空间不同两点的同面投影重合于一点的性质，叫做重影性。当点的投影重影时，还要判别两个点中哪个可见，哪个不可见。对 V 面来说，离 V 面越远的点，即 y 坐标大者可见；离 V 面近的点，即 y 坐标小者不可见。对 H 面来说，z 坐标大者可见，z 坐标小者不可见。由此可知，重

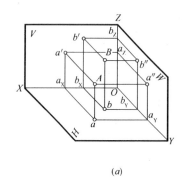
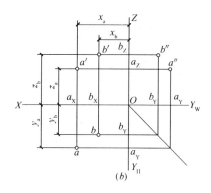

图 1-7 两点的相对位置
（a）立体图；（b）投影图

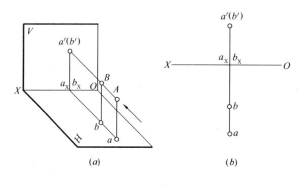

图 1-8 两点的重影投影
（a）轴测图；（b）投影图

影点的可见性需要根据这两点不重影的同面投影的坐标来判别。图中对点的不可见的投影，另加圆括弧表示。

§1-2 直线的投影

根据直线与投影面的相对位置关系，直线可分为三大类：一般位置直线、投影面垂直线、投影面平行线。对三个投影都倾斜的直线称为一般位置直线；对一个投影面垂直（必对其他两个投影面平行）的直线称为投影面垂直线；仅对一个投影面平行而又对其他两个投影面倾斜的直线称为投影面平行线。

直线与投影面 H 之间的倾角用 α 表示；直线与投影面 V 之间的倾角用 β 表示；直线与投影面 W 之间的倾角用 γ 表示。

一、投影面垂直线

垂直线特点：垂直于其中一个投影面，必平行于其他两个投影面。

依所垂直的投影面不同，投影面垂直线可以细分为三种：

1. 正垂线——垂直于 V 面，同时平行于 H、W 面的直线；
2. 铅垂线——垂直于 H 面，同时平行于 V、W 面的直线；
3. 侧垂线——垂直于 W 面，同时平行于 V、H 面的直线。

图 1-9 所示为铅垂线 AB 的轴测图和三面投影图。从图中可见，铅垂线的投影特性是：

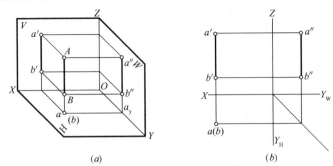

图 1-9 铅垂线的投影特性
(a) 轴测图；(b) 投影图

(1) 水平投影 ab 积聚为一点；
(2) $a'b' \perp OX$，$a''b'' \perp OY$；
(3) $a'b'$ 和 $a''b''$ 都反映线段 AB 的实长。

同理亦可分析出正垂线、侧垂线的投影特性。

投影面垂直线的轴测图、投影图、投影特性如表 1-1 所示。

投影面垂直线的投影特性 表 1-1

	轴 测 图	投 影 图	投影特性
正垂线			(1) $a'b'$ 积聚为一点； (2) $ab \perp OX$，$a''b'' \perp OZ$； (3) $ab = a''b'' = AB$
铅垂线			(1) ab 积聚为一点； (2) $a'b' \perp OX$，$a''b'' \perp OY_W$； (3) $a'b' = a''b'' = AB$
侧垂线			(1) $a''b''$ 积聚为一点； (2) $ab \perp OY_H$，$a'b' \perp OZ$； (3) $ab = a'b' = AB$

表 1-1 所列投影面垂直线的投影特性，可概括为下面二点：
1）直线段在它所垂直的投影面上的投影积聚成一点；
2）该直段在其他两个投影面上的投影分别垂直于相应的投影轴，而且都等于该直线段的实长。

二、投影面平行线

平行线特点：直线平行于其中一个投影面而倾斜于其他两个投影面。依所平行的投影面的不同，投影面平行线细分为三种：

1. 正平线——平行于 V 面而倾斜于 H、W 面的直线；
2. 水平线——平行于 H 面而倾斜于 V、W 面的直线；
3. 侧平线——平行于 W 面而倾斜于 V、H 面的直线。

图 1-10 所示为正平线 AB 的轴测图和三面投影图。从图中可见，正平线的投影特性是：

（1） ab // OX，$a''b''$ // OZ；
（2） $a'b'$ 反映直线段 AB 的实长；
（3） $a'b'$ 与 OX 的夹角反映直线与投影面 H 之间的倾角 α 的实形，$a'b'$ 与 OZ 的夹角反映直线与投影面 W 之间的倾角 γ 的实形。

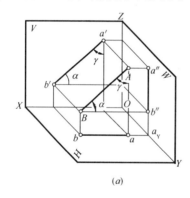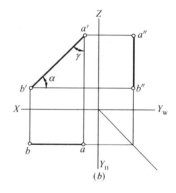

(a)　　　　　　　　　　　　　　(b)

图 1-10　正平线的投影特性
（a）轴测图；（b）投影图

同理亦可分析出水平线、侧平线的投影特性。
投影面平行线的轴测图、投影图、投影特性如表 1-2 所示。

投影面平行线的投影特性　　　　　　　　　　　表 1-2

	轴 测 图	投 影 图	投 影 特 性
正平线			（1） $a'b' = AB$，且反映 α、γ 角实形； （2） ab // OX，$a''b''$ // OZ

续表

	轴 测 图	投 影 图	投影特性
水平线	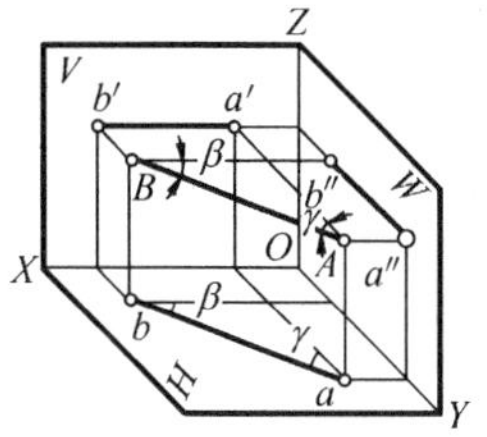	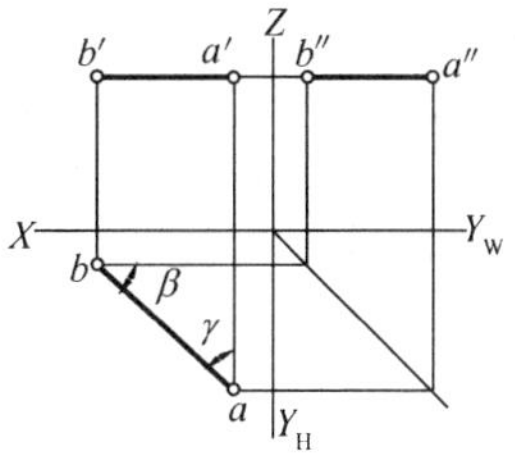	(1) $ab = AB$，且反映 β、γ 角实形； (2) $a'b' // OX$，$a''b'' // OY_W$
侧平线	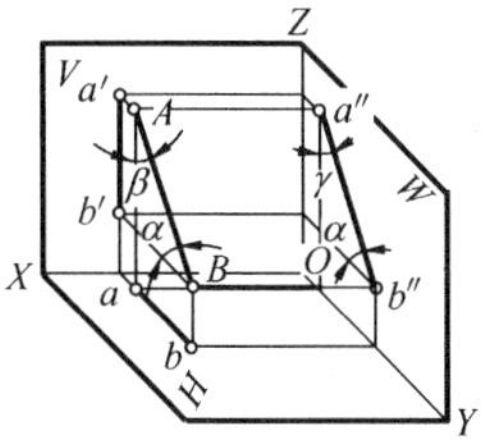	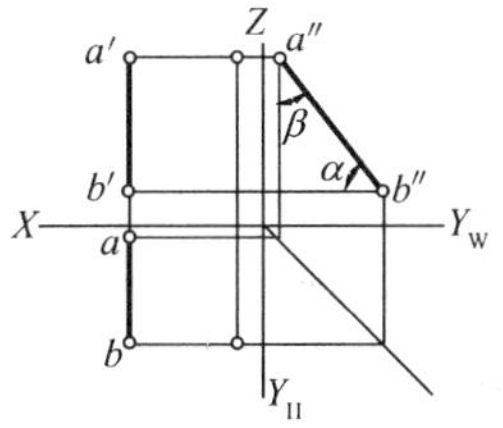	(1) $a''b'' = AB$，且反映 α、β 角实形； (2) $a'b' // OZ$，$ab // OY_H$

表 1-2 所列投影面平行线的投影特性，可概括地用下列几点说明：

1）直线段在它所平行的投影面上的投影反映该直线段的实长，并反映对其他两个投影面倾角的实形。

2）该直线段在其他两个投影面上的投影分别平行于相应的投影轴，而且都小于该直线段的实长。

事实上，只要在直线的三面投影中有两面投影平行于相应的投影轴，而另一投影处于倾斜的状态，则该直线必平行于倾斜投影所在投影面。且反映与其余两投影面夹角的实形。

三、一般位置直线

一般位置直线是指对三个投影面都倾斜的直线。因此，这类直线的三面投影均与投影轴倾斜，且小于实长，也不反映其对三个投影面倾角的实形，如图 1-11 所示。

一般位置直线的投影特性为：

1）三面投影均不反映直线的实长（均小于实长）。

2）直线与投影面之间的倾角在投影图中均不反映实形。

事实上，只要空间直线的任意两个投影都呈倾斜状态，则该直线一定是一条倾斜线。

四、求一般位置直线段的实长及倾角——直角三角形法

由上述可知，一般位置直线的三面投影都不反映线段的实长，也不反映它对投影面的倾角的实形。但在实际应用中，经常需要根据一般位置直线的投影求出线段的实长及其对投影面的倾角的实形。对于这个问题，只要分析清楚空间线段与其投影之间的几何关系，就不难得出它的解题方法。

图 1-12（a）为一般位置直线 AB 的轴测图，从图中可见，直线 AB 对 H 面的倾角 α 实际上是 AB 与它的水平投影 ab 之间的夹角；同理，对 V 面的倾角 β 是 AB 与 $a'b'$ 之间的夹角；对 W 面的倾角 γ 是 AB 与 $a''b''$ 之间的夹角。每一个不同的倾角都与相应的投影

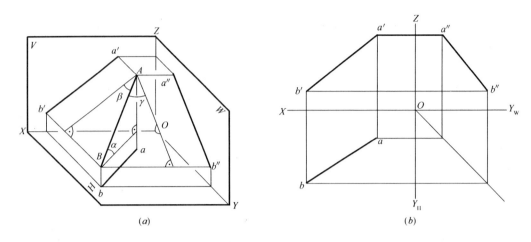

图 1-11 一般位置直线的投影及其倾角
(a) 轴测图；(b) 投影图

(边) 和空间线段的实长 (边) 构成了一个直角三角形。这个直角三角形的另一条直角边则是空间线段两端点到相应投影面的距离之差即坐标差。现把这三个直角三角形单独画出来如图 1-12 (b) 所示。

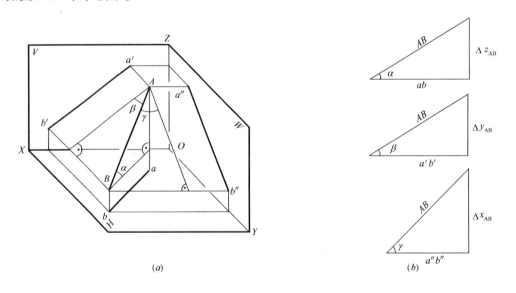

图 1-12 一般位置直线与直角三角形模型
(a) 一般位置直线的轴测图；(b) 直角三角形中坐标差与倾角的对应关系

【例 1-3】 已知一般位置直线段 AB 的两面投影，见图 1-13 (a)，求直线对 H 投影面的倾角 α 和实长。

【分析】 首先，借助于轴测图建立解题的直角三角形模型，见图 1-13 (b)，自 A 引 AB_1 平行于 ab，得直角三角形 ABB_1，其中，$AB_1 = ab$、$BB_1 = \Delta z_{AB}$。显然，根据题设可知 ab 和 Δz_{AB} 为已知，故该直角三角形便能作出。也就是说，该题目可利用作直角三角形的方法求解。

【作图】 由于直角三角形的两直角边可以分别从图 1-13 (a) 和 H 面、V 面投影上得到,故所求直角三角形可以画在其中任一个投影面上[图1-13(c)]。如果题目较复杂,题中的图线较多,为保持图面清晰,也可以将直角三角形画在图纸其他的位置上[图1-13(d)]。但无论画在何处,直角三角形的斜边一定是线段的实长,斜边与水平投影之间的夹角一定是线段 AB 与 H 面的倾角 α。

同理,利用正面投影 a'b' 和 AB 两端点的 y 坐标差 Δy_{AB},可求一般位置直线段 AB 的实长与 β 角;利用侧面投影 a''b'' 和 AB 两端点的 x 坐标差 Δx_{AB},可求一般位置直线段 AB 的实长与 γ 角。请读者参照上述分析,自行完成作图。

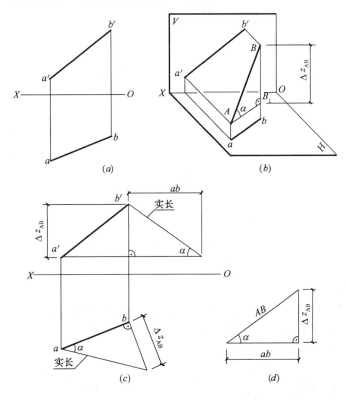

图 1-13 利用直角三角形求一般位置直线的实长与倾角 α
(a) 题目;(b) 空间示意图;(c) 解法一;(d) 解法二

【例 1-4】 已知直线 AB 的水平投影 ab 和点 A 的正面投影 a',见图 1-14(a),并知 AB 对 H 面的倾角 α 为 30°,求直线 AB 的倾角 β。

【分析】 若能画出含倾角 β 的直角三角形,本题即可解答。但据已知条件 ab 仅可直接得出含 β 的直角三角形的一条直角边 Δy_{AB},故还须设法找出含 β 的直角三角形的斜边(实长)或另一直角边(正面投影长度)。因此,必须再利用题目的另一个已知条件 α = 30°,即利用 α = 30°和 ab,画出另外一个直角三角形来求得斜边 AB(实长)和 Δz_{AB},至此本题便可迎刃而解。

【作图】 过 a 作与 ab 成 30°角的直线,再过 b 作 ab 的垂线,此两直线相交并与 ab 一起构成一个直角三角形,由此得出 Δz_{AB} 和 AB 的实长。

再过 a' 作直线平行于 OX 轴,过 b 作垂直于 OX 轴的投影连线,两直线相交于一点,然后自该点在投影连线上、下各量取长度 Δz_{AB} 得点 b'、b'_1,连接并加粗 a'b' 和 $a'b'_1$,即得本例正面投影的两个解（对于多解的题目，如无特殊要求，通常只要作出其中的一个解即可）。

最后，以 $a'b'$ 为一条直角边，以 Δy_{AB} 为另一条直角边作直角三角形，于是斜边与 $a'b'$ 边的夹角 β 即为所求 [图 1-14 (b)]。

本例也可利用实长和 Δy_{AB} 作直角三角形求解。

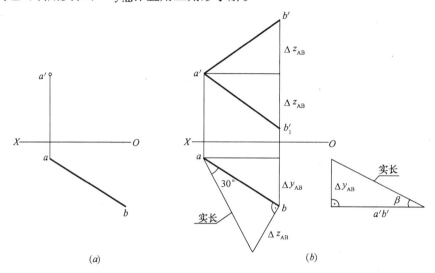

图 1-14 利用直角三角形法求直线 AB 的 β 角
(a) 题目；(b) 作图结果

五、直线上的点

点与直线的相对位置，可分为从属于直线和不从属于直线两种。

当点从属于直线时，由平行投影的从属性和定比性可知：

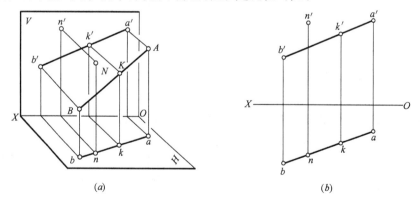

图 1-15 点与直线的相对位置
(a) 轴测图；(b) 投影图

(1) 从属于空间直线的点，其投影必落在该直线的同名同面投影上，且符合点的投影规律。

图 1-15 中的点 K 从属于直线 AB，点 N 不从属于直线 AB。

（2）点分空间线段所成的比例，等于该点的投影分该线段的同面投影所成的比例。

图 1-16（a）所示的直线 AB 倾斜于 H 面，点 C 从属于 AB。由于 $Aa\,/\!/\,Cc\,/\!/\,Bb$，根据初等几何"平行线分割线段成定比"的定理，故有 $\frac{AC}{CB}=\frac{ac}{cb}$。同理，$\frac{AC}{CB}=\frac{ac}{cb}=\frac{a'c'}{c'b'}=\frac{a''c''}{c''b''}$，于是得上述结论，见图 1-16（b）、（c）。

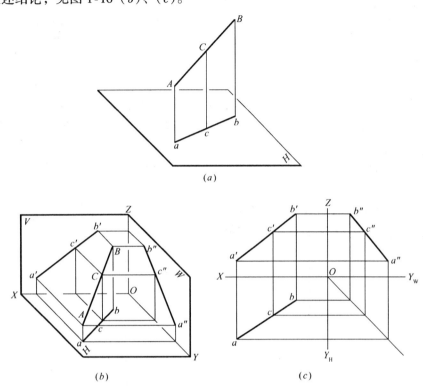

图 1-16 从属于直线的点及其投影特性
（a）轴测图；（b）轴测图；（c）投影图

【例 1-5】 已知点 K 从属于直线 AB，且点 K 将线段分成 2:3，求点 K 的投影（图 1-17）

【分析】 按题意可将线段分割成五等份，取距 A 端的第二个等分点为 K，即可将线段分割成 2:3。

【作图】 首先，选择直线段 AB 两面投影中的任意一面投影的某个端点，如 ab 的端点 a（见图 1-17），向不与 ab 重合的任一方向作射线，以适当长度为单位在射线上自 a 起连续量取五等份，得点 1、2、3、4、5；连 b5，并过 2 作 b5 的平行线交 ab 于 k；由 k 向上作垂直于 OX 轴的投影连线交 a'b' 于 k'。于是，k、k' 即为所求点 K 的投影。

值得注意的是，当已知直线是某投影面平行线，且已知的是垂直于同一投影轴的两面投影，例如已知

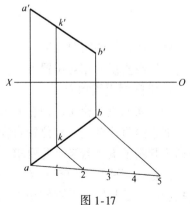

图 1-17

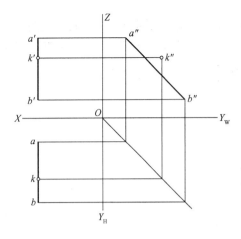

图 1-18 利用侧面投影判断点 K 是否属于侧平线

侧平线的正面投影和水平投影时,即使点 K 的正面投影和水平投影都落在该直线的同面投影上,也不能断定该点 K 是否从属于该直线。这时,最好的方法是作出并利用它们的侧面投影来判断。如图 1-18 所示,虽然 k 在 ab 上,k' 在 $a'b'$ 上,但 k'' 不在 $a''b''$ 上,因此,点 K 不属于直线 AB。

【例 1-6】 已知侧平线 AB 的两面投影及从属于 AB 的一点 K 的水平投影 k[见图 1-19(a)],试在两投影面体系中求出点 K 的正面投影 k'。

【分析】 依题意,本例不允许利用侧面投影来求解。在这种情况下,必须利用其投影的定比性,通过几何作图的方法来解决。

【作图】 过正面投影 $a'b'$ 的任意一个端点如点 a',以适当的角度作射线 $a'b_0$,使用 $a'b_0 = ab$、$a'k_0 = ak$;连 $b'b_0$,再过 k_0 作直线平行于 $b'b_0$ 得 k',k' 即为所求的点 K 的正面投影,见图 1-19(b)。

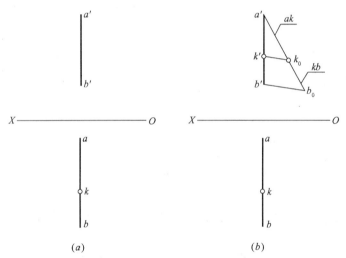

图 1-19 利用定比性求侧平线上的点的投影
(a)题目;(b)作图结果

六、两直线的相对位置

空间两直线的相对位置可以分为三种:平行、相交、交叉。

1. 空间两直线相交

若空间两直线相交,则它们的各同面投影均相交,且交点应符合点的投影规律。

如果两直线都是一般位置直线,则从任意两组同面投影分别相交且交点符合点的投影规律为判断依据。若满足此要求,则空间两直线相交(图 1-20)。

但是,当两直线中有一条(甚至两条)平行于某投影面时,则最好求出并检查所平行的投影面上的投影,看它们是否相交以及交点是否符合点的投影规律。对于此类问题,也

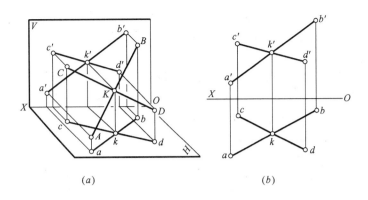

图 1-20 相交两直线的投影
(a) 轴测图；(b) 投影图

可利用定比性来判断。

【例 1-7】 已知 AB、CD 两直线的正面投影和水平投影都相交 [图 1-21 (a)]，其中 CD 为侧平线，试判断它们在空间是否相交。

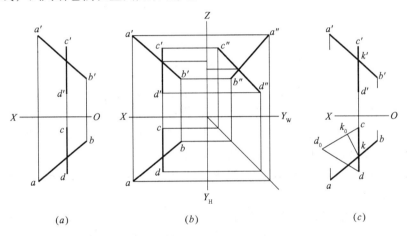

图 1-21 判断两直线 AB、CD 的相对位置
(a) 题目；(b) 作图一；(c) 作图二

【分析】 由上述可知，当 CD 平行于 W 面时，最好求出并检查 AB、CD 的 W 面投影看是否也相交以及交点是否符合点的投影规律；此外，也可利用定比性或是否共面的方法来判断。

【作图】 本例介绍两种解法。

解法一：如图 1-21 (b) 所示，作出一般位置直线 AB 和侧平线 CD 的 W 面投影 $a''b''$、$c''d''$。若 $a''b''$ 与 $c''d''$ 相交且交点符合点的投影规律，则 AB 与 CD 相交；若 $a''b''$ 与 $c''d''$ 不相交，或虽相交但交点不符合点的投影规律，则 AB 与 CD 不相交。按作图结果，AB 与 CD 不相交。

解法二：利用定比性来判断，如图 1-21 (c) 所示。因 AB 是一般位置直线，所以点 K 属于 AB 无需证明。但 CD 为侧平线，点 K 是否也从属于 CD，须用定比性来判断。其具体作图为：过 CD 某个投影的任意一个端点，例如过其水平投影的点 c 作射线，取 $ck_0 =$

$c'k'$、$k_0d_0 = k'd'$，连 dd_0、kk_0，由于 dd_0 不平行于 kk_0，所以 $ck:kd \neq c'k':k'd'$，即点 K 不从属于侧平线 CD。故此，可断定两直线 AB、CD 不相交。

2．空间两直线平行

若空间两直线相互平行，则其各组同名同面投影必然分别相互平行，且两线段各同面投影的长度之比为定比；反之，若空间两直线各同面投影分别相互平行或各同面投影的长度之比为定比，则此空间两直线一定相互平行，如图 1-22 所示。

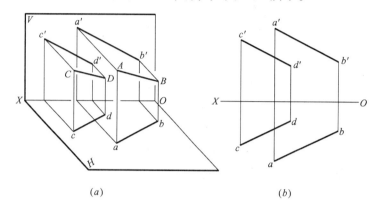

图 1-22 平行两直线的投影
（a）轴测图；（b）投影图

对于一般位置直线，只要它们的任意两个同面投影分别相互平行，即可断定它们在空间必相互平行。但是，当两直线都平行于某一投影面时，要断定它们在空间是否相互平行，则最好的办法是检查它们在所平行的投影面上的投影是否相互平行；当然，也可通过检查各组同面投影是否共面或分别成定比等方法来确定。

【例1-8】 已知两侧平线 AB、CD 的 V 面、H 面投影 [图 1-23（a）]，试判断该两侧平线的相对位置。

【分析】 由上述可知，两侧平线 AB、CD 平行于 W 面，最好是检查它们在该面上的投影是否平行，或者看它们是否同时满足共面或定比的要求。

【作图】 本例介绍两种解法。

解法一：如图 1-23（b）所示，作出侧平线 AB、CD 的 W 面投影 $a''b''$、$c''d''$。若 $a''b'' // c''d''$，则 $AB // CD$；若 $a''b''$ 不平行 $c''d''$，则 AB、CD 交叉。按作图结果，$AB // CD$。

解法二：如图 1-23c 所示，分别连接 A 和 D、B 和 C 的同面投影，检查 $a'd'$ 与 $b'c'$ 的交点和 ad 与 bc 的交点是否位于 OX 轴的同一条垂线上。若在同一条垂线上，则 AD 和 BC 相交，即点 A、B、C、D 共面，$AB // CD$；若不在同一条垂线上，则 AD 和 BC 交叉，点 A、B、C、D 不共面，即 AB 不平行于 CD。按作图结果，点 A、B、C、D 共面，由于 AB、CD 不是相交两直线，则必为平行两直线。

前述相交两直线和平行两直线均可确定一个平面，反过来说，相交两直线和平行两直线都是共面直线。

3．空间两直线交叉

空间两直线既不平行也不相交时，则称为交叉。交叉两直线必不在同一平面上，是异面直线。

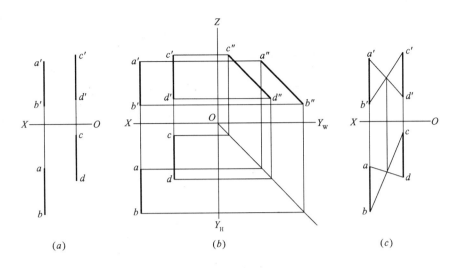

图 1-23 判断 AB 与 CD 的相对位置
(a) 题目;(b) 解法一;(c) 解法二

空间两直线交叉时,它们的同面投影可能"相交",但交点不可能符合点的投影规律(图 1-24)。它们的某个同面投影可能"平行",但不可能三个同面投影都同时出现平行。

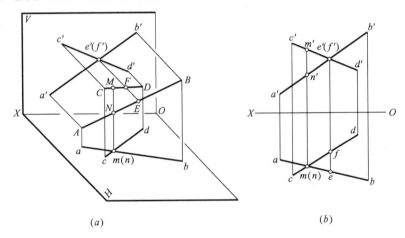

图 1-24 交叉两直线的投影
(a) 轴测图;(b) 投影图

【例 1-9】 已知 AB、CD 投影如图 1-25 (a) 所示,试判断两直线 AB、CD 的相对位置及重影点的可见性。

【分析】 由于两直线同面投影的"交点"不是同一个点的投影,所以该两直线的相对位置是交叉而不是相交。这里着重找出其重影点的投影,并判断其重影点的可见性。

【作图】 交叉两直线同面投影的"交点",实质上是分别在这两条直线上的两个点在同一投影面上相重叠的投影。根据重影点投影可见性的判断法则,显而易见:在图 1-25 (a) 中,从左往右投影(观察)时,点Ⅰ和点Ⅱ位于同一条侧垂的投射线上,点Ⅰ的 x 坐标大于点Ⅱ的 x 坐标,因此,点Ⅰ的侧面投影 1″是可见的;点Ⅱ的侧面投影 2″是不可见的。同理,在图 1-25 (b) 中,点Ⅰ的正面投影 1′和点Ⅲ的水平投影 3 是可见的,点Ⅱ

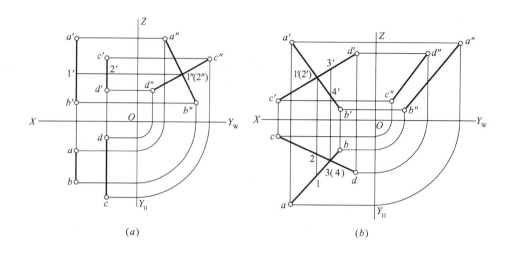

图 1-25 交叉两直线的重影点可见性判断

(a) 判断重影点 W 面投影的可见性；(b) 判断重影点 V、H 面投影的可见性

的正面投影 2′ 和点 Ⅳ 的水平投影 4 是不可见的。

4. 空间两直线垂直——直角的投影

一般说来，只有当相交两直线都平行于同一投影面时，它们在该投影面上的投影才反映两直线夹角的实形。但是，如果空间两直线相交成直角，而其中有一条直线平行于某一投影面时，则此直角在该投影面上的投影仍反映成直角。这是直角投影的一个特性。

有关直角投影特性的证明如图 1-26 所示。

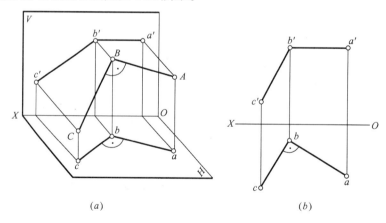

图 1-26 一边平行于投影面时直角投影的特性

(a) 轴测图；(b) 投影图

(1) 设 $AB \perp BC$，且 $AB /\!/ H$ 面。由于 AB 同时垂直于 BC 和 Bb，因此 AB 垂直于平面 $BbcC$；

(2) 因 $ab /\!/ AB$，所以 ab 垂直于平面 $BbcC$，故得出 $ab \perp bc$。

反过来说，当空间两直线的某一投影成直角，且其中有一条直线的投影符合平行于该投影面的投影特性时，则此两直线在空间一定成直角。

【例 1-10】 已知如图 1-27 (a) 所示，求交叉两直线 AB、CD 的最短距离。

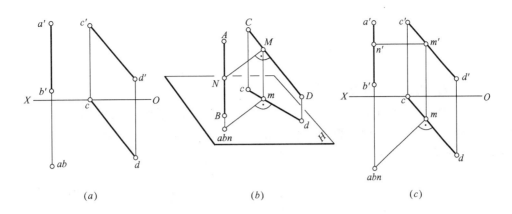

图 1-27 求交叉两直线的最短距离
（a）原题；（b）空间示意；（c）解答

【分析】 由几何学可知，交叉两直线之间的公垂线即为其最短距离。由于本例所给的直线 AB 为铅垂线，故可断定与它垂直的直线必为水平线。该水平线应同时与一般位置直线 CD 垂直相交。根据直角投影的特性，它们的水平投影应相互垂直，如图 1-27（b）所示。同时，这一公垂线在 AB 直线上的端点 N，因 AB 为铅垂线，故其水平投影必积聚在 AB 的水平投影上。

【作图】 投影作图过程如下，如图 1-27（c）所示。

(1) 利用积聚性定出 n（重影于 ab），作 nm⊥cd 与 cd 相交于 m；

(2) 过 m 作垂直于 OX 轴的投影连线与 c′d′ 相交得 m′，再作 m′n′∥OX 轴。于是由 mn、m′n′ 确定的水平线 MN 便为所求。其中 mn 为实长，即为交叉两直线的最短距离。

上述直角投影的特性同样适用于两直线交叉垂直的情况。如图 1-28 所示。设 AB、CD 为交叉垂直两直线，且 AB∥H 面。过点 B 用 BE∥CD，则 AB、BE 相交垂直。因此，ab⊥be，由于 be∥cd，故 ab⊥cd。

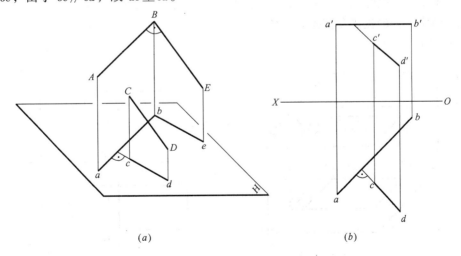

图 1-28 两直线交叉垂直
（a）空间情况；（b）投影图

§1-3 平 面 的 投 影

一、平面的表示法与分类

空间平面可由下列五组几何元素中的任一组来表示：①不在一直线上的三个点；②一直线与线外一点；③一对相交直线；④一对平行直线；⑤任意平面图形。图1-29所示为这五组几何元素表示的平面的两面投影图。

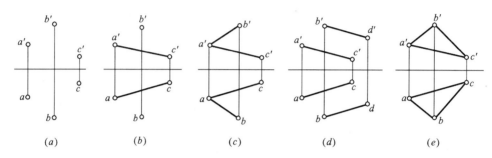

图1-29 平面的表示法

显然，图1-29中各组平面的表示方法可以互相转换。例如，将图1-29（a）中的点A和点C连接起来，即转换为图1-29（b），其余各组平面表示法的转换请读者自行分析。

在三投影面体系中，根据平面与投影面相对位置的不同，可以将平面划分为三大类：

（1）一般位置的平面：对三个投影面都倾斜的平面；

（2）投影面平行面：对一个投影面平行且同时垂直于其他两个投影面的平面；

（3）投影面垂直面：仅对一个投影面垂直而同时又倾斜于其他两个投影面的平面。

空间平面与投影面不平行则必相交，我们将平面与投影面相交所构成的二面角称为倾角，并规定平面与投影面H、V、W之间的倾角分别用希腊字母α、β、γ表示。

二、各类平面的投影及其投影特性

1. 投影面平行面

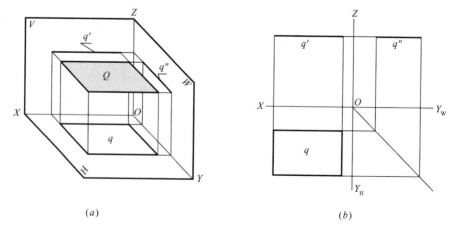

图1-30 水平面的投影特性
（a）轴测图；（b）投影图

这类平面平行于一个投影面即同时垂直于其他两个投影面。依所平行的投影面的不同，投影面平行面可以细分为三种：

（1）水平面——平行于 H 面，同时垂直于 V、W 面的平面；

（2）正平面——平行于 V 面，同时垂直于 H、W 面的平面；

（3）侧平面——平行于 W 面，同时垂直于 H、V 面的平面。

图 1-30 为水平面的轴测图和三面投影图。从图中可见，水平面的投影特性是：

1）水平投影反映平面图形的实形；

2）正面投影积聚为一条直线，且 $/\!/ OX$；

3）侧面投影积聚为一条直线，且 $/\!/ OY_W$。

同理亦可分析出正平面和侧平面的投影特性。

投影面平行面的轴测图、投影图、投影特性如表 1-3 所示。

投影面平行面的投影特性　　　　　　　　　表 1-3

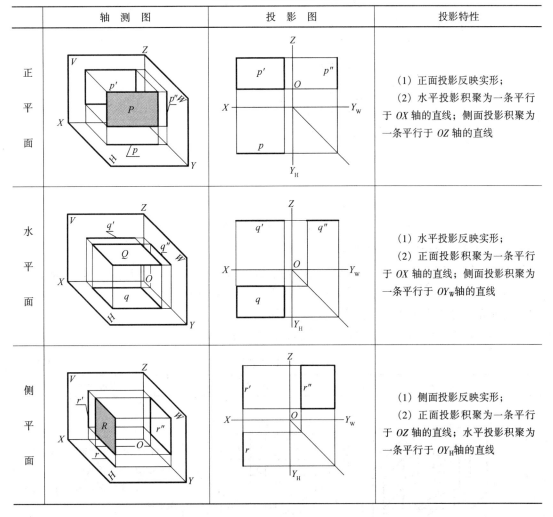

表 1-3 中的投影特性可概括地用下列两点说明：

（1）平面图形在它所平行的投影面上的投影反映该平面图形的实形。

(2) 平面图形在它所垂直的两个投影面上的投影，均积聚为直线，且各自平行于相应的投影轴。

事实上，在平面的两面投影中，若有一面投影积聚为平行于某投影轴的直线段，则此平面必为以该投影轴相邻的投影面的平行面。

2. 投影面垂直面

这类平面的特征是垂直于一个投影面而又同时倾斜于其他两个投影面。依所垂直的投影面的不同，投影面垂直面可以细分为三种：

(1) 铅垂面——垂直于 H 面，而又同时倾斜于 V、W 面的平面；
(2) 正垂面——垂直于 V 面，而又同时倾斜于 H、W 面的平面；
(3) 侧垂面——垂直于 W 面，而又同时倾斜于 H、V 面的平面。

图 1-31 为铅垂面的轴测图和三面投影图。从图中可以看出，铅垂面的投影特性是：

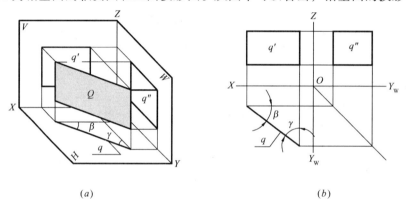

图 1-31 铅垂面的投影特性
(a) 轴测图；(b) 投影图

1) 水平投影积聚为一条斜线；
2) 水平投影与 OX 轴和 OY 轴的夹角分别反映平面对 V、W 面倾角 β、γ 的实形；
3) 正面投影和侧面投影均不反映实形，但为形状类似的图形。

同理亦可分析出正垂面和侧垂面的投影特性。

投影面垂直面的轴测图、投影图、投影特性如表 1-4 所示。

投影面垂直面的投影特性 表 1-4

	轴 测 图	投 影 图	投影特性
铅垂面			(1) 水平投影积聚为一条斜线，并反映 β、γ 角的实形； (2) 正面投影和侧面投影均为类似形

续表

轴测图	投影图	投影特性
正垂面		（1）正面投影积聚为一条斜线，并反映 α、γ 角的实形； （2）水平投影和侧面投影均为类似形
侧垂面		（1）侧面投影积聚为一条斜线，并反映 α、β 角的实形； （2）正面投影和水平投影均为类似形

表 1-4 中的投影特性可概括地用下列两点说明：

（1）平面图形在它所垂直的投影面上的投影积聚为一条斜线，该斜线与水平或竖直方向之间的夹角分别反映该平面对其他两个投影面的倾角的实形。

（2）平面图形在它所倾斜的两个投影面上的投影，均为形状类似的图形。

事实上，在平面的投影中，若某一投影面上的投影积聚为一条斜线，则该平面必为该投影面的垂直面。

3．一般位置平面

在空间对三个投影面都倾斜的平面，称为一般位置平面。它的投影特性是三个投影既不反映实形，也不积聚为直线，但均为比原形面积缩小了的形状类似的图形。

此外，一般位置平面的三个投影都不直接反映该平面对三个投影面的倾角，如图 1-32

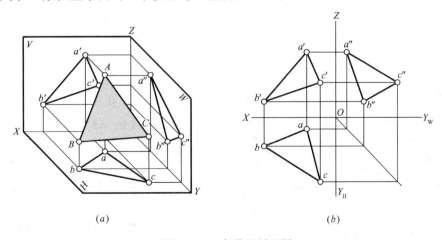

图 1-32 一般位置平面图
（a）轴测图；（b）投影图

所示。

事实上，在三面投影中均为多边形的平面，必为边数相同的一般位置的多边形平面。

三、从属于平面的点和直线

1. 点和直线从属于平面的几何条件

由初等几何可知，点和直线从属于平面的几何条件为：

条件一 如果一点从属于平面的一直线，则该点从属于该平面。

如图 1-33，点 D 从属于 $\triangle ABC$ 上的直线 AB，点 E 从属于 $\triangle ABC$ 上的直线 AC（延长线），所以说 D、E 从属于 $\triangle ABC$。

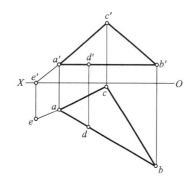

图 1-33 从属于平面的点

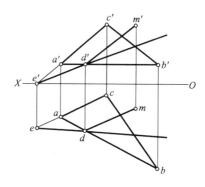

图 1-34 从属于平面的直线

条件二 如果一直线通过从属于平面的两点，或通过从属于平面的一点并平行于该平面的另一已知直线，则该直线从属于该平面。

如图 1-34，直线 DE 通过从属于 $\triangle ABC$ 平面的两点 D、E，直线 DM 通过从属于 $\triangle ABC$ 平面的一点 D 且平行于该平面的另一已知直线 AC，故这两直线都从属于平面 $\triangle ABC$。

【例 1-11】 试检查点 K 是否从属于 $\triangle ABC$［图 1-35（a）］所表示的平面。

【分析】 根据上述条件一，先假定点 K 从属于平面 $\triangle ABC$，则过点 K 一定能作一条直线从属于该平面（事实上，如果点 K 从属于平面 $\triangle ABC$，则过点 K 能作无穷多条直线从属于该平面）；否则，假定不成立，即点 K 不从属于 $\triangle ABC$ 所表示的平面。

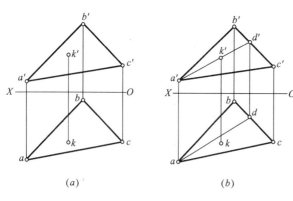

图 1-35 判断点 K 是否从属于平面
（a）题目；（b）作图结果

【作图】 首先，通过点 K 的任意一个投影如 k'，任作一条辅助直线的投影如 $a'd'$，按投影关系并保证 AD 从属于 $\triangle ABC$，作出它的水平投影 ad，如图 1-35（b）所示。从作图结果看，k 不从属于 ad，因此点 K 不从属于 AD，故得出点 K 不从属于平面 $\triangle ABC$ 的结论。

【例 1-12】 已知如图 1-36（a）所示，试补全平面四边形

ABCD 的水平投影。

【分析】 按题意，已知平面 *ABCD* 的两条边 *AB*、*CD* 的两面投影，因此实际上只要设法求出另一个顶点 *D* 的水平投影即可。平面四边形 *ABCD* 由一对已知的相交直线 *AB*、*BC* 所确定，即顶点 *D* 从属于由相交直线 *AB*、*BC* 所确定的平面，于是通过从属关系本例便可求解。

【作图】 如图 1-36（*b*），连接 *a'c'* 和 *ac*，并连接 *b'd'* 与 *a'c'* 相交于 *e'*；按投影关系在 *ac* 上定出 *e*，于是在 *be* 的延长线上就可定出 *d*。最后连接 *ad*、*cd* 便完成作图 [图 1-36（*c*）]。

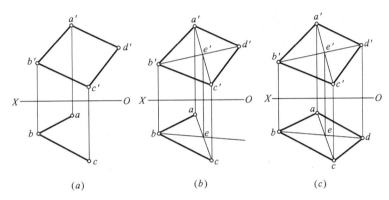

图 1-36 补全平面四边形 *ABCD* 的水平投影
（*a*）题目；（*b*）作图过程；（*c*）作图结果

2. 从属于特殊位置平面的点和直线

投影面垂直面与投影面平行面统称为特殊位置平面。这两类平面在它所在垂直的投影面上的投影具有积聚性，即从属于该平面的点和直线的投影必落在该积聚投影上；反过来，凡是点或直线的投影，当落在一平面的同面积聚投影上时，则该点或直线必从属于这一垂直于该投影面的平面，如图 1-37（*a*）、（*b*）所示。

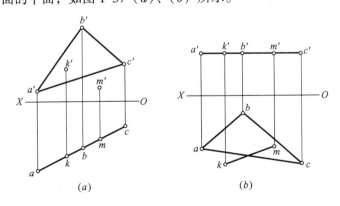

图 1-37 从属于特殊位置平面的点和直线

3. 从属于一般位置平面的特殊位置直线

从属于一般位置平面的特殊位置直线有两种，它们是平面内的投影面平行线、平面内对投影面的最大斜度线。

(1) 平面内的投影面平行线

平面内的投影面平行线，既是平面内的直线，又是投影面平行线。因此，它既具有从属于平面的投影特性，又具有投影面平行线的投影特性。

根据投影面平行线的投影特性，可在已知平面内作水平线、正平线和侧平线。图1-38 中的平面由△ABC给定。直线CE为平面内的水平线，其正面投影 $c'e'$ // OX 轴；直线AD 为平面内的正平线，其水平投影 ad // OX 轴。

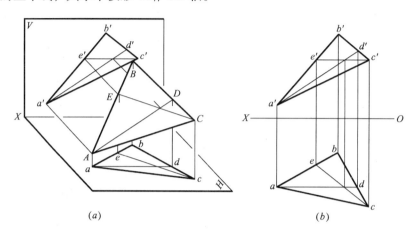

图 1-38 在平面内作水平线和正平线
（a）轴测图；（b）投影图

【例 1-13】 已知△ABC如图 1-39（a）所示，试过该平面顶点B作一条属于该平面的水平直线BD。

【分析】 由于平面内的水平线可有无穷多条，且相互平行。因此，先在△ABC内任作一条水平线，然后过点B作直线与它平行即可。

【作图】 如图 1-39（b）所示，先在△ABC内任作一条水平线CF 即作$c'f'$ // OX，再

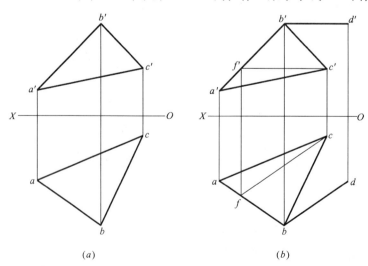

图 1-39 过△ABC的顶点B作从属于该平面的水平线
（a）题目；（b）作图结果

按投影关系和从属于平面的条件作出其水平投影 cf；然后过点 B 作直线 BD ∥ CF，即作 $b'd'$ ∥ $c'f'$、bd ∥ cf，则直线 BD 即为所求。

【例 1-14】 已知△ABC 如图 1-40（a）所示，试在该平面内取一点 K，使之与 H 面的距离为 20mm，与 V 面的距离为 18mm。

【分析】 点 K 位于△ABC 平面内，则必定位于该平面内的直线上。当限定点 K 到 H 面的距离为 20mm 时，则必须限定在与 H 面相距为 20mm 的一条平面内的水平线上；当限定点 K 到 V 面的距离为 18mm 时，则必须限定在与 V 面相距 18mm 的一条平面内的正平线上。因此，在平面内所作的上述水平线和正平线的交点即为所求的点 K。

【作图】 如图 1-40（b）所示，首先在△ABC 内作水平线ⅠⅡ，使之与 H 面相距为 20mm，即作 $1'2'$ ∥ OX 轴，且距 OX 轴为 20mm，并根据投影关系和直线从属于平面的条件作出水平投影 12。

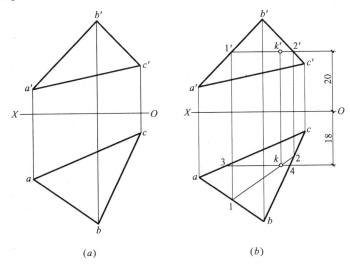

图 1-40 在给定的平面内取点 K，使之距 V 面 18mm，距 H 面 20mm
（a）题目；（b）作图结果

再在△ABC 内作正平线ⅢⅣ，使之与 V 面相距为 18mm，即作 34 ∥ OX 轴，且距 OX 轴为 18mm。

于是，12 与 34 的交点 k 即是所求点 K 的水平投影。最后，由 k 在 $1'2'$ 上定出 k'，则由 k、k' 确定的点 K 即为所求。

(2) 平面内对投影面的最大斜度线

为了说明这个问题，首先做这样一个实验，在斜面上放一个圆球，在理想状态下，该圆球自由滚落到地面（H 面），其路线必然是一条垂直于斜面内水平线的直线。从几何角度分析，这条路线具有两个特征：①垂直于斜面内的水平线；②它是斜面内对 H 面的倾角 $α$ 为最大的直线。因此，我们称该路线（直线）为平面内对 H 投影面的最大斜度线。

同一个平面内对同一投影面的最大斜度线可有无穷多条，它们相互平行且均垂直于平面内的对该投影面的平行线。

在三投影面体系中有三个投影面，所以平面内的最大斜度线也有三种：
1) 对 H 面的最大斜度线（工程上称为坡度线）；

2）对 V 面的最大斜度线；

3）对 W 面的最大斜度线。

在图 1-41 中，设平面 Q 内的直线 AB 垂直于该平面内的水平线 CD（事实上，Q 平面与 H 面的交线也是一条水平线），则直线 AB 是平面 Q 内的一条对 H 面的最大斜度线，AB 对 H 面的倾角即是平面 Q 对 H 面的倾角 α。由图中容易得到证明，在 Q 平面内，过点 A 所作的无数多条直线中，只有 AB 对 H 面的倾角 α 为最大。

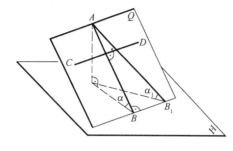

图 1-41 平面内对 H 面的最大斜度线

因此，可以通过作平面内对 H 面的最大斜度线，来求出该一般位置平面对 H 面的倾角 α；同理，也可通过作平面内对 V 面、W 面的最大斜度线，来求出该一般位置平面对 V 面、W 面的倾角 β 和 γ。而求最大斜度线的倾角的基本方法则是本章前面所说的直线三角形法。

【例 1-15】 如图 1-42（a）所示，已知△ABC 的两面投影，试求其对 H 面和 V 面的倾角 α 和 β。

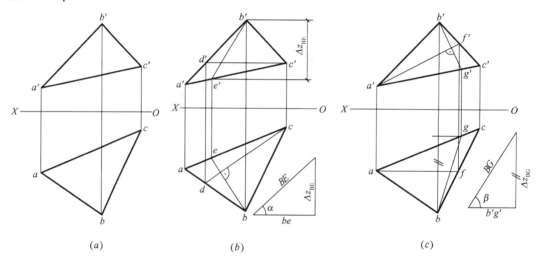

图 1-42 求作三角形平面的倾角 α 和 β
（a）题目；（b）求作 α；（c）求作 β

【分析】 由上述可知，平面对 H 面的倾角是由该平面内对 H 面的最大斜度线的倾角 α 来决定的，因此需首先在三角形平面内任作一条对 H 面的最大斜度线，然后利用直角三角形法求倾角 α。同理，可求出该平面对 V 面的倾角 β。

【作图】 图 1-42（b）所示为求三角形平面对 H 面的最大斜度线和倾角 α 的作图方法。

（1）首先，在三角形平面内任作一条水平线 DC，即作 d'c'∥OX 轴，并由投影关系和直线从属于平面的条件求出 dc。

（2）因为该平面内对 H 面的最大斜度线垂直于平面内的水平线，故根据直角投影的特性，作 $BE \perp DC$，即作 $be \perp dc$，再由投影关系和直线从属于平面的条件求出 $b'e'$。于是，直线 BE 即是该平面内对 H 面的一条最大斜度线。

（3）用直角三角形法求出 BE 对 H 面的倾角，其角度 α 即是△ABC 对 H 面的倾角。为了使图解过程清晰，本图将直角三角形作在题目之外。

同理，可求该平面对 V 面的最大斜度线及其倾角 β，见图 1-42（c）。具体作图过程为：

（1）作△ABC 内的一条正平线 AF，即作 af∥OX 轴，并求出 $a'f'$。

（2）因为平面内对 V 面的最大斜度线垂直于平面内的正平线，于是根据直角投影的特性作 $BG \perp AF$，即作 $b'g' \perp a'f'$，再求出 bg。于是，直线 BG 即为△ABC 平面内对 V 面的一条最大斜度线。

（3）用直角三角形法求 BG 对 V 面的倾角，其角度 β 即为△ABC 对 V 面的倾角。

§1-4　换　面　法

一、换面法的基本原理

（一）换面时须保留原投影面体系中的一个投影面，新投影面垂直于保留的投影面（图 1-43）。

（二）新投影面应选择在新投影面体系中使选定的几何元素处于便利解题的位置，主要是确定新投影轴方向。如一次换面不能解决问题，通常可考虑用连续换面两次解题，必要时，也可进行更多次。

通过更换一次投影面（简称一次换面）可以做到：

1. 把一般线变为新投影面的平行线（图 1-47），解决了求线段的实长和对另一投影面的倾角问题。

2. 把投影面平行线变为新投影面的垂直线（图 1-45、图 1-46），这时，它的新投影具有积聚性。可以解决一点到一投影面平行线的距离，和一点到一投影面垂直面的距离等问题。

3. 把一般面变为新投影面的垂直面（图 1-49），解决了平面对另一投影面的倾角、一点到一平面的距离、两平行平面间的距离、直线与一般面的交点和两平面交线等问题。

4. 把投影面垂直面变为新投影面的平行面（图 1-50），解决了求投影面垂直面的实形问题。

二、点的换面法

（一）点的一次换面法

总结上述一次换面的经验可知：

1. 新投影面必须设立在使空间元素处在有利于解题的位置。

2. 新投影面必须垂直于原有投影体系中的一个投影面，使新投影面和与它垂直的那个投影面组成一个新投影体系，应用正投影规律作出空间元素的新投影。

3. 点的投影连线须垂直于投影轴。

4. 新投影面上新点到新轴的投影距离等于被替换投影面上点到旧轴的距离。图 1-43（b）所示。

但是，有一些定位问题和度量问题，只变换一次投影面还未能解决。为此可继续设立第二个、第三个、以至更多的辅助投影面。

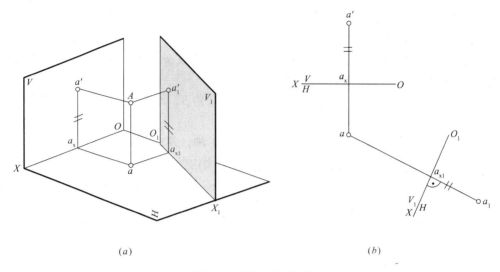

图 1-43 点的一次换面法
（a）轴测图；（b）投影图

（二）点的二次换面法

新投影面设立的正确与否，对于解题是否简捷或是否可能，是至关重要的。

点的二次换面法的基本法则是：第一次若更换 V 面，则第二次须更换 H 面，要交替进行。其方法如图 1-44 所示。

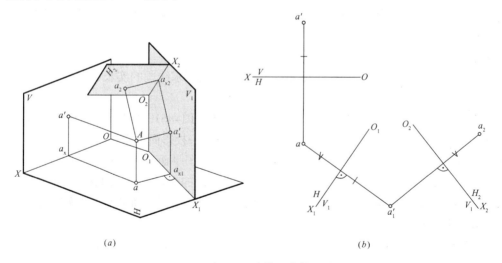

图 1-44 点的二次换面法
（a）轴测图；（b）投影图

三、直线的换面法

1. 将投影面平行线变换为投影面垂直线（一次换面）
2. 将投影面倾斜线变换为投影面平行线（一次换面）
3. 将投影面倾斜线变换为投影面垂直线（图 1-48）（二次换面）

四、平面的换面法

1. 将投影面倾斜面变换为投影面垂直面（一次换面）
2. 将投影面垂直面变换为投影面平行面（图 1-51）（一次换面）

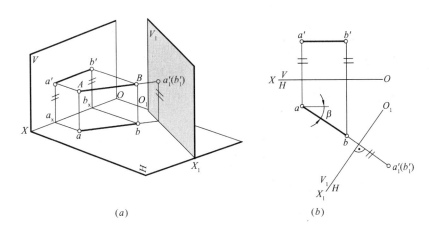

图 1-45　将平行线变换为垂直线的换面法（一）
(a) 轴测图；(b) 投影图

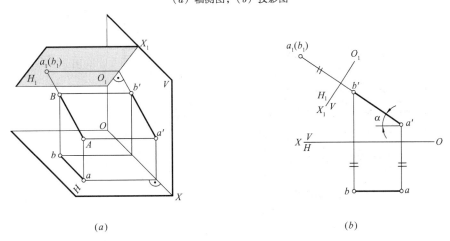

图 1-46　将平行线变换为垂直线的换面法（二）
(a) 轴测图；(b) 投影图

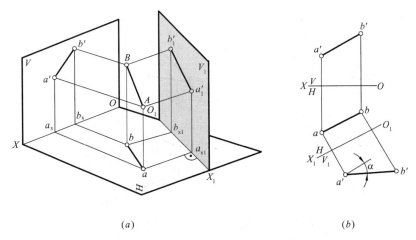

图 1-47　将倾斜线变换为平行线的换面法
(a) 轴测图；(b) 投影图

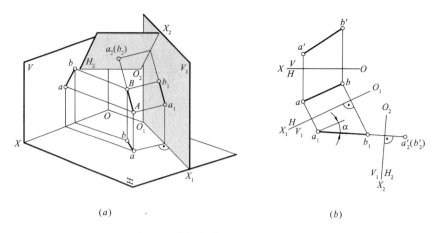

图 1-48 将倾斜线变换为垂直线的换面法
（a）轴测图；（b）投影图

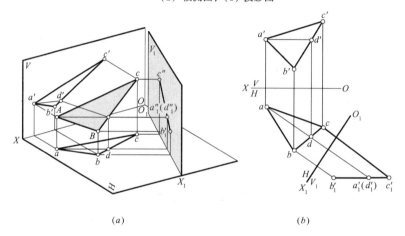

图 1-49 将倾斜面变换为垂直面的换面法
（a）轴测图；（b）投影图

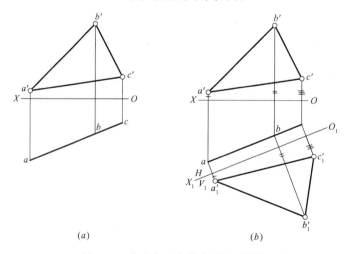

图 1-50 将垂直面变换为平行面的换面法
（a）题目；（b）将垂直面变换为平行面

3. 将投影面倾斜面变换为投影面平行面（图1-52）（二次换面）

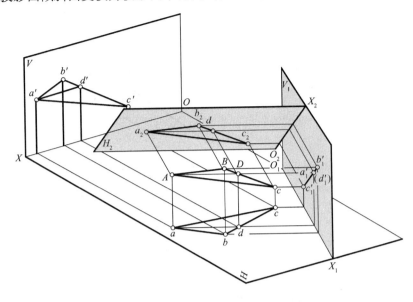

图1-51 将倾斜面变换为平行面的换面法（一）

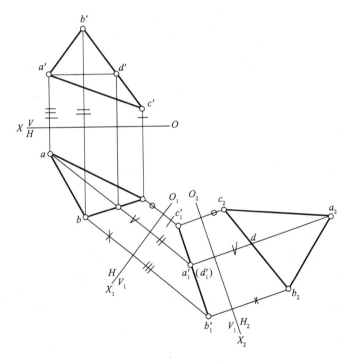

图1-52 将倾斜面变换为平行面的换面法（二）

【例1-16】 求图1-53（a）所示点到直线的距离。

可考虑先将 AB 直线变换为投影面平行线，再变换为投影面垂直线，两点之间的距离即为所求。

作图时须注意：变换直线 AB 时，必须连同点 C 同时变换，如图1-53（b）所示。

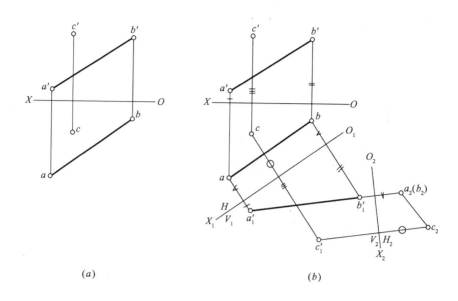

图 1-53 求点到直线距离的换面法
（a）求点到直线的距离；（b）换面过程

所谓二次换面，实质上就是依次交替进行两次"一次换面"。

【例 1-17】 求图 1-54（a）所示点到平面的距离。

可考虑先将三角形 ABC 变换为投影面垂直面（一次换面即可），点到直线之间的距离即为所求。作图过程如图 1-54（b）所示。

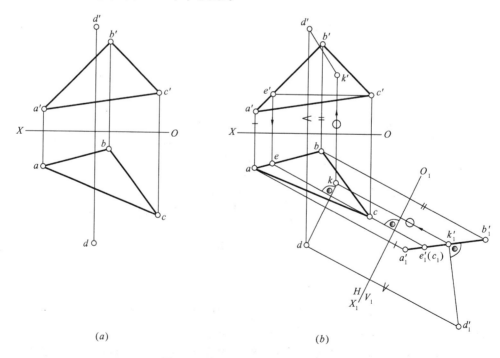

图 1-54 求点到平面距离的换面法
（a）求点到平面的距离；（b）换面过程

§1-5 直线与平面、平面与平面的相对位置

直线与平面、平面与平面的相对位置，除了从属于同一平面的情况之外，还可以有平行、相交、垂直三种。其中，垂直是相交的特例。本节只讨论两几何元素中有一个处在特殊位置时的情形。

一、直线与平面、平面与平面平行

1. 直线与特殊位置平面平行

当平面为特殊位置平面时，直线与平面的平行关系可直接在表现该平面积聚性的投影图中反映出来。

这里所说的特殊位置平面包括投影面垂直面和投影面平行面两类，这两类平面在它所垂直的投影面上的投影都具有积聚性。因此，平行于该平面的所有直线在该平面所垂直的投影面上的投影应平行于该平面的积聚投影，这就为作图带来了极大的方便。

如图 1-55 所示，设平面 P 垂直于 H 面，则平面 P 在 H 面的投影 P_H 具有积聚性。设直线 AB 的水平投影 $ab /\!/ P_H$，于是不难看出，不管直线 AB 对 H 面的倾角如何，它始终平行于平面 P。

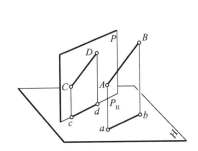

图 1-55 直线与铅垂面平行

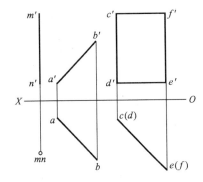

图 1-56 直线与铅垂面平行

例如，在图 1-56 中，已知铅垂面 $CDEF$ 的两面投影，由于直线 AB 的水平投影平行于铅垂面的积聚投影，即 $ab /\!/ cdef$，故 $AB /\!/ CDEF$。至于直线 MN，它的水平投影积聚成一点，即 MN 为铅垂线，由于铅垂线必然平行于铅垂面，因此 $MN /\!/ CDEF$。

2. 平面与特殊位置平面平行

与特殊位置平面平行的平面本身就是一个特殊位置的平面。

当两平面都是同一投影面的垂直面时，则这两个平面的平行关系可直接在它们所垂直的投影面上的积聚投影中反映出来。即当两平面的积聚投影相互平行时，这两个投影面垂直面一定相互平行。图 1-57 是两相互平行的正垂面的两面投影。（空间平面也可用它与投影面的交线——迹线来表示。其方法是用细实线表示平面的迹

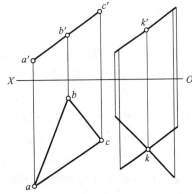

图 1-57 两正垂面相互平行

线，用大写字母加脚注表示平面的名称和与它相交的投影面。如图 1-55 所示，P_H 意为平面 P 与 H 面相交的迹线；同理，Q_V 意为平面 Q 与 V 面相交的迹线。）

二、直线与平面、平面与平面相交

直线与平面相交，交点只有一个，且为直线与平面的共有点，亦为直线投影可见性的分界点；平面与平面相交，交线是一条直线，且为两平面的共有线，同时亦为平面投影可见性的分界线。

1. 一般位置直线与特殊位置平面相交

特殊位置平面至少有一个投影具有积聚性，因此，可利用具有积聚性的投影直接求出交点。

如图 1-58（a）所示，设直线 AB 与铅垂面 △CDE 相交于点 K，由于点 K 要从属于直线 AB，所以说点 K 的水平投影 k 必须落在直线 AB 的水平投影 ab 上；又由于铅垂面的水平投影具有积聚性，所以点 K 的水平投影 k 又必须积聚在铅垂面 △CDE 的水平投影 cde 上。因此，在投影图 [图 1-58（b）] 中 ab 与 cde 的交点 k 就是直线 AB 与铅垂面 △ABC 交点 K 的水平投影。再从 k 引垂直于 OX 轴的投影连接线与 a'b' 相交，便得交点 K 的正面投影 k'。

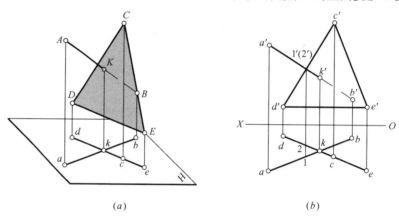

图 1-58 直线与铅垂面相交
(a) 轴测图；(b) 作图结果

在相交的问题上，通常还须判别可见性。即直线贯穿平面后，沿其投影方向观察必有一段被平面遮挡住而不可见。显然，只有在投影重叠部分才存在有可见性问题，而交点则是可见与不可见的分界点。

在图 1-58（b）中，正面投影存在有可见性问题。现利用前面讲述的重影点投影可见性的判别方法判断如下。首先在正面投影中任选一处相重叠的投影 1'（2'），找出与之对应的水平投影 1、2，设 1 在 ab 上，2 在 de 上，比较它们的相对位置可知，$y_1 > y_2$，故可得出空间点 I 在前、II 在后的结论，即正面投影中 2' 是不可见的（在图中加括号标记），于是，直线 AB 上 KI 段的正面投影 k'1' 为可见，用实线表示，k' 的另一侧画成虚线。

2. 特殊位置直线与一般位置平面相交

当投影面垂直线与一般位置平面相交时，直线在它所垂直的投影面上的投影有积聚性，交点在该投影面的投影重叠在该直线的积聚投影上。又因为交点是直线与平面的共有点，即交点在平面内，故可以利用从属性在平面内求出交点的其余投影。

在图 1-59 中，铅垂线 EF 与平面 △ABC 相交，由于铅垂线 EF 的水平投影 ef 积聚为一点，因此，交点 K 的水平投影 k 与直线 EF 的积聚投影 ef 重叠。又由于交点 K 是平面内的点，因此，过点 K 可在平面内任作辅助直线如 CM，即过 k 作 cm，并求出 $c'm'$。于是，作 $c'm'$ 与 $e'f'$ 相交得交点 k'，即完成交点 K 的作图。至于正面投影中直线与平面重叠区域的可见性判别则仍可利用重影点投影可见性的概念来判断。

3. 平面与特殊位置平面相交

(1) 一般位置平面与特殊位置平面相交

一般位置平面与特殊位置平面相交，其交线为一条直线，它可以由相交两平面的两个共有点或一个共有点和交线的方向来确定。

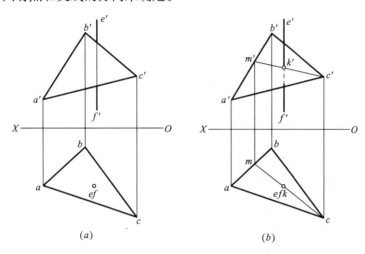

图 1-59 求铅垂线与一般位置平面的交点
(a) 题目；(b) 作图结果

从图 1-58 中可得到启示：由于投影面垂直面在它所垂直的投影面上的投影具有积聚性，故相交问题可借助投影的积聚性来解决。

【例 1-18】 如图 1-60 (a) 所示，设有一般位置平面 △ABC 与铅垂面 △DEF 相交，试求其交线并区分可见性。

【分析】 本例可利用铅垂面水平投影的积聚性求解。

【作图】 在投影图 [图 1-60 (b)] 中利用 △DEF 水平投影的积聚性，可得交点 M、N 的水平投影 m（在 bc 上）、n（在 ac 上），再按投影关系在 $b'c'$ 上定出 m'，在 $a'c'$ 上定出 n'，连接 $m'n'$ 便得两平面交线的正面投影。但由于图中给定 △DEF 的范围有限，故两平面的有限交线实际上只有 KN 一段。

又由于正面投影有重叠部分，故还须判别可见性。为此，在正面投影中先任选一相重叠的投影 $1'(2')$，设点 I 在 DE 上，点 II 在 AC 上，找出水平投影 1、2 后可知 $y_1 > y_2$，即点 I 在前、点 II 在后，故在正面投影中 $1'$ 可见，亦即轮廓线 $k'e'$ 段可见；$2'$ 不可见，所以 $n'2'$ 段不可见（用虚线表示）。两平面图形相交，有限交线的两个端点必在它们的轮廓线上。如图 1-60 所示，当两平面有限交线的两个端点 K、N 分别落在平面 △DEF 的 DE 边和平面 △ABC 和 AC 边上时，称该两平面为互交；而图 1-61 中，两平面有限交线的两个端点 K、L 均落在同一平面 △ABC 的 AB 和 AC 边上，此时，称该两平面为全交。

(2) 两特殊位置平面相交

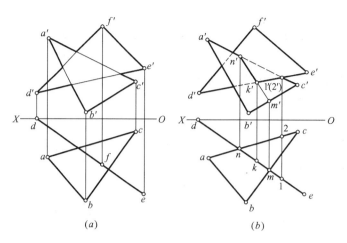

图 1-60 一般位置平面与铅垂面相交
(a) 题目；(b) 投影作图

当两特殊位置平面相交时，交线必定是一条特殊位置的直线。

如图 1-62 所示，两铅垂面相交，交线为一条铅垂线，交线的水平投影积聚为一点，且为两平面积聚投影的交点；交线的正面投影垂直于 OX 轴，且位于两相交平面的有限重叠区域内。在判别两平面正面投影重叠处的可见性时，从图 1-62 (b) 的水平投影中可以看出，在交线 MN（积聚为一点）的左侧，矩形平面在前、三角形平面在后，因此，在正面投影中，$m'n'$ 之左的矩形区域为可见，其轮廓用粗实线表示，被它挡住了的三角形区域为不可见，其轮廓用虚线表示；而交线右侧的可见性，则正好相反。

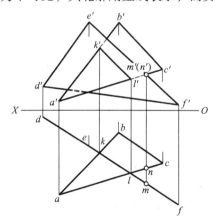

图 1-61 一般位置平面与铅垂面全交

由此可见，两个同时垂直于同一投影面的平面的交线，必定是这个投影面的垂直线，两个平面的积聚投影的交点即为交线的积聚性投影，从而可通过投影关系作出交线的其他投影，并可在投影图中直接判断出投影重叠处的可见性。

三、直线与平面、平面与平面垂直

1. 直线与投影面垂直面垂直

垂直于投影面垂直面的直线，必然平行于该平面所垂直的投影面。于是，根据直角的投影特性，该投影面垂直面的积聚投影必然与该直线的同面投影相互垂直。如图 1-63 所示，平面 P 垂直于 H 面，直线 $AB \perp P$。此时，直线 AB 必为水平线，它的水平投影 ab 必然垂直于平面 P 的积聚投影 P_H，其交点 k 即为垂足 K 的水平投影。

2. 两特殊位置平面相互垂直

两特殊位置平面相互垂直时，其交线必定是一条特殊位置的直线。

如图 1-64 所示，过平面 P 的垂线 AB 所作的平面均与平面 P 垂直。于是，可以得出相互垂直的两个投影面垂直面，它们的同面积聚投影也必然相互垂直的结论（图 1-65）。

事实上，当相交的两个平面都垂直于同一个投影面时，两平面夹角的实形将直接在该投影面上表示出来，垂直相交只是它的一个特例。

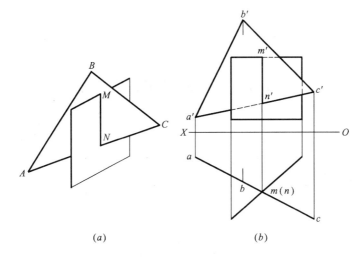

图 1-62 两铅垂面相交
(a) 空间情况；(b) 投影作图

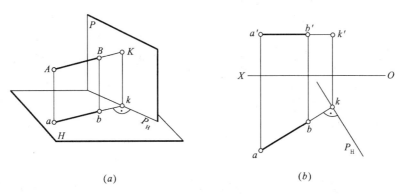

图 1-63 直线与投影面垂直面垂直
(a) 空间示意；(b) 投影作用

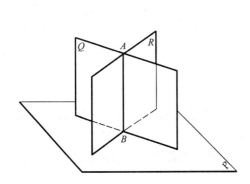

图 1-64 过 P 平面的垂线 AB 所作平面
均垂直于 P 面

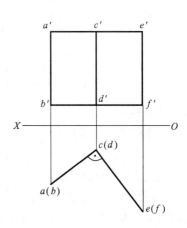

图 1-65 相互垂直两平面的同面
积聚投影必相互垂直

第 2 章　平面立体的投影

具有长、宽、高三度空间有限部分的几何体通称立体，其中由平面围成的立体称为平面立体。最基本的平面立体为棱柱体、棱锥体。

本章介绍平面立体的几何特征、投影特性以及平面立体的截切、两平面立体的相交等基本知识。

§2-1　棱柱、棱锥（台）的投影

由平面围成的立体称为平面立体。

平面立体的每一个表面可看成是由若干直线段围成的闭合图形。因此，绘制平面立体的投影图归根结底是绘制其各个表面或从属于表面的直线和点的投影，并区分可见性。

常见的平面立体有棱柱体（简称棱柱）、棱锥体（简称棱锥），见图2-1。

一、棱柱体

1. 棱柱的几何特征

完整的棱柱由一对形状大小相同、相互平行的多边形底面和若干平行四边形侧面（也称棱面）所围成。它所有的棱线均相互平行。当棱柱底面为正多边形且棱线均垂直于底面时称为正棱柱。正棱柱所有的侧面均为矩形，见图2-1（a）、（b）、（c）。根据其底面形状的不同，棱柱又可有三棱柱、四

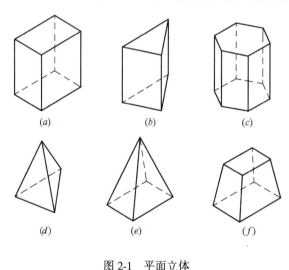

图 2-1　平面立体
(a) 长方体（四棱柱）；(b) 三棱柱；(c) 六棱柱；
(d) 三棱锥；(e) 四棱锥；(f) 四棱台

棱柱、六棱柱等。

2. 棱柱的投影特性

图 2-2（a）表示一底面平行于 H 面的六棱柱及其在三投影面体系中的投影。图 2-2（b）是它的三面投影图。

在图示情况下，六棱柱的上、下底面平行于 H 面，两者的水平投影重影且反映实形，正面投影和侧面投影则分别积聚成一条水平线段。

六棱柱的前、后两棱面为正平面，两者的正面投影重影且反映实形，水平投影和侧面投影分别积聚成垂直于 OY 轴的直线段。

六棱柱左边的两个棱面和右边的两个棱面均为铅垂面，其水平投影均积聚为长度等于

底面正六边形边长的线段,其正面投影和棱面投影均为矩形,但不反映实形。

3．棱柱的投影画法

在三面投影中,各投影与投影轴之间的距离,只反映立体与投影面之间的距离,并不影响立体形状的表达。因此,在画立体的投影图时,一般均将投影轴省去不画。如图2-3（b）所示,各面投影之间的

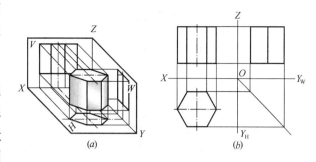

图2-2　六棱柱的投影

间隔可任意选定,但各投影之间必须保持投影关系,作图时立体上各点及其相对位置应按其投影关系画出。对立体上点的三面投影之间的连线,垂直于 OX 轴的可表述为竖直线或竖线;垂直于 OZ 轴的可表述为水平线或横线。对于立体的三面投影,其投影规律还可表述为"长对正、高平齐、宽相等"。

画投影图的步骤是,先画出反映棱柱特征的底面形状的投影,然后再按投影关系画出其余两投影。

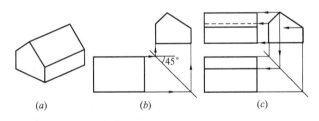

图2-3　小屋（五棱柱）的投影和画图步骤
（a）轴测图；（b）作图过程；（c）完成作图

【例2-1】　试画出图2-3（a）所示小屋的三面投影图。

【分析】　图示小屋的平面形状为矩形,前后坡顶的坡度相同,但前后屋檐的高度不同。因此,可把该小屋看成是横放的五棱柱,其左、右立面看成是棱柱的端面。所以,该小屋的形状特征在侧面投影中最能表达清楚。

画图的步骤是先画水平投影中的矩形,再画侧面投影,然后画正面投影和完成水平投影。

构成立体投影的图线称为投影轮廓线,可见的轮廓线用粗实线画出;不可见的用虚线画出（当不影响表达时也可不画）,可见轮廓线与不可见轮廓线重合时画粗实线。

【作图】　如图2-3（b）、（c）所示。

二、棱锥体

1．棱锥的几何特征

完整的棱锥由一多边形底面和若干具有公共顶点的三角形棱面所围成。它的棱线均通过锥顶。当棱锥底面为正多边形,其锥顶又处在通过该正多边形中心的垂直线上时,这种棱锥称为正棱锥。根据其底面形状的不同,棱锥又可有三棱锥、四棱锥、五棱锥等,见图2-1（d）、（e）、（f）。

2．棱锥的投影特性及画法

图2-4（a）表示一个三棱锥及其在三投影面体系中的投影,图2-4（b）则是它的三面投影图。

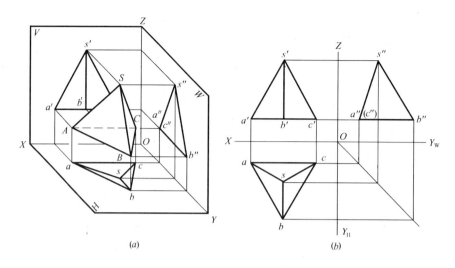

图 2-4 三棱锥的投影
(a) 轴测图；(b) 投影图

在图示情况下，由于三棱锥的底面平行于 H 面，所以它的水平投影 abc 反映实形，它的正面和侧面投影均积聚为水平线段；棱锥的后棱面 SAC 为侧垂面，所以其侧面投影积聚为一段斜线，其正面投影和水平投影都是三角形；棱锥左、右两个棱面都是一般位置平面，所以它们的三个投影都是三角形，其中侧面投影 s"a"b" 现 s"b"c" 重影。

图 2-5 是五棱锥的轴测图和投影图，其投影特性及作图的过程如图 2-5 (b)、(c) 所示。

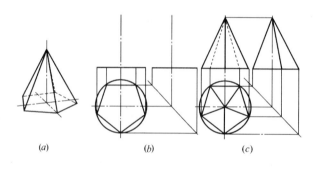

图 2-5 五棱锥的投影
(a) 轴测图；(b) 作图过程；(c) 完成作图

【例 2-2】 设有一台基（四棱台）如图 2-6 (a) 所示，试画出它的三面投影图。

【分析】 棱台是指棱锥被平行于其底面的平面截去锥顶后的剩余部分。因此，画棱

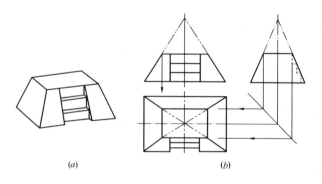

图 2-6 台基的投影
(a) 轴测图；(b) 投影图

台的投影宜先按棱锥作图，然后再画出上底面的投影。

【作图】　过程如图 2-6（b）所示。

§2-2　平面立体表面上的点和直线

在平面立体表面上取点和线，其方法与前面讲过的在平面上取点和直线的方法相同。但由于立体是不透明的，故除了要运用上述方法根据在已知表面上的一个投影求出其余投影外，还要判断所求出的投影的可见性问题。其作图要领是，首先确定所求的点和线属于立体上哪个表面，接着进一步判断该表面在投影图中的可见性。显而易见，若该表面在投影图中是可见的，则从属于该表面的点和线也是可见的，反之则不可见。

【例 2-3】　如图 2-7（a）所示，已知三棱柱 ABC 表面上点 M 的水平投影 m 和点 N 的正面投影 n'，求其余两投影。

【分析】　从图中可以看出，由于水平投影 m 是可见的，所以点 M 应位于三棱柱的上底面 ABC 上；又由于正面投影 a'b'c' 有积聚性，故自 m 向上引投影连线与 a'b'c' 相交即得 m'，再根据点的投影规律求出 m''。由于 n' 为可见，所以点 N 应位于右前方的棱面 BC 上，利用 bc 的积聚投影可定出 n，再由 n 和 n' 求出 n''。因 BC 所在棱面的 W 面投影为不可见，故 n'' 为不可见。

【作图】　如图 2-7（b）所示。

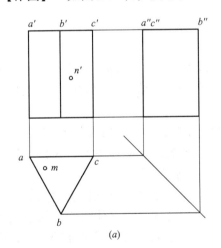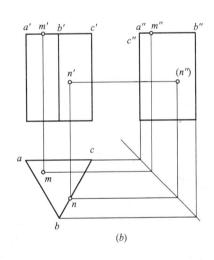

图 2-7　在棱柱表面上取点
（a）题目；（b）作图结果

【例 2-4】　已知从属于三棱锥表面的点 K 的正面投影 k' 和线段 MN 的水平投影 mn ［图 2-8（a）］，求作它们的其余两个投影。

【分析】　从图中可以看出，由于 k' 为可见，所以点 K 在三棱锥的表面 SBC 上。若过点 K 在 SBC 上任作一条辅助直线，点 K 的正面投影和侧面投影即可在该直线的同面投影上求得。又由于 mn 为可见，所以 MN 在棱面 SAB 上。

【作图】　过 k' 作 s'3'，按投影关系求出 s3 和 s''3''，然后在 s3 和 s''3'' 上分别定出 k、

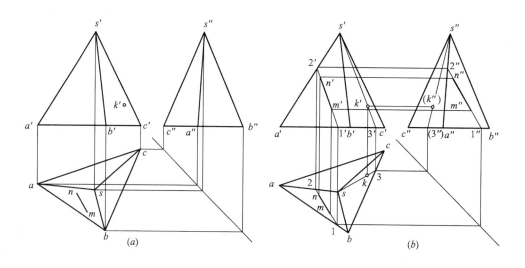

图 2-8 在棱锥表面上取点和直线
(a) 题目；(b) 作图结果

k''。由于点 K 所在表面 SBC 的侧面投影 $s''b''c''$ 是不可见的，所以 k'' 也不可见。

同理，延长直线 MN，即延长 mn 分别交 ab 于 1，交 sa 于 2，再按投影关系求出 $1'2'$、$1''2''$，即可得出 MN 的其余投影，具体作图见图 2-8 (b)。

§2-3 平面立体的截割

平面与立体相交，也称立体被平面截割。这个截割立体的平面称为截平面，截平面与立体表面的交线称为截交线，截交线围成的平面图形称为截断面。

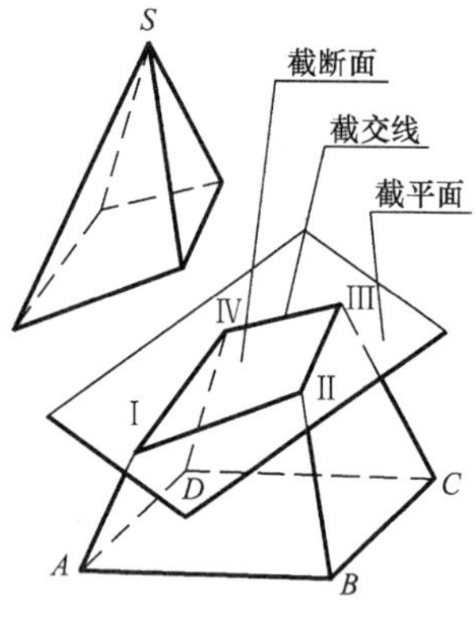

从图 2-9 可以看出，截交线有下列两个基本性质：

(1) 闭合性　因为被截割的立体占有一定的空间，所以截交线必定是闭合的平面折线；

(2) 共有性　截交线是截平面与立体表面共有点的集合，它既从属于截平面，又从属于立体表面，故求截交线可归结为求立体表面上一系列的线对截平面的交点，然后把它们依次连接起来。

本节仅研究截平面为特殊位置平面时截交线和截断面的求法。

图 2-9 平面与立体相交的作图分析

平面与平面立体相交，其截断面是一个平面多边形，它的边数取决于平面立体的几何性质和截平面与立体的相对位置，即截平面所截割到的棱面数。多边形的每一条边是截平面与相应棱面的交线，多边形的各顶点是截平面与棱线的交点。

当截平面为特殊位置平面时，它在所垂直的投影面上的投影具有积聚性。因此，截交线在该投影面上的投影被积聚在截平面的积聚投影上。

求作图 2-10（a）所示正垂面 P 截切四棱锥表面的交线。

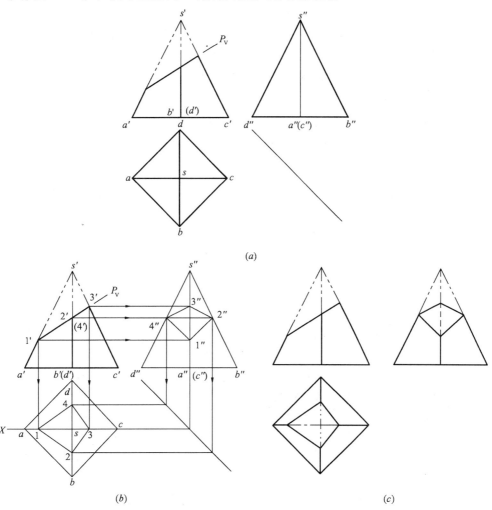

图 2-10 求作正四棱锥被截割后的投影
（a）题目；（b）作图过程；（c）完成作图

如图 2-10（b）所示，当截平面 P 为正垂面时，它与正四棱锥的四个棱面都相交，截交线围成一个四边形；四棱锥各条棱线的正面投影 $s'a'$、$s'b'$、$s'c'$、$s'd'$ 分别与 P_V 的交点 $1'$、$2'$、$3'$、$4'$ 即为截交线四个顶点的正面投影，它们都积聚在 P_V 上。

因此，求这种情况下的截交线的投影，实际上是先利用积聚性直接得出截交线的一个投影，然后根据从属关系和投影关系求出截交线的其余投影。于是，在图 2-10（b）中，通过直接得出的 $1'$、$2'$、$3'$、$4'$，再按投影关系作投影连线，即可分别在相应棱线的水平投影和侧面投影上得出对应的投影 1、2、3、4，和 $1''$、$2''$、$3''$、$4''$（当求作水平投影 2、4 点时，由于它们所从属的棱线 SB、SD 为侧平线，故应先求出它们的侧面投影 $2''$、$4''$，然后再据此求出 2、4）。最后，按照在同一表面上的两个点才能相连的原则，依次把各个点的同面投影连接起来，便得截交线的水平投影和侧面投影。四棱锥被截割去除部分的投影应去掉（也可用双点画线表示假想轮廓），最后区分可见性，便得到四棱锥被平面 P 截割后的投影。

需要特别指出的是，被截割的平面立体，当其截断面平行于投影面时，它在该投影面上的投影反映实形；当其截断面倾斜于投影面时，它在该投影上的投影是一个类似形。在求作或阅读带有斜截面的形体的投影图时，利用类似形的投影特性来分析，能较容易保持正确的投影关系，获得事半功倍的效果，如图 2-11 所示。

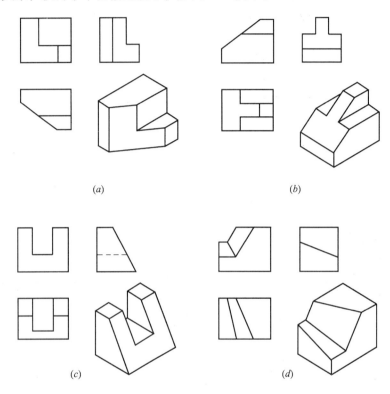

图 2-11　斜面在它所倾斜的投影面上的投影为类似形
（a）具有 L 形铅垂面的形体；（b）具有凸字形正垂面的形体；（c）具有
凹字形侧垂面的形体；（d）具有梯形一般位置斜面的形体

【例 2-5】　设图 2-12（a）所示为四棱柱被一个正垂面和一个铅垂面截割，试补全其 V、H 面投影中未画的图线，并求作 W 面投影。

【分析】　由于同时截割该四棱柱的是两个不同方向的投影面垂直面，故作图时应逐个考虑，还应注意到两截平面之间的交线。

【作图】　首先，求作四棱柱被正垂面截割后的投影，其截断面的侧面投影与水平投影均为四边形，去除部分为四棱柱的左上棱角〔图 2-12（b）〕。

再作被铅垂面截割后的投影，其截断面的正面投影与侧面投影均为五边形，去除的部分为其左前棱角，其中 AB 是正垂面与铅垂面之间的交线〔图 2-12（c）〕；

最后，按规定加粗图线，完成作图〔图 2-12（d）〕。

【例 2-6】　已知一个带切口的三棱锥的正面投影〔图 2-13（a）〕，试完成其水平投影并求作侧面投影。

【分析】　据所给出的正面投影可知，该切口是由一个正垂面和一个水平面截割三棱

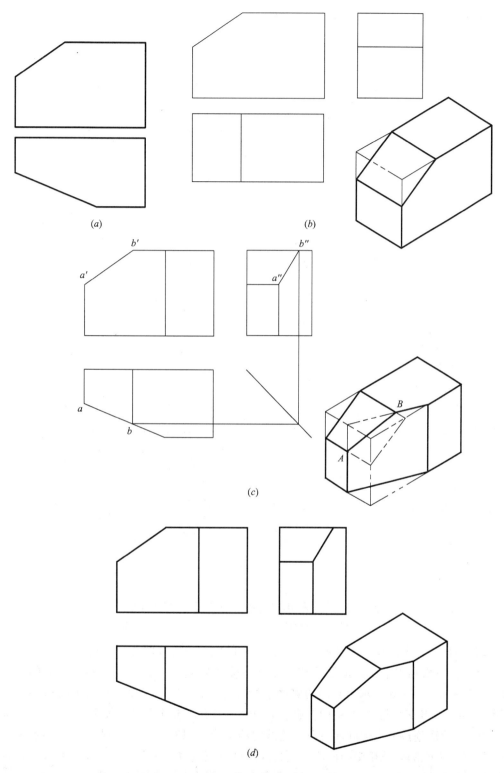

图 2-12 求作四棱柱被两平面截割后的投影
（a）题目；（b）先用正垂面截割四棱柱；（c）再用铅垂面截割四棱柱；（d）完成作图

锥形成的。如前例一样，只要逐个求出各截平面与三棱锥的截断面之后，再画出这两个截平面之间的交线，即可获解。

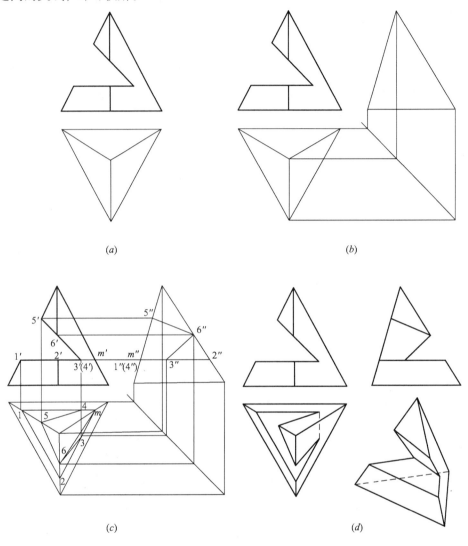

图 2-13 求作带切口三棱锥的水平投影和侧面投影
(a) 题目；(b) 作三棱锥的投影；(c) 作切口的投影；(d) 完成作图

【作图】 首先，作出未被截割时的三棱锥的侧面投影 [图 2-13 (b)]。

于是便可根据水平面、正垂面与三棱锥各棱线的交点 Ⅰ、Ⅱ、M 和 Ⅴ、Ⅵ 的正面投影 1′、2′、m′、5′、6′，求出它们的侧面投影 1″、2″、m″、5″、6″。又由于两截平面均垂直于 V 面，故其交线 ⅢⅣ的正面投影 3′4′ 积聚为一点，据此即可按投影关系求出 3、4 和 3″、4″，再依次连接各点的同面投影。连线时应注意，只有位于同一棱面上的各点才能按顺序相连；去除部分是相交两截割平面之间的部分三棱柱，因此截断面ⅠⅡⅢⅣ和ⅢⅣⅤⅥ之间的三棱锥棱线 Ⅰ、Ⅴ、Ⅱ、Ⅵ 段不复存在。ⅢⅣ是两截平面的交线，贯穿于立体之中，其水平投影是不可见的 [图 2-13 (c)]。

最后，按规定加粗图线，完成全图 [图 2-13 (d)]。

§2-4 两平面立体相交

两相交立体表面的交线称相贯线。两平面立体的相贯线一般是闭合的空间折线,如图 2-14 所示厂房的天窗与坡屋面相交,其相贯线是闭合的空间折线 A-B-C-D-E-F-A。

从图中可见,相贯线中的各段折线分别是两立体相应棱面之间的交线;各段折线的顶点则是一立体的棱线与另一立体表面的交点。因此,求两平面立体相贯线的基本方法,实质上就是前面第二章中所介绍的求两平面的交线或直线与平面的交点的方法。

求出相贯线后,由于立体是不透明的,所以还要判别相贯线的可见性。判别的原则是:只有当相交的两个棱面在同一投影面上的投影均属可见时,其交线在该投影面上的投影才是可见的;当其中有一个棱面为不可见时,其交线则为不可见。

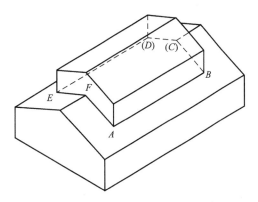

图 2-14 两平面立体的相贯线

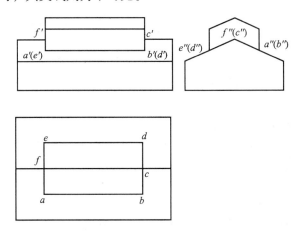

图 2-15 两平面立体投影图中的相贯线

图 2-15 所示为上述厂房的三面投影。其表面上的交线(即相贯线)均可利用相应棱面的投影积聚性直接得出。相贯线在投影图中的可见性分别用各顶点的标记表示了出来(设位于立体表面或棱线积聚投影上的点仍为可见,但两点重影时,后方的点为不可见)。

【例 2-7】 求作图 2-16(a)所示三棱柱与三棱锥的相贯线。

【分析】 虽然三棱锥的三个棱面在一般情况下其投影都没有积聚性(在图示情况下 $s''a''c''$ 有积聚性,属特殊情况),但三棱柱的三个棱面均垂直于 V 面,且其中棱面 DE、EF 还分别平行于 H、W 面,故本题的相贯线完全可以利用积聚性求解,而且只需求出相贯线的水平投影和侧面投影(对于在棱面 SAC 上的相贯线,则只需求出其水平投影)即可。

【作图】 如图 2-16(b)。

(1) 利用三棱柱正面投影的积聚性直接得出相贯线上各个顶点的正面投影 1'-2'-3'-4'-5'-1'(属于棱面 SAC 上的相贯线图中没有标出)。

(2) 扩大三棱柱的棱面 DF,即延长 $d'f'$ 与 $s'a'$ 相交于 m',与 $s'c'$ 相交于 n';分别按投影关系根据 m'、n' 在 sa、sc 上定出 m、n;同时还根据 2' 在 $s''b''$ 上定出 2'',再在 sb 上求出 2。分别连接 $2m$、$2n$ 与棱线 D、F 相交得 1、3;再根据 1、3 便可求出 1''、3''。

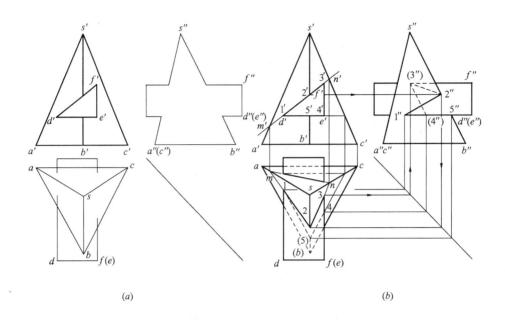

图 2-16 求三棱柱与三棱锥的相贯线
(a) 题目;(b) 作图结果

(3) 同理扩大棱面 DE（该棱面为水平面）即可求得相贯线上的其余顶点的投影 4、5 和 4″、5″。

(4) 同一面上的连线，例如点Ⅰ和Ⅱ即位于棱柱 DF 面上，又位于棱锥 SAB 面上，所以这两点可以相连。分别连接 1-2-3-4-（5）-1 和 1″-2″-（3）″-（4）″-5″-1″，区分可见性即完成相贯线的投影作图。

同理可求出在三棱锥的棱面 SAC 上的相贯线，此处不再赘述。

此例为一个立体完全贯穿另一立体，称为全贯。这种情况下，相贯线一般为两封闭的空间折线（其中之一，因一个立体只与另一立体的一个表面相交，因此成为平面封闭折线）。

【例 2-8】 求作图 2-17（b）所示的四棱柱与四棱锥的相贯线。

【分析】 从图 2-17（b）可知，相交两形体左右、前后均对称，因此，所求的相贯线也应左右、前后对称；图中的四棱柱从上向下贯入四棱锥中，相贯线既属于四棱柱的表面，又属于四棱锥的表面，因此它应是一组封闭的空间折线。

因为直立四棱柱四个棱面的水平投影具有积聚性，所以相贯线必然积聚在该四棱柱的水平投影（轮廓线）上，故本例只需求作相贯线的正面投影和侧面投影。

从图中还知，四棱柱的四条棱线和四棱锥的四条棱线都参与相交，但每条棱线只有一个交点，即相贯线上总共有八个折点。

【作图】

(1) 在相贯线的水平投影上标出各折点的投影 1、2、3、4、5、6、7、8。

(2) 过点Ⅰ在 SAB 平面上作辅助线与 SA 平行，利用"平行两直线的投影仍相互平行"的性质求出点Ⅰ的正面投影 1′，进而利用对称性求出点Ⅳ、Ⅱ、Ⅲ的正面投影（4′）、2′（3′），然后由 1′（4′）、2′（3′）向右作投影连线，在四棱柱左右、右棱面的积聚投影上

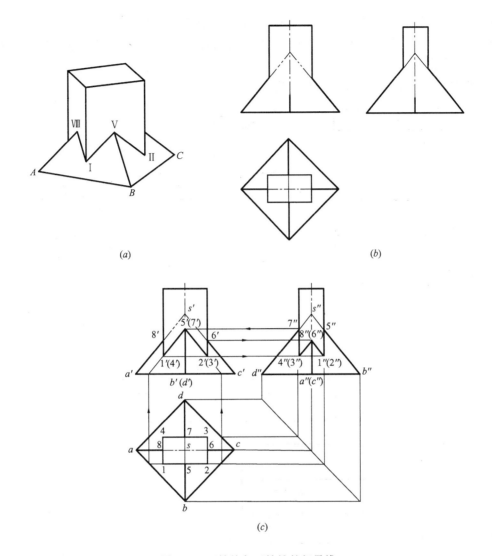

图 2-17 四棱柱与四棱锥的相贯线
(a) 轴测图；(b) 题目；(c) 作图结果

求出侧面投影 1″、4″、(2″)、(3″)。

(3) Ⅴ、Ⅵ、Ⅶ、Ⅷ四个点分别位于四棱锥的四条棱线上，利用四棱柱左右棱面正面投影的积聚性可以确定 8′ 和 6′，然后作投影连线上 s″a″ 和 s″(c″) 上求出侧面投影 8″(6″)；同理，利用四棱柱前后棱面侧面投影的积聚性可以确定 5″ 和 7″，然后作投影连线在 s′b′ 和 s′(d′) 上求出正面投影 5′(7′)。

(4) 连接 1′-5′-2′、4″-8″-1″ 得相贯线可见部分的正面投影和侧面投影（其余的或是积聚，或是重影，不必另行画出）。据可见性加粗至交点，完成作图 [图 2-17 (c)]。

(5) 依次连接各棱面上的点，得到一封闭的折线。

【例 2-9】 求图 2-18 (a) 所示房屋模型的相贯线。

【分析】 如图 2-18 (b) 所示，由于这两个相交的五棱柱不是前后贯穿的，所以只在大房屋的前方有一条相贯线；同时又因这两个房屋具有一个共同的水平面（水平底面），故在此底面上不存在相贯线。从图上还可以看出，这两个房屋的屋面还分别垂直于 V 面和 W 面，所以利用积聚性即可得出相贯线的正面投影和侧面投影，故本题只需求出相贯线的水平投影。

【作图】 具体过程请读者自行分析，作图结果如图 2-18（c）所示。

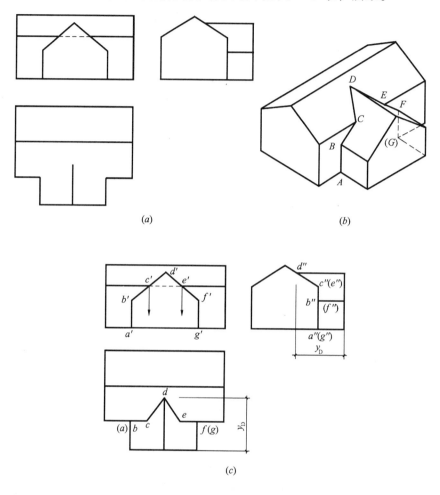

图 2-18 两个五棱柱的相贯线
（a）题目；（b）轴测图；（c）作图结果

§2-5 同坡屋面的交线

在同一座坡顶屋面的房屋中，如果各个坡屋面的坡度都相同，则它的屋面称为同坡屋面。图 2-19 所示为一座同坡屋面的房屋（模型），房屋各处交线的名称如图 2-19（a）所示。从图 2-19（b）可以看出，同坡屋面上各处交线的投影有如下的特点和规律：

(1) 由于前后屋檐线 CD 与 EF 等高且互相平行，故屋脊线 AB 必为一条水平线且与 CD、EF 等距（其水平投影也等距）。

(2) 同理，由于左右屋檐线 ID 与 JF 等高且互相平行，故屋脊线 HG 亦为水平线且与

ID、JF 等距（其水平投影也等距）。

（3）由于屋檐线例如 CE 和 CD 等高且相交成 90°，故两同坡屋面 CAE 和 CABGD 相交所得的斜脊线 AC 的水平投影 ac 必为∠ecd 的分角线，亦即它必与屋檐线的水平投影成 45°。

（4）在凹墙角处的天沟线 GD 的水平投影 gd 必为∠cdi 的外分角线，亦即它必与屋檐线的水平投影成 135°（= 90° + 45°）。

（5）在"四檐落水"的屋面中，两条斜脊线例如 AC 和 AE 的交点 A 必为屋脊线的一个端点 A。同理，同一坡屋面上的一条斜脊线和天沟线例如 GD 和 BG 的交点 G 必为另一屋脊线的一个端点 G。

（6）根据建筑构造的要求，在坡屋面上一般不要出现水平的天沟线。以免出现屋面积水现象。

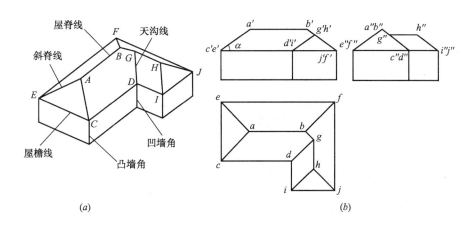

图 2-19 同坡屋面
（a）轴测图；（b）投影图

【例 2-10】 已知同坡屋面倾角 α 和房屋的平面形状如图 2-20（a）所示，求屋面的 V 面、W 面投影和屋面交线的水平投影。

【分析】 根据上述同坡屋面上各处交线的投影特点和规律，应把所给房屋的屋顶平面形状看成是由两个纵向的矩形和一个横向的矩形三个部分相交组合而成，如图 2-20（b）中的三个矩形 1234、5678 和 5m3n 所示。如果只把它分析成两个纵向部分，则其屋面就会出现水平天沟线的不合理情况。

【作图】
（1）在上述分析的基础上，分别过点 1、4、n......m、5、k 作斜脊线和天沟线的水平投影，它们都是 45°斜线，彼此分别相交得 a、b、c、d、e、f 等点 [图 2-20（c）]。

（2）连屋脊线的水平投影 ab、cd、ef；将各斜脊线、天沟线及屋脊线确认并加粗得图 2-20（d）。

（3）最后根据同坡屋面的倾角 α，按投影规律作图，即可作出屋面的 V、W 面投影如图 2-20（e）所示。

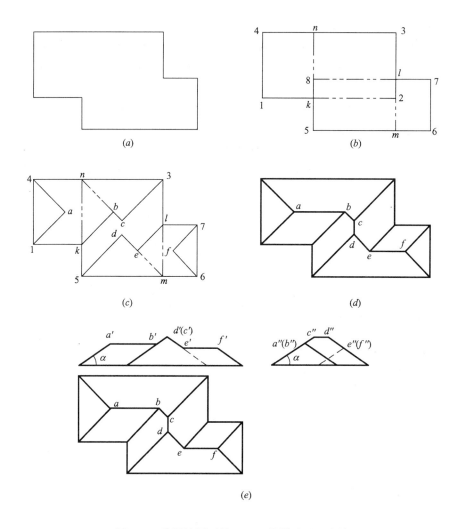

图 2-20 作同坡屋面的 V、W 投影及屋面交线
(a) 已知条件;(b) 划分矩形开间;(c) 作斜脊线和天沟线;(d) 作屋脊线;(e) 作图结果

第 3 章　曲面立体的投影

由曲面或主要由曲面围成的立体，称为曲面立体。

作曲面立体的投影，归根结底也就是作组成其表面的曲面或曲面与它的底面的投影，并区分可见性。

圆柱、圆锥和圆球等是工程上最常用和最简单的曲面立体。由于围成这种立体的曲面都属于回转曲面，所以又统称为回转体。

§3-1　回转体（圆柱、圆锥、圆球）的投影

曲面可看成是由直线或曲线在一定条件下运动所形成的，产生曲面的动线为母线，母线在曲面上的任一位置都称为素线。由一条母线（直线或曲线）绕一条固定的直线（轴线）作回转运动而形成的曲面，称为回转曲面。图 3-1 表示的是一个回转曲面，它的母线是一段平面曲线，且与轴线位于同一个平面上。母线上任意点的运动轨迹都是圆，这种圆称为纬圆。纬圆所在的平面，一定垂直于回转轴线。由回转曲面与平面或完全由回转曲面所围成的立体，称为回转体，如圆柱、圆锥和圆球。

图 3-1　回转曲面的形成

由于回转体的回转曲面是光滑曲面，因此，画其投影图时，对这类曲面来说，一般仅画出曲面的可见部分与不可见部分的分界线——轮廓素线的投影。

一、圆柱体的投影

1. 圆柱面的形成

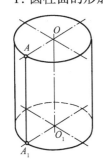

图 3-2　圆柱面的形成

如图 3-2 所示，圆柱面可看作是由一条直母线 AA_1，绕着与其平行的轴线 OO_1 作回转运动而成的。圆柱面上的任意一条平行于轴的直线，称为圆柱面的素线。由圆柱面及其上、下底围成的立体则称为圆柱体（简称圆柱）。

2. 投影分析

如图 3-3（a）所示，在三面投影图中，垂直于 H 面的圆柱的水平投影是一个圆，这个圆既是上底圆和下底圆的重合投影，反映实形；又是圆柱面的积聚投影，其半径等于圆柱的半径；轴线的积聚投影落在圆心上，一般要用细点划线画十字对称中心线，交点为圆心。正面投影和侧面投影是两个相等的矩形，矩形的高等于圆柱的高，宽等于圆柱的直径，轴线的投影按规定应用细点划线来表示。

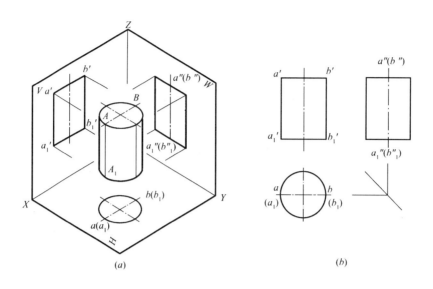

图 3-3 圆柱的投影分析
（a）示意图；（b）投影图

圆柱正面投影的矩形，是其前半个柱面（可见部分）与后半个柱面（不可见部分）的重合投影。矩形上、下边线是上、下底的积聚投影。左右两边线 $a'a_1'$ 和 $b'b_1'$ 分别为圆柱最左和最右两条素线即轮廓素线 AA_1、BB_1 的投影（注意：AA_1、BB_1 不同时是圆柱在其他投影面上的投影的轮廓素线），它们的侧面投影 $a''a_1''$ 和 $b''b_1''$ 与轴线重合，按规定不必画出，其所在处仍然只画细点划线表示轴线投影，如图 3-3（b）所示。

同理可画出圆柱的侧面投影，其侧面投影也是矩形，注意矩形左右边线是圆柱面的最后和最前素线的投影，具体作法请读者自行分析完成。

画圆柱的三面投影图时，首先应画出其三面投影的对称中心线、轴线，然后再画出投影为圆的那个投影，最后根据圆柱高度投影关系画出其余两个投影。

3. 圆柱表面上取点

在圆柱表面上取点，可以利用圆柱表面和积聚投影来作图。

【例 3-1】 如图 3-4（a）所示，已知垂直于 H 面的圆柱表面上点 A 的正面投影 a'，求作其余两面投影。

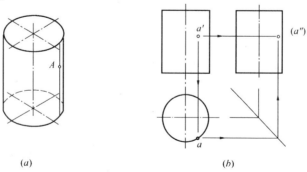

图 3-4 圆柱表面上取点
（a）示意图；（b）投影作图

【分析】 由于 a' 为可见，故点 A 位于圆柱的右前表面上。当已知其正面投影 a'，求其余两面投影时，可利用圆柱面水平投影的积聚性，过 a' 作竖直的投影连线，与水平投影中的前半个圆周相交于 a，即得点 A 的水平投影，再利用已知点的两面投影求作其第三投影的方法，求得点 A 的侧面投影 a''，如图 3-4（b）所示。

根据表面上点的可见性判断原则，由 a' 或 a 在圆柱面正面投影或水平投影中的位置可知，点 A 在圆柱面的右半部分，该部分圆柱面的侧面投影为不可见，故投影 a'' 为不可见。

这种借助于圆柱面的积聚性来求作表面上点的投影的方法，称为积聚性求点法。

二、圆锥体的投影

1. 圆锥面的形成

如图 3-5 所示，圆锥面可看作是由一条直母线 SA 绕着与它相交的轴线作回转运动而成的。由圆锥面及其底面围成的立体则称为圆锥体（简称圆锥）。

图 3-5 圆锥面的形成

2. 投影分析

如图 3-6（a）所示，在三面投影图中，轴线垂直于 H 面的圆锥的水平投影是一个圆，这个圆心是铅垂轴线的积聚投影，圆锥顶点的投影也落在这一积聚的投影上，但圆锥面的水平投影没有积聚性。

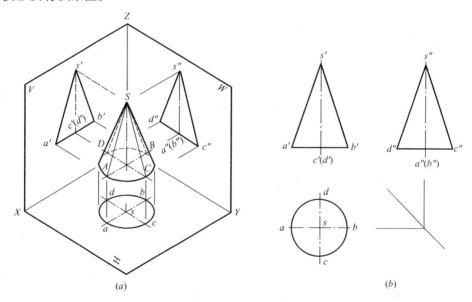

图 3-6 圆锥的投影分析
（a）示意图；（b）投影图

圆锥的正面投影和侧面投影都是两个相等的等腰三角形，其高等于圆锥的高，底边长等于底圆的直径。正面投影是可见的前半个圆锥面和不可见的后半个圆锥面的重合投影，三角形的底边是底面圆的积聚投影，两斜边 $s'a'$、$s'b'$ 分别是圆锥面最左、最右素线即轮廓线的投影。这两条素线的水平投影 sa 和 sb 与圆的水平中心线重合，侧面投影 $s''a''$ 和

$s''b''$ 与圆锥轴线重合,按规定不必画出,所以图中只用细点划线表示轴线的投影,如图3-6(b) 所示。

同理,侧面投影中三角形的两斜边 $s''c''$、$s''d''$ 分别表示锥面最前、最后素线的投影。其余投影关系,请读者参照上述正面投影的分析方法自选分析。

与圆柱投影的作图一样,作圆锥的三面投影图时,应先画其中心线、轴线,最后再画出投影为圆的投影,最后根据圆锥的高度画出其余两面投影。

3. 圆锥表面上取点

圆锥表面上取点的方法有两种,即辅助素线法和辅助纬圆法。

【例 3-2】 如图 3-7 所示,已知轴线垂直于 H 面的圆锥面上点 M、N 的正面投影 m'、n',求作其余两面投影。

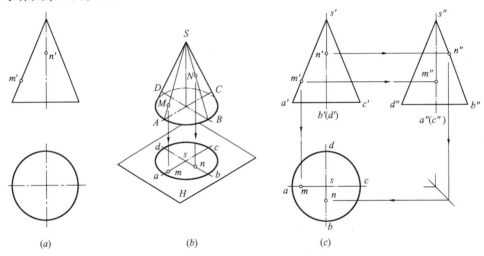

图 3-7 圆锥表面上取点
(a) 题目;(b) 示意图;(c) 投影作图

【分析】 从图3-7(c)可见,由于点 M、N 分别处在圆锥面最左和最前素线 SA、SB 上,因此利用直线上的点的从属特性,由 m'、n' 根据投影对应关系,即可求得 $m''n''$

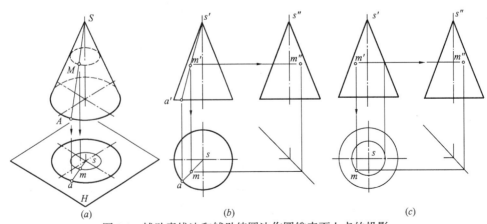

图 3-8 辅助素线法和辅助纬圆法作圆锥表面上点的投影
(a) 示意图;(b) 辅助素线法;(c) 辅助纬圆法

和 m、n。

【例 3-3】 如图 3-8（a）所示，已知圆锥面上的点 M 的正面投影 m'，求作其余两面投影。

【分析】

方法一 由于圆锥面的投影没有积聚性，且点 M 处于圆锥面上的一般位置，因此必须过锥顶 S 和点 M 引一辅助素线 SA 才能把点 M 在圆锥面上的位置确定下来。因为 m' 可见，即 M 点在圆锥面的前半部分，SA 也应是前半圆锥面上的素线。投影作图时，如图 3-8（b）所示，将 m' 与 s' 连线并延长与底面投影的前半部分相交于 a'，按投影关系先求得 sa，再由 m' 求得 m。最后求得 m"。圆锥面的水平投影为可见，故 m 为可见；由 m' 或 m 在圆锥面正面投影或水平投影中的位置可知，点 M 在圆锥面的左半部分，故 m" 可见。这种通过圆锥面上的已知点引辅助素线来求点的作图方法，称为辅助素线法。

方法二 过点 M 在圆锥面上作一个辅助纬圆求解。投影作图时，过点 M 的正面投影 m' 作纬圆的正面投影（其投影积聚为一条与圆锥面最左、最右素线相交的水平直线，其长度等于该纬圆的直径），然后作出该纬圆的水平投影和侧面投影。因为 m' 可见，所以点 M 一定位于圆锥面的前半部分。因此，根据线上的点的从属性和投影关系，先在纬线圆的水平投影上得到 m，再由 m 和 m' 按投影关系求得 m"，如图 3-8（c）所示。这种以纬圆作为辅助线来求点的投影的方法，称为辅助纬圆法。

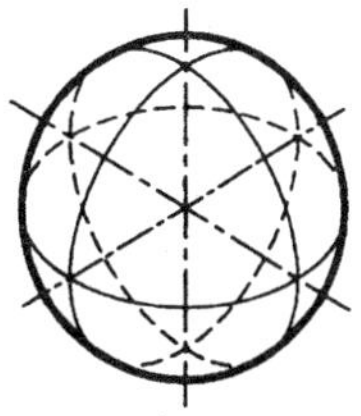

三、圆球体的投影

1. 圆球面的形成

如图 3-9 所示，圆球面可看作是由一圆周绕它的任意一条直径作回转运动而成的。由圆球面围成的立体称为圆球体，简称圆球或球。

图 3-9 圆球面的形成

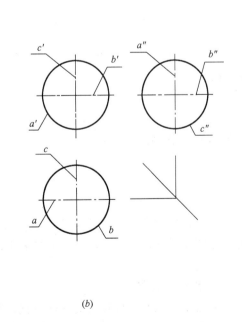

图 3-10 圆球的投影分析
（a）示意图；（b）投影图

2. 投影分析

如图 3-10（a）所示，在三面投影图中，圆球的三个投影都是直径相等并等于球直径的圆，但这三个圆并不是圆球面上同一圆周的三个投影。

圆球向 V 面投影时，其可见部分与不可见部分的分界线是球面上的最大正平圆，其投影是圆 a'，而该圆的水平投影 a 和侧面投影 a'' 分别积聚为一段长度等于球直径的直线段，与中心线重合，不必画出，如图 3-10（b）所示。

至于球面上其他两个方向上的最大圆 B 和 C 的三面投影的对应关系，请读者按圆球的正面投影的投影分析方法自行分析。

3. 圆球表面上取点

在圆球表面上取点，可以在球面上过该点作平行于投影面的辅助圆（即纬圆）来作图。球面的轴线可为过球心的任意方向直线，因此可认为球面上任何平行于投影面的圆都是纬圆。

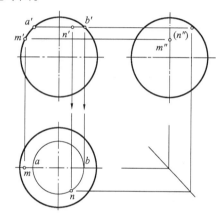

图 3-11 纬圆法作圆球表面上点的投影

【例 3-4】 如图 3-11 所示，已知点 M、N 的正面投影 m'、n'，求作其余两面投影。

【分析】 m' 在球面正面投影的轮廓线上，即点 M 处在前、后半球分界线（最大正平圆）上，可直接根据线上的点的从属关系和投影关系，由 m' 在最大正平圆的其余两投影上求得 m、m''。而点 N 在球面上作平行于水平面的辅助纬圆，然后再根据点在线上的投影从属关系来作图，即过 n' 作直线 $a'b'$（水平纬圆的正面积聚投影），并求得该圆的水平投影。由 n' 向下作竖直投影连线在该纬圆的水平投影上求得 n，最后根据投影关系，求得 n''。

判别可见性：由 m' 和 n' 在球面正面投影中的位置可知，点 M、N 处在上半球面，所以 m、n 为可见；点 M 处于左半球面，故 m'' 为可见；点 N 处于右半球面，故 n'' 为不可见。

本例中点 N 的水平投影 n、侧面投影 n'' 也可通过作正平的辅助纬圆或侧平的辅助纬圆来求得。请读者参照上述分析方法自行作图。

§3-2 回转体的截割

回转体的截割是指回转体被平面所切割。回转体的截交线是一闭合的平面曲线或曲线和直线组成的平面图形。求作回转体表面的截交线，实质是求截平面与回转体表面一系列共有点的投影。

1. 圆柱的截交线

根据截平面与圆柱轴线的相对位置，圆柱的截交线有三种不同的形式，其投影特性如表 3-1 所示。

截平面位置	垂直与圆柱轴线	倾斜于圆柱曲线	平行与圆柱轴线
截断面形状	圆	椭圆	矩 形
轴测图	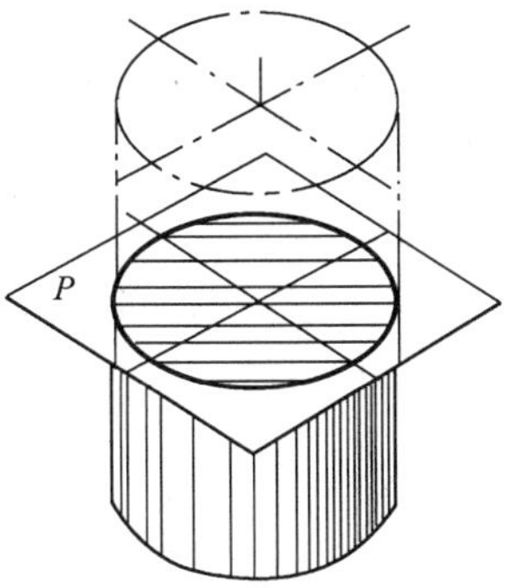	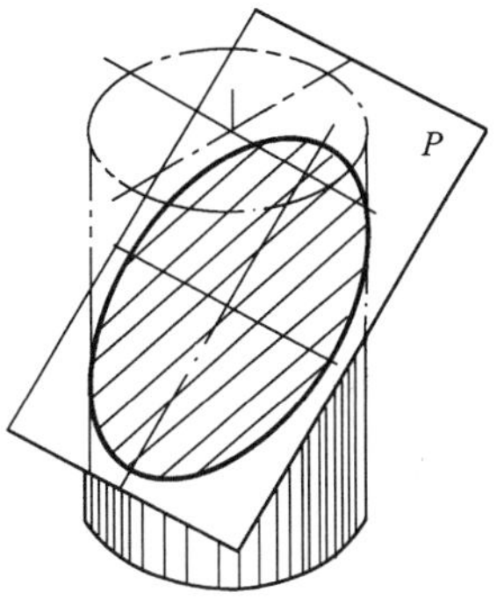	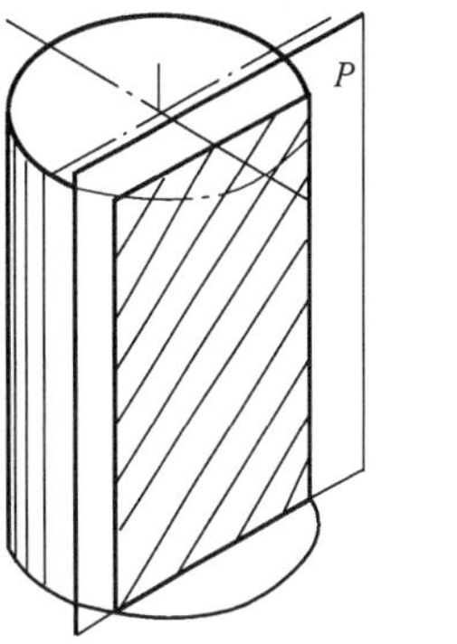
投影图	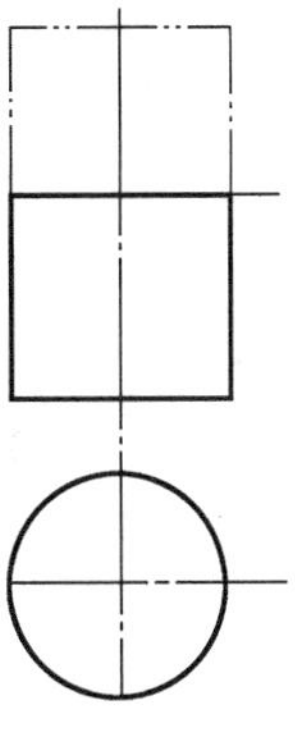	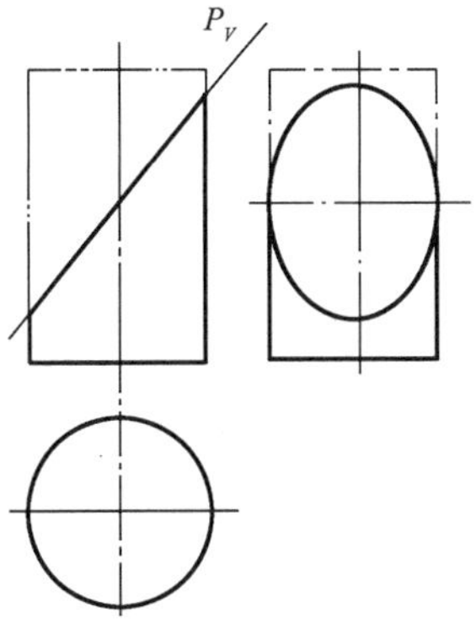	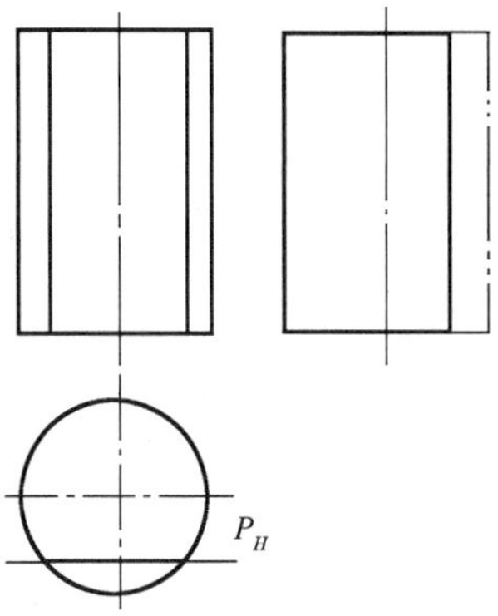

圆柱截交线的投影特性　　表 3-1

* 截平面通常取投影面垂直面（或投影面平行面）。当只需要表明它所在的空间位置时，规定在它所垂直的投影面上用一条细实线表示它的位置，并加注截平面的名称，如 P_V（读作正垂面 P）、P_H（读作正平面 P）等。

【例 3-5】 如图 3-12（a）所示，圆柱轴线垂直于 H 面，被倾斜于轴线的正垂面截割，求其截交线。

【分析】 因截平面 P 倾斜于圆柱的轴线，故其截交线为椭圆。此椭圆位于正垂面上，故其正面投影为一条斜线，此椭圆也位于圆柱面上，故其水平投影重合在圆周（圆柱面的积聚投影）上，表现为圆，侧面投影仍为椭圆，可以通过特殊点求出。

【作图】

(1) 作特殊点。由正面投影可知，椭圆的最低和最高点（也是最左、最右点）A、C 分别位于圆柱的最左、最右素线上，其投影为 a'、c'；最前、最后点 B、D 分别位于圆柱的最前、最后素线上，所以其投影为 b'（d'），它们重影在圆柱轴线的正面投影上。这种最左最右、最前最后、最高最低的曲面轮廓线上的点（通常也是可见性分界点），称为截交线上的特殊点。这些特殊点控制着截交线的形状和变化趋势，一般情况下必须全部求出。确定正面投影 a'、c'、b'（d'）后，就可按投影关系和利用积聚性定出水平投影 a、c、b、d，最后求出侧面投影 a''、b''、c''、d''，如图 3-12（b）所示。

(2) 作一般位置点。在已知的截交线投影上取若干一般位置的点（从理论上说，点越多越准确，但实际作图时，取几个点即可）。本例在作图时，取 E、F、G、H 四个点，由于圆柱面的水平投影有积聚性，故先在水平投影中定出 e、f、g、h，从而求得正面投影 e'、(f')、g'、(h') 和侧面投影 e''、f''、g''、h''，如图3-12（c）所示。

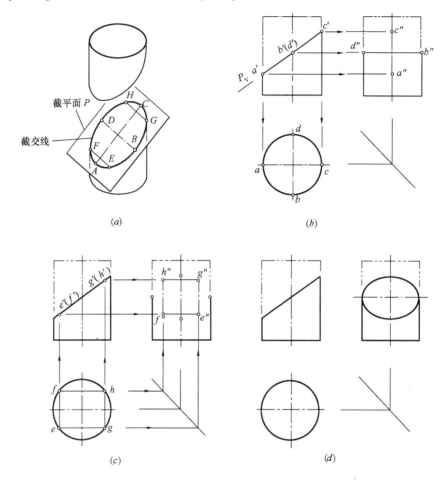

图 3-12 圆柱的截割
（a）示意图；（b）作特殊点；（c）作一般点；（d）完成全图

(3) 用曲线板依次光滑连接 a''，e''，b''，…点，即得截交线的侧面投影，如图3-12（d）所示。

2. 圆锥的截交线

根据截平面与圆锥轴线相对位置的不同，圆锥的截交线有五种形式，其投影特性如表3-2所示。

【例 3-6】 如图3-13（a）所示，轴线垂直于 H 面的圆锥被一正平面 P 所截，试完成其三面投影图。

【分析】 因为截平面 P 为正平面，它与圆锥的轴线平行，即平行于圆锥面的两条素线，所以它与圆锥面的截交线为双曲线，其水平投影和侧面投影分别积聚为直线段，故本例仅需求作正面投影。

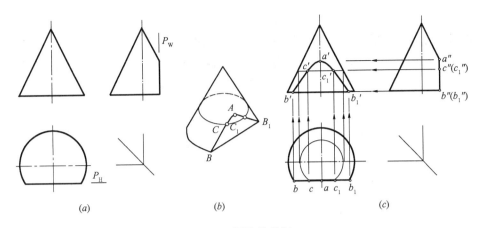

图 3-13 圆锥的截割
（a）题目；（b）轴测图；（c）投影作图

【作图】

(1) 作特殊点。由侧面投影可知，截交线最高点 A 的投影 a 位于圆锥最前素线的侧面投影上，故根据 a'' 可作出 a 及 a'；又由侧面投影并参照水平投影可知，B、B_1 为最低点也是最左、最右点，其水平投影为 b、b_1，侧面投影为 b''（b_1''），据此便可作出 b'、b_1'。

(2) 作一般位置点。可用辅助纬圆法求解。先在水平投影中以适当的半径作一水平辅助纬圆的投影，它与截交线的投影（直线）相交于 c、c_1，然后作出该辅助纬圆的正面投影，再根据从属性和投影关系作出 c'、c_1'。

(3) 最后依次将 b'、c'、a'、c_1'、b_1' 光滑连线，即得截交线的正面投影，如图 3-13（c）所示。

圆锥截交线的投影特性　　　　　　　　　　　　　　　表 3-2

截平面位置	直于圆锥轴线 $\theta=90°$	与所有素线相交 $\theta=>\alpha$	平行与任一条素线 $\theta=\alpha$	平行与任两条素线 $\theta<\alpha$	通过锥顶
截断面形状	圆	椭圆	抛物线和直线围成的图形	双曲线和直线围成的图形	等腰三角形
轴测图					
投影图					

3．圆球的截交线

圆球被任意方向的平面截割，其截交线在空间都是圆。当截平面为投影面平行面时，截交线在与它平行的投影面上的投影为圆，其余两面投影均为直线，该直线的长度等于圆的直径，其大小与截平面至球心的距离 h 有关，如图 3-14 所示。

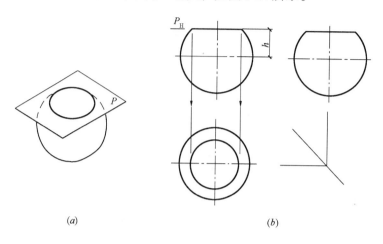

图 3-14　圆球被水平面截割
（a）示意图；（b）投影作图

当截平面为投影面垂直面时，截交线在所垂直的投影面上的投影为直线，而其余两面投影均为椭圆，作图方法如图 3-15 所示。

【例 3-7】　试画出开槽半圆球的三面投影图〔图 3-16（a）〕。

【分析】　由于半圆球被左右对称的两个侧平面（P 和 Q）和一个水平面（S）所截割，所以两个侧平面与球面的截交线各为一段平行于侧面的圆弧，而水平面与球面的截交线为两段水平的圆弧。

【作图】

（1）首先在完整半圆球的三面投影上，根据槽宽和槽深画出开槽的正面投影。

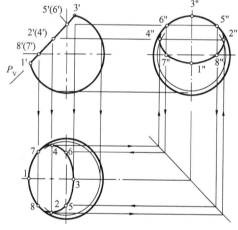

图 3-15　圆球被正垂面截割

（2）在正面投影中，过槽底作水平截面 S 与圆球轮廓线交得 a'，$o'a'$ 即为截得的圆的半径，然后用此半径在水平投影中以 O 为圆心画圆弧，该圆弧与 P_H、Q_H 相交，取其中间的两段圆弧，从而完成水平投影的作图，如图 3-16（b）所示。

（3）同理，在正面投影中取截平面 P 或 Q 与半圆球轮廓线相交所截得的半径在侧面投影中画弧，S_W 以上的一段圆弧即为其截交线的投影。

（4）由于截平面 P、Q、S 的截割开槽使得圆球面上的最大侧平圆被部分截除，原球面的部分侧面投影轮廓线不再存在。再根据可见性，将表示槽底投影的不可见部分画成虚线，将两端可见部分画成粗实线，如图 3-16（b）所示。

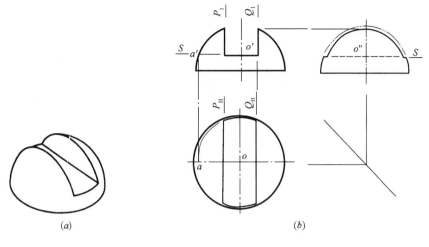

图 3-16 开槽半圆球的投影
(a) 示意图；(b) 投影作图

*§3-3 平面体与回转体相交

平面体与回转体相交，也称相贯。其相贯线一般是由若干段平面曲线或平面曲线和直线段所围成的空间折线。实质上它们是平面体上各表面截割回转体所得截交线的集合。因此，求作相贯线，只要作出各段截交线的投影，然后再判别可见性即可。

求回转体与平面立体的相贯线，也可用辅助平面法，即先选择一系列的辅助截平面，分别求出它们与两个立体的截交线（为解题简便起见，这些截交线的投影必须是圆或直线），所得两截交线的交点即为所求的两立体表面的共有点，然后将这些点依次光滑连接，并判断可见性即得所求。

【例 3-8】 如图 3-17 (a) 所示，求三棱柱与圆柱的相贯线。

【分析】 从题目可知，相贯两立体左右、前后对称，三棱柱的三个侧面参与相交，相贯线应是由三段平面曲线围成的空间封闭折线，且左右对称各有一条。三棱柱的前后两侧面倾斜截割圆柱，得到两段前后对称分布的两段椭圆弧。三棱柱的底面垂直轴线截割圆柱，得到两段圆弧。在水平投影和侧面投影中，相贯线都分别积聚在圆柱面或三棱柱侧面相应的投影上，而且三棱柱底面与圆柱的交线积聚在该面的正面投影上，故本例只需求作三棱柱前后侧面与圆柱截交线的正面投影。于是，本例可利用积聚性按投影关系作出相贯线上一系列的点。

【作图】

(1) 作特殊点。根据投影对应关系，作出最高点的投影 a'，最前最低点的投影 b'。

(2) 作一般位置点。在相贯线侧面投影的适当位置上取点 c''、d''，再在其水平投影上，作出 c、d，从而可由投影关系，作出 c'、d'。依次连接 a'、b'、c'、d'，即得该段相贯线的正面投影。

(3) 按对称关系求出与之对称的另一条相贯线的正面投影，如图 3-17 (c) 所示。

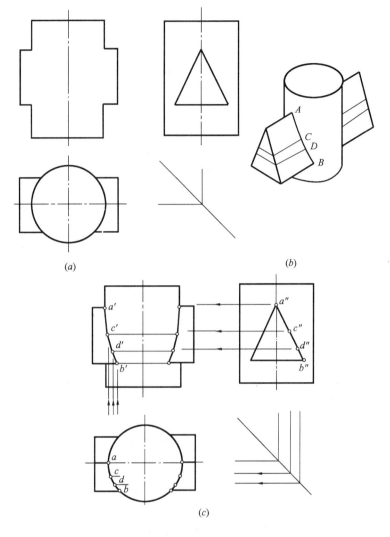

图 3-17 三棱柱与圆柱相贯
(a) 题目；(b) 轴测图；(c) 投影作图

【例 3-9】 如图 3-18 (a) 所示，求四棱柱与圆锥的相贯线。

【分析】 从题目可知，相贯两立体左右、前后对称，四棱柱各侧面的水平投影积聚成四边形，故相贯线的水平投影与该四边形重合。四棱柱的四个侧面平行于圆锥轴线，并两两分别平行于 V 面和 W 面，所以相贯线是一条由四段双曲线组成的空间闭合折线，转折点在四棱柱的各条棱线上，前后两段相贯线的投影分别落在相应侧面的积聚投影上。

【作图】

(1) 作特殊点。正面投影中的双曲线的最高点可以利用侧面投影求出，即在侧面投影中，根据圆锥面最前、最后素线的投影与四棱柱侧面的投影交点 d''、e''，按照投影关系求出 $d'(e')$。同理可由 c''、c_1'' 求出 c''、(c_1'')。至于双曲线的最低点，可先利用水平投影中四棱柱的棱线与锥面的交点的投影 a、b、b_1、a_1，采用素线法先求其正面投影 b'、

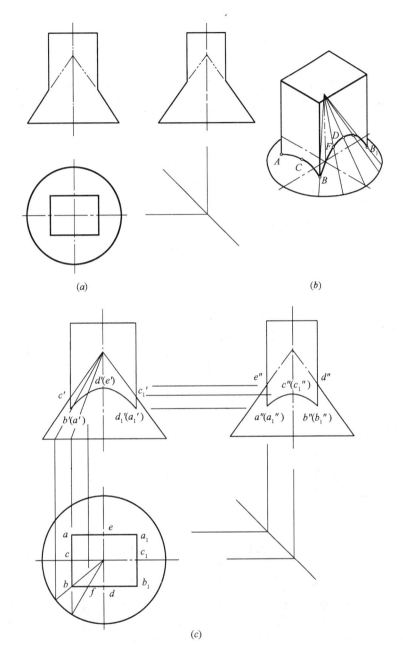

图 3-18 四棱柱与圆锥相贯

(a) 题目；(b) 轴测图；(c) 投影作图

(a')、b_1'、(a_1')，再依据投影关系求出侧面投影 $a''(a_1'')$、$b''(b_1'')$。

(2) 作一般位置点。在水平相贯线上任选一点 f，用素线法，作出与之对应的 f'、f''，如图 3-18 (c) 所示。同理可求出更多的一般点。

(3) 依次连线。分别将正面投影的 b'、f'、d'、b_1' 依次连成光滑的曲线，将侧面投影的 a''、c''、b'' 依次连成光滑的曲线，即得所求。

§3-4 两回转体相贯

两回转体的相贯线一般是封闭的空间曲线。相贯线上各点是两回转体表面的共有点。因此，求作两回转体的相贯线，一般是先作出一些共有点的投影，再连成光滑的曲线。

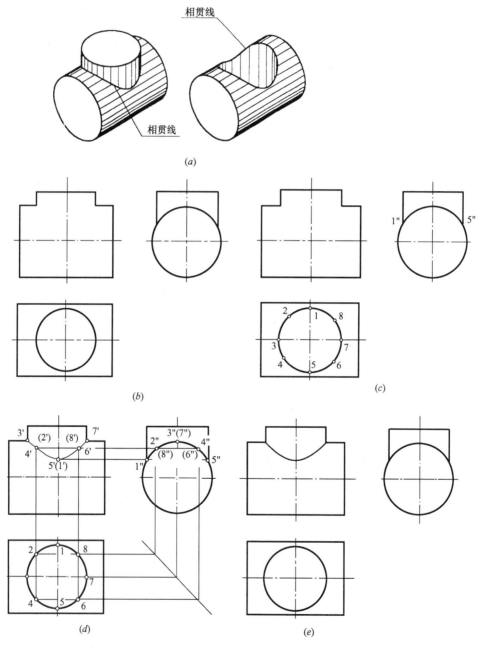

图 3-19 两圆柱正交的相贯线
（a）两圆柱正交相贯线的轴测图；（b）题目；（c）取特殊点 3、7、1、5；
（d）中间点 2、4、6、8 的投影；（e）光滑连接

下面用表面取点法和辅助平面法分别说明一些常见的两回转体相贯的作法。

一、表面取点法

两回转体相贯，如果其中有一个是轴线垂直于投影面的圆柱，则相贯线在该投影面上的投影就重合在该圆柱面的积聚性投影上。因此，求这类圆柱和另一回转体的相贯线，可看作是已知相贯线的一个投影求其余投影的问题。换句话说，也就可以在已知的相贯线的投影上取一些点，再按在回转体表面上取点的方法作图。即采用表面取点法作出相贯线的其余投影。

【例3-10】　求作如图3-19所示两圆柱的相贯线的投影。

【分析】　图中两圆柱的轴线垂直相交，小圆柱的水平投影和大圆柱的侧面投影都有积聚性，相贯线的水平投影和侧面投影分别与两圆柱面的积聚投影重合。所以，问题可归结为已知相贯线的水平投影和侧面投影求作它的正面投影。因此，可采用在圆柱面上取点的方法，先作出相贯线上的全部特殊点和若干个一般点的投影，然后再顺序连接即得相贯线的正确投影。

【作图】

1.作特殊点。从 H 投影图看出，所求相贯线最左、最右点的投影为3、7；最前、最后点的投影为1、5从侧面投影可知，最低点的投影 1″、5″ 为小圆柱面的轮廓素线与大圆柱面的积聚投影的交点，故依据投影规律即可求出 1′、5′。

2.作一般位置点。小圆柱面的水平投影为圆，此圆也是相贯线的水平投影，在其上适当的位置取点2、4、6、8由于大圆柱面的侧面投影也积聚为圆，故在小圆柱投影范围内的一段弧也是相贯线的侧面投影，根据投影关系作图，即可求出 2″（8″）、4″（6″），从而求出（2′）4′、（6′）8′。

3.光滑连接。依次光滑连接 3′、4′、5′、6′、7′，即为所求相贯线的正面投影的可见部分，不可见部分与它重合。

在实际工程中，常遇到两圆柱相交并完全贯穿的情况，这时它们的相贯线是两条对称的空间闭合曲线，如图3-20（a）所示。但有时，参与相交的两圆柱，其中一个为虚体（即圆柱孔），甚至两个均为虚体 ［两个相交的圆柱孔图3-20（c）］。于是又有下列两种情况：

（1）一回转体的外表面与另一回转体的内表面相交，其交线为外相贯线 ［图3-20（a）］；

（2）两回转体的内表面相交，其交线为内相贯线 ［图3-20（c）］。

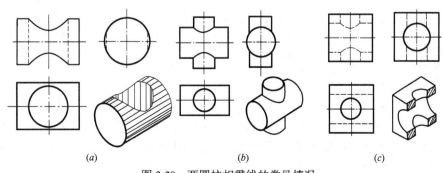

图3-20　两圆柱相贯线的常见情况
（a）实体与虚体；（b）实体与实体；（c）虚体与虚体

这些相贯线的表现形式虽然不同，但求作的方法是相同的。

二、辅助平面法

求作两回转体的相贯线，也可应用"三面共点"的原理求解。例如，当用一个辅助平面去同时截割两相回转体时，得两条截交线，这两条截交线的交点，就是辅助平面和两回转体表面的三面共点，亦即为相贯线上的点。这种求作相贯线的方法叫辅助平面法。

选择辅助平面原则：为了使作图简便，一定要使选用的辅助平面与两相交的回转体的截交线是直线或圆，并且其投影也是直线或圆，如图 3-21 所示，否则截交线会出现非圆曲线，作图就复杂且不精确了。

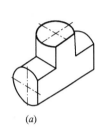 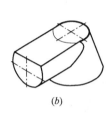 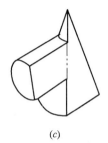

图 3-21　辅助平面的选择举例

（a）辅助平面为正平面，截交线为直线；（b）辅助平面为水平面，
截交线为直线与圆；（c）辅助平面为过锥顶的侧垂面，截交线为直线

【例 3-11】　如图 3-22（a）所示，求作圆柱和圆锥相贯线的投影。

【作图】

（1）作特殊点。

因为圆柱与圆锥的轴线垂直相交且平行于正面，所以相贯线上的最高点 B 和最低点 A 就在圆柱与圆锥的正面投影轮廓线的相交处，即 b'、a'，据此得出对应的侧面投影 b''、a''，水平投影 b、(a)。

过圆柱轴线作一水平的辅助平面 P，与圆柱面相交于最前、最后两素线，与圆锥面相交得水平圆，这些截交线的水平投影的相交处，便是相贯线上的最前点 C 和最后点 D 的水平投影 c 和 d，再据此作出 c'、(d') 和 c''、d'' [图 3-22（a）]。

通过锥顶作与圆柱面相切且与 W 面垂直的辅助面 Q_W，Q_W 与圆柱面的侧面投影相切于 e''，作出 Q_W 面与圆柱面的切线（即柱面上过点 E 的直素线）和 Q 面与圆锥面的截交线（即圆锥面上过点 E 的直素线）的水平投影，这条切线的水平投影与截交线的水平投影的交点即为相贯线最右点 E 的水平投影 e，最后由 e'' 和 e 作出 e'。同理，由对称关系可作出相贯线最右点 f''、f、f'，如图 3-22（b）所示。

（2）作一般位置点。

在侧面投影的适当位置处，作一水平辅助平面 R 的积聚投影 R_W，与圆柱的侧面投影交于 h''、g''，即辅助平面 R 在柱面上截得两条直素线，而与锥面截得一个圆周，作出它们的水平投影，这些水平投影的交点即为相贯线上一般点的水平投影 h、g，从而根据投影关系求得 h'、g'，如图 3-22c 所示。

（3）连线并判别可见性。

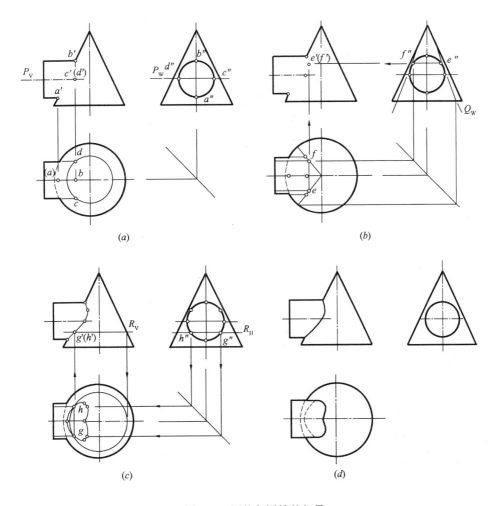

图 3-22 圆柱与圆锥的相贯

（a）求作最前、最后、最高、最低点；（b）求作最右点；（c）求作一般点；（d）完成作图

因为参与相贯的两回转体前后对称，故在正面投影中相贯线前后重合，连成实线。在水平投影中，以圆柱轮廓素线上的 c、d 点为分界点，往右的相贯线在圆柱的上半部分为可见，连成实线；往左的相贯线在圆柱的下半部分为不可见，连成虚线。最终作图结果如图 3-22（d）所示。

【例 3-12】 图 3-23（a）所示，求作圆柱形孔和圆锥相贯线的投影

【作图】

(1) 作特殊点。

因为圆柱形孔的轴线与圆锥的轴线垂直相交，且圆柱形孔的 V 面投影重影为一个圆，所以相贯线上的最高点Ⅰ、Ⅱ和最低点Ⅴ、Ⅵ就在圆柱形孔的重影圆与圆锥的正面投影中心线的相交处，即 1′（2′）、5′（6′），据此得出对应的侧面投影 1″、2″、5″、6″，水平投影 1、2、5、6。

在 V 面投影上，过圆柱形孔的水平中心线作一水平辅助平面 P，即过圆柱面最左、最右两轮廓线作作辅助平面，并与圆锥面相交得水平圆，由图 3-23b 可知，截交线水平圆

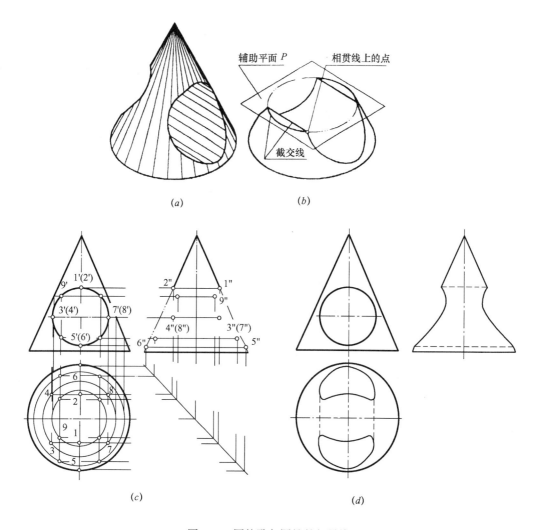

图 3-23 圆柱孔与圆锥的相贯线
(a) 柱与锥相贯；(b) 作辅助平面 P；(c) 作图过程；(d) 作图结果

与圆柱面最左、最右两素线的水平投影的相交处，便分别是相贯线上的最左、最右点 3、4 和 7、8 的水平投影（3 为左前方，4 为左后方；7 为右前方，8 为右后方），再据此作出 3′(4′)、7′(8′) 和 4″(8″)、3″(7″)，如图 3-23 (c) 所示。

(2) 作一般位置点。

在 V 面投影上，过特殊点 1′(2′) 与 5′(6′) 之间任作一水平辅助平面，与圆的投影交于 9′，即水平辅助平面在柱面上截得两条直素线，而与锥面截得一个圆周，作出它们的水平投影，水平圆与柱面上截得两条直素线的交点即为相贯线上一般点的水平投影 9、2，从而根据投影关系求得 9′、2′，如图 3-23 (c) 所示。

【分析】 由图中可以看出圆柱形孔与圆锥相贯和圆柱与圆锥相贯的作法完全一致，其相贯线是一条封闭的空间曲线。当圆柱或圆柱形孔的投影积聚为圆时，其相贯线在该投影面上的投影为已知；根据圆柱和圆锥的空间位置和相对位置情况，可选用平行于圆柱轴线且垂直于圆锥轴线的水平面为辅助平面作图。

三、两回转体相贯线的特殊情况

一般情况下两回转体的相贯线是空间曲线。但是在特殊情况下两回转体的相贯线也可能是平面曲线或直线。

当两回转体轴线相交，且具有一个假想的公共内切球时，其相贯线为平面曲线，如图 3-24 所示。

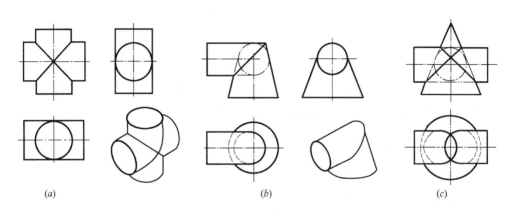

图 3-24 相贯线为平面曲线——椭圆
（a）轴线正交、直径相等的两圆柱相贯；（b）轴线正交，且公切于一球的圆柱与圆锥相贯；（c）轴线正交，且公切于一球的圆柱与圆锥相贯

当两回转体共轴线时，其相贯线为圆，该圆所确定的平面垂直于该轴线，如图 3-25 所示。

当两个圆柱的轴线平行或两圆锥共锥顶相贯时，其相贯线为直线段与曲线的组合（图 3-26）或为折线段（图 3-27）。

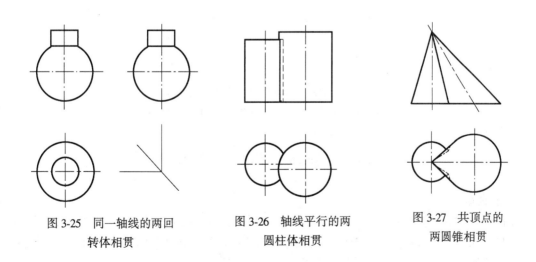

图 3-25 同一轴线的两回转体相贯　　图 3-26 轴线平行的两圆柱体相贯　　图 3-27 共顶点的两圆锥相贯

*第4章 规则曲线、曲面及曲面立体

§4-1 曲 线

由曲面或曲面与平面围成的立体叫曲面体。规则的曲面,例如圆柱面、球面等,是运动的线按照一定的控制条件运动的轨迹。曲面体的投影,曲表面与其他表面的交线都有可能是曲线,如图4-1所示。本节研究曲线的投影及其画法。

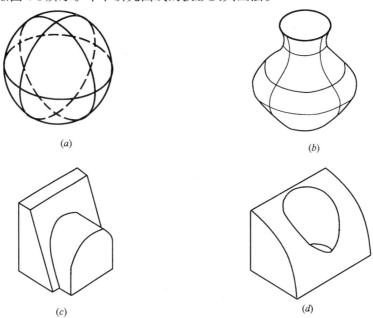

图4-1 曲面体的外形轮廓及曲面表面的交线
(a)球;(b)旋转体;(c)交线;(d)相贯线

§4-2 曲线的形成与分类

一、曲线

曲线可以根据它是否位于同一平面上而分为平面曲线和空间曲线。曲线上的所有点都位于同一平面上时,这样的曲线叫平面曲线。几何中的圆、椭圆等都是平面曲线。如果曲线上的连续四个点不在同一平面上,这样的曲线叫空间曲线。

无论是平面曲线还是空间曲线,其投影在一般情况下仍是曲线,特殊情形下,当平面曲线所在的平面垂直于某投影面时,其在该投影面上的投影为直线。作图时应首先求出曲线上的一系列的点(特别要求出例如转向点、反曲点、切点或端点等一些特殊的点)的投影，然后分别在各同面投影中用曲线板将各个点的投影顺序相连（图4-2），必要时还须用规定的图线反映出它们重要的形成要素。

曲线上的特殊点，在该曲线的投影图中一般仍反映为同一性质的特殊点。

二、圆的投影

圆是工程中常用的平面曲线。根据圆平面对投影面的倾斜状态，圆的投影有可能是圆、也可能重影为长度等于圆的直径的线段、或投影为长轴长度等于圆的直径的椭圆。

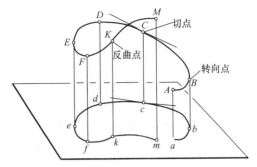

图 4-2 空间曲线及其投影

【例 4-1】 已知圆 O 所在的平面 $P \perp V$，P 与 H 面的倾角为 α，圆心为 O，直径为 Φ，如图 4-3（a）所示，试作出该圆的 V、H 两投影面投影。

此时：

(1) 由于圆 O 所在的平面 P 为正垂面，故其正面投影重影为长度等于圆直径 Φ 的直线段。该直线段与 OX 轴的夹角等于 α [图 4-3（b）]；

(2) 又由于平面 P 倾斜于 H 面，故圆的水平投影为椭圆。圆心 O 的水平投影为椭圆的中心 o，椭圆的长轴是通过圆心 O 的水平直径 AB 的水平投影 ab，短轴则为垂直平分 AB 的直径 CD 的水平投影 cd。从图中可见，用数学公式描述时，$cd = CD \cdot \cos\alpha$ [图 4-3（c）]。

对于水平投影中的椭圆，当已知其长短轴 ab、cd 时，用几何作图的方法就足可将椭圆画出 [图 4-3（d）]。椭圆的绘制可借助于作辅助圆来完成，即在正面投影中以 o' 为圆心，$o'c' = o'd'$ 为半径作辅助半圆，此半圆即为平面 P 上的半个圆的实形。在直径 CD（$c'd'$、cd）上任取一点 O_1（o'_1o_1），过 o'_1 作 $o'_1e_1 // o'a_1$ 与辅助半圆相交于 e_1。于是就可以利用平行弦 o'_1e_1 之长在水平投影中定出相应的点 e 及其对称点。用这种方法求出一定数量的点的投影之后就可用曲线板依次光滑地连接各点而得到椭圆。

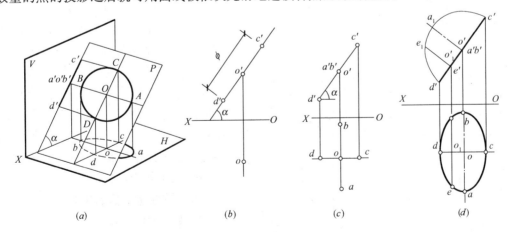

图 4-3 圆的投影

(a) 轴测图；(b) 作圆 O 的 V 面投影；(c) 求作 H 面投影的长、短轴；(d) 完成作图

三、圆柱螺旋线的投影

圆柱螺旋线是工程中常用的空间曲线。

1. 形成

动点在圆柱上沿着圆柱的轴线方向作等速直线移动，同时又绕圆柱轴线作等速圆周运动，此动点的运动轨迹为圆柱螺旋线。圆柱轴线称为螺旋线的轴线，圆柱的半径称为螺旋半径，动点转动一周后沿轴线移动的距离称为导程，如图 4-4 所示。螺旋线有左旋和右旋之分。握住右手四指伸直拇指，点的旋转符合四指方向且点的移动符合拇指方向时，形成的螺旋线称为右螺旋线，如图 4-4（a）所示；反之则称为左旋螺旋线，如图 4-4（b）所示。

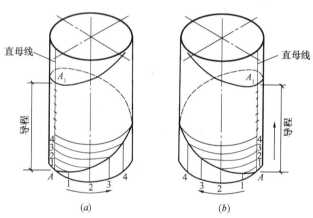

图 4-4 圆柱螺旋线的形成
（a）右旋；（b）左旋

2. 投影

根据螺旋线的形成方法，当已知螺旋半径、导程、旋向和轴线位置后，便可作出螺旋线的投影。在图 4-5（a）中给出了螺旋线的轴线为铅垂线，O（O、O'）点为起点，旋向右旋，作螺旋线的方法如图 4-5（b）所示。螺旋线的水平投影重合在圆周上。把圆周分为若干等份（例如 8 等份），在正面投影中把导程也分为相同的等份，并过各等份点作一组水平线 [图 4-5（b）]，过水平投影中圆周上各分点作竖直线，与正面投影中相应的水平线相交，得 $1'$、$2'$、…、$7'$、$8'$ 等，把这些点连成光滑曲线即为圆柱螺旋线的正面投影 [图 4-5（b）]。

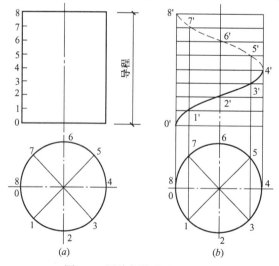

图 4-5 圆柱螺旋线的投影画法

四、圆柱螺旋面的投影

1. 螺旋面的形成

以圆柱螺旋线及其轴线为导线，直母线沿着它们的移动而同时又与轴线保持一定角度，这样形成的曲面称为螺旋面。其中，若直母线与轴线始终正交，则形成的是正螺旋面（或称直螺旋面或平螺旋面），如图 4-6（a）所示；若直母线现轴线斜交成某个定角，则形成的是斜螺旋面。正螺旋面其实是锥状面的一种，它的导平面是轴线的垂直面。当正螺旋面的轴线为铅垂线时，它的所有素线均为水平线，而彼此间则为交错关系。

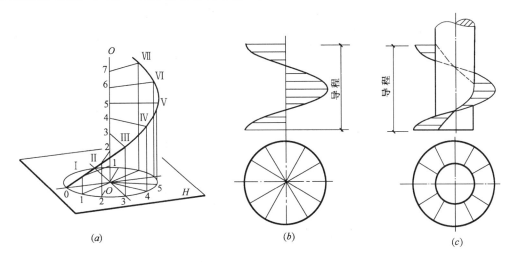

图 4-6 平螺旋面的形成及投影作图
（a）轴测图；（b）平面作图；（c）投影图

2. 投影

螺旋面的投影作图与螺旋线的投影作图原理一样，如图 4-6（b）、（c）所示。所以在该螺旋面上画素线时，正面投影上可过螺旋线上的点作水平线，水平面投影上则将圆周上的相应点与圆心相连。

图 4-7 所示螺旋楼梯为正螺旋面在建筑工程中的应用一例。

五、直纹面

直纹面分为旋转直纹面和非旋转直纹面。圆柱面、圆锥面、单叶旋转双曲面等为旋转直纹面，如图 4-8 所示为单叶旋转双曲面。柱状面、锥状面、双曲抛物面等属于非旋转直纹面。

1. 柱状面

直母线沿着两条曲导线运动，且始终平行与某一导平面，这样形成的曲面称为柱状面。由形成过程可知，柱状面上所有的素线都平行于导平面，而彼此间则为交错关系。图 4-9（a）所示是以水平圆和水平椭圆为曲导线，以正平面为导平面由直母线运动形成的。图 4-9（b）所示柱状面桥墩是柱状面应用的一个例子

2. 锥状面

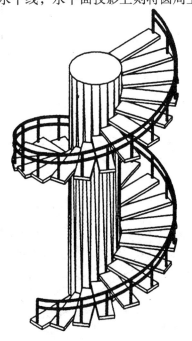

图 4-7 螺旋楼梯

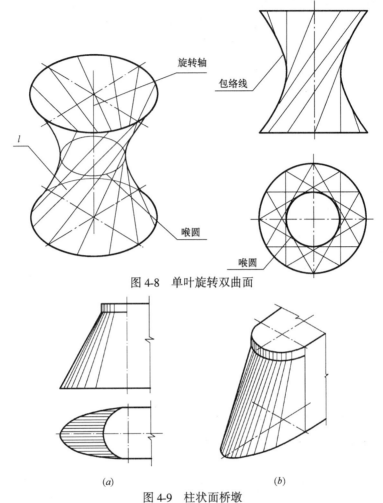

图 4-8 单叶旋转双曲面

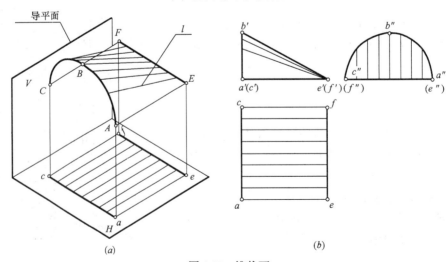

图 4-9 柱状面桥墩
（a）投影图；（b）轴测图

图 4-10 锥状面
（a）轴测图；（b）投影图

直母线沿着一条直导线和一条曲导线移动，且始终平行与一个导平面，这样形成的曲面称为锥状面，如图 4-10（a）所示。由形成过程可知，锥状面上所有的素线都平行于导平面，而彼此间则为交错关系。图 4-10（b）所示锥状面是以 V 投影面为导平面，投影图上画出了两条导线和一些素线的投影。画素线时先画它的水平投影，进而作出它的侧面投影，最后求出其正面投影。图 4-11 所示为锥状面在屋顶结构中的应用。

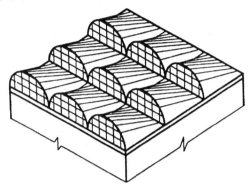

图 4-11　锥状面屋顶

第5章 轴测投影

正投影图通常能较完整地、确切地表达出物体各部分的形状,而且作图方便,所以它是工程上常用的图样,见图5-1（a）。但是这种图样缺乏立体感,必须有一定读图能力的人才能看懂。为了帮助看图,工程上还采用轴测投影图,如图5-1（b）所示,它能在一个投影面上同时反映物体的正面、顶面和侧面的形状,因此很富有立体感,但它不能确切地表达出物体表面的实形,如原来的长方形平面在轴测投影图上变成了平行四边形,圆变成了椭圆,而且轴测投影图作图较为复杂和不便于标注尺寸,因而轴测投影图在建筑工程中,常用来表达建筑构件的立体形状和给排水、暖通空调等方面的管网的空间分布。

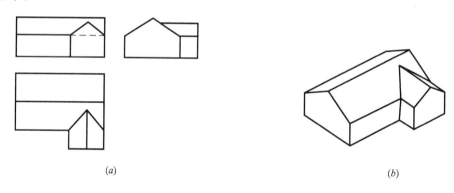

图5-1 多面正投影图与轴测图的比较
（a）投影图；（b）轴测图

§5-1 轴测投影的基本概念

一、轴测投影的形成

轴测投影图是一种具有立体感的单面投影图。如图5-2所示,用平行投影法将物体连同确定其空间位置的直角坐标系,按某一方向（如 S 方向）一起投射到一个平面 P 上所得到的投影称为轴测投影。用这样的方法绘制出的图,称为轴测投影图,简称轴测图；平面 P 称为轴测投影面。

在形成轴测图时,应注意避免组成直角坐标系的三根坐标轴中的任意一根垂直于所选定的轴测投影面。因为当投影方向与坐标轴平行时,轴测投影将失去立体感,变成前面所描述的三视图中的一个视图,如图5-3所示。

二、轴间角及轴向伸缩系数

假设将图5-2中的物体抽掉,如图5-4所示,空间直角坐标轴 OX、OY、OZ 在轴测投

影面 P 上的投影 O_1X_1、O_1Y_1、O_1Z_1 称为轴测投影轴，简称轴测轴；轴测轴之间的夹角 $\angle X_1O_1Y_1$、$\angle X_1O_1Z_1$、$\angle Y_1O_1Z_1$ 称为轴间角。

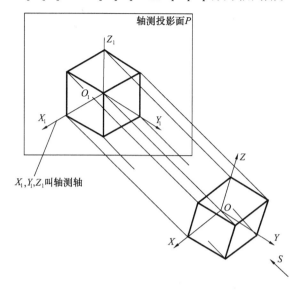

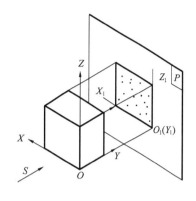

图 5-2 轴测图的形成

图 5-3 投影方向与坐标轴平行时投影无立体感

设在空间三坐标轴上各取相等的单位长度 u，投影到轴测投影面上，得到相应的轴测轴上的单位长度分别为 i、j、k，它们与原来坐标轴上的单位长度 u 的比值称为轴向伸缩系数。

设 $p = i/u$、$q = j/u$、$r = k/u$，则 p、q、r 分别称为 X、Y、Z 轴的轴向伸缩系数。

由于轴测投影采用的是平行投影，因此两平行直线的轴测投影仍平行，且投影长度与原来的线段长度成定比。凡是平行于 OX、OY、OZ 轴的线段，其轴测投影必然相应地平行于 O_1X_1、O_1Y_1、O_1Z_1 轴，且具有和 X、Y、Z 轴相同的轴向伸缩系数。由此可见，凡是平行于原坐标轴的线段长度乘以相应的轴向伸缩系数，就等于该线段的轴测投影长度；换言之，在轴测图中只有沿轴测轴方向测量的长度才与原坐标轴方向的长度有一定的对应关系，轴测投影也是由此而得名。在图 5-4 中空间点 A 的轴测投影为 A_1，其中 $O_1a_{X1} = p \cdot Oa_X$，$a_{X1}a_1 = q \cdot a_Xa$（由于 $a_Xa // OY$，所以 $a_{X1}a_1 // O_1Y_1$）、$a_1A_1 = r \cdot aA$（由于 $aA // OZ$，所以 $a_1A_1 // O_1Z_1$）。

应当指出：一旦轴间角和轴向伸缩系数确定后，就可以沿平行相应的轴向测量物体各边的尺寸或确定点的位置。

三、轴测投影的分类

轴测图根据投影方向和轴测投影面的相对位置关系可分为两类：投影方向与轴测投影面垂直的——称正轴测投影；投影方向与轴测投影面倾斜的——称斜轴测投影。

在这两类轴测投影中按三轴的轴向伸缩系数

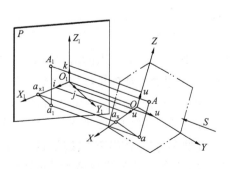

图 5-4 轴间角和轴向伸缩系数

的关系又分为三种:

(1) $p = q = r$——称正(或斜)等轴测投影,简称正(或斜)等测,如图 5-5 (a);

(2) $p = q \neq r$——称正(或斜)二测轴测投影,简称正(或斜)二测,如图 5-5 (b);

(3) $p \neq q \neq r$——称正(或斜)三测轴测投影,简称正(或斜)三测,如图 5-5 (c)。

为了作图简便,又能保证轴测图有较强的立体感,一般常采用正等轴测图或斜二测图的画法。

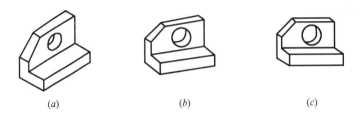

图 5-5 常用的三种轴测图

§5-2 正 等 轴 测 图

一、正等测的轴间角和轴向伸缩系数

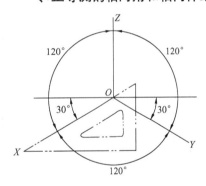

图 5-6 正等测的轴间角

根据理论分析(证明从略),正等测的轴间角 $\angle XOY = \angle XOZ = \angle ZOY = 120°$(在单独分析轴测投影的作图方法的图上,轴测轴 X_1、Y_1、Z_1 以及相应各点的轴测投影 A_1、B_1 等的注脚一律省略);作图时,一般使 OZ 轴处于垂直位置,则 OX 和 OY 轴与水平线成 30°,可利用 30°三角板方便地作出(图 5-6)。正等测的轴向伸缩系数 $p = q = r \approx 0.82$。图 5-7 (a) 所示长方块的长、宽和高分别为 a、b 和 h,按上述轴间角和轴向伸缩系数作出的正等测如图 5-7 (b) 所示。但在实际作图时,按上述轴向伸缩系数计算尺寸却是相当麻烦。由于绘制轴测图的主要目的是为了表达物体的直观形状,因此为了作图方便起见,常采用一组简化轴向伸缩系数,在正等测中,取 $p = q = r = 1$,这样就可以将视图上的尺寸 a、b 和 h 直接度量到相应的 X、Y 和 Z 轴上,这样作出的长方块的正等测如图 5-7 (c) 所示,它与图 5-7 (b) 相比较,其形状不变,仅是图形按一定比例放大,图上的线段放大的倍数为 $1/0.82 \approx 1.22$ 倍。

二、平面立体的正等测画法

画轴测图的基本方法是坐标法。但在实际作图时,还应根据物体的形状特点不同而灵活采用各种不同的作图步骤。下面举例说明平面立体轴测图的几种具体作法。

【例 5-1】 作出正六棱柱(图 5-8)的正等测。

【分析】 由于作物体的轴测图时,习惯上是不画出其虚线的(如图 5-7),因此作正六棱柱的轴测图时,为了减少不必要的作图线,先从顶面开始作图比较方便。

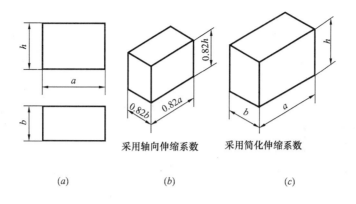

采用轴向伸缩系数　　采用简化伸缩系数

(a)　　　(b)　　　(c)

图 5-7　长方块的正等测

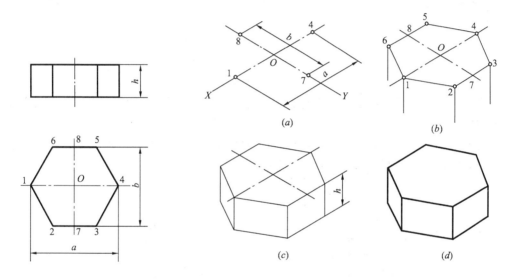

图 5-8　正六棱柱的视图　　　图 5-9　正六棱柱正等测的作图步骤

【作图】　如图 5-8 所示，取坐标轴原点 O 作为六棱柱顶面的中心，按坐标尺寸 a 和 b 求得轴测图上的点 1、4 和 7、8 [图 5-9 (a)]；过点 7、8 作 X 轴的平行线，按 x 坐标尺寸求得 2、3、5、6 点，作出六棱柱顶面的轴测投影 [图 5-9 (b)]；再向下画出各垂直棱线，量取高度 h，连接各点，作出六棱柱的底面 [图 5-9 (c)]；最后擦去多余的作图线并描深，即完成正六棱柱的正等测，见图 5-9 (d)。

【例 5-2】　作出垫块（图 5-10）的正等测。

【分析】　垫块是一简单的组合体，画轴测图时，可采用形体分析法，由基本形体结合或被切割而成。

【作图】　如图 5-11 所示，先按垫块的长、宽、高画出其外形长方体的轴测图，并将长方体切割成 L 形 [图 5-11 (a)、(b)]；再在左上方斜切掉一个角 [图 5-11 (b)、(c)]；在右端再加上一个三角形的肋 [图 5-11 (c)]；最后擦去多余的作图线并描深，即完成垫块的正等测 [图 5-11 (d)]。

【例 5-3】　根据台阶的投影作出其正等测图（图 5-12）。

91

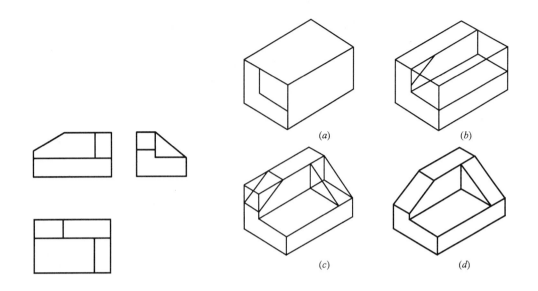

图 5-10 垫块的视图　　　　　图 5-11 垫块正等测的作图步骤

【分析】 台阶是一简单的组合体，通过形体分析，可知该形体是通过一个长方体切挖而形成的。

【作图】 作图时可先画"完整物体"的轴测投影——长方体，然后在长方体上逐步切挖，具体的作图步骤和方法如图 5-12 所示。

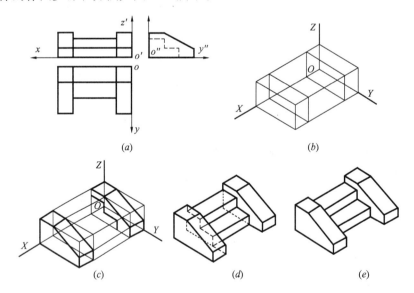

图 5-12 台阶正等测的作图步骤

(a) 形体分析，设立坐标轴；(b) 画出长方体和两侧栏板位置的正等测；(c) 画出两侧栏板和踏步轮廓线的正等测；(d) 画出踏步正等测；(e) 整理完成台阶的正等测

【例 5-4】 根据柱顶节点的投影图作出其正等测图（图 5-13）。

【分析】 通过形体分析，可知该形体是通过堆积而形成的。

【作图】 为表达柱顶节点的下前右部位,选轴测投影方向从下前右指向上后左,所作的轴测图就能表达出位于板的下方的梁和柱形状。按自上到下顺序作图,先画板,再画柱和梁在板上的交线,后画柱和主次梁。具体的作图步骤和方法如图 5-13 所示。

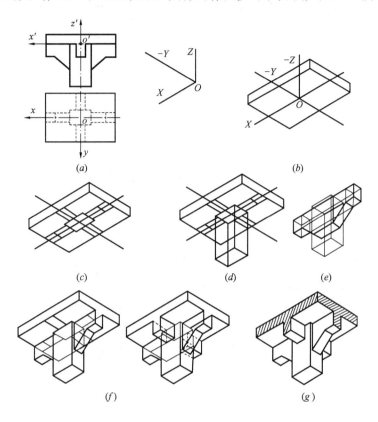

图 5-13 柱顶节点正等测的作图步骤
(a) 形体分析,设立坐标轴;(b) 轴测轴,画出楼板正等轴;(c) 画出柱和主次
梁位置线的正等测;(d) 画出柱的正等测;(e) 画出主梁的正等测;(f) 画出
次梁的正等测;(g) 整理完成形体的正等测

三、圆的正等测

1. 性质

在一般情况下,圆的轴测投影为椭圆。根据理论分析(证明从略),坐标面(或其平行面)上圆的正等轴测投影(椭圆)的长轴方向与该坐标面垂直的轴测轴垂直,短轴方向与该轴测轴平行。对于正等测,水平面上椭圆的长轴处在水平位置,正平面上椭圆的长轴方向为向右上倾斜 60°,侧平面上的长轴方向为向左上倾斜 60°(图 5-14)。

在正等测中,如采用轴向伸缩系数,则椭圆的长轴为圆的直径 d;短轴为 $0.58d$ [图 5-14 (a)]。如按简化轴向伸缩系数作图,其长、短轴长度均放大 1.22 倍,即长轴长度等于 $1.22d$;短轴长度等于 $1.22 \times 0.58d \approx 0.7d$ [图 5-14 (b)]。

2. 画法

(1) 一般画法

对于处在一般位置平面或坐标面(或其平行面)上的圆,都可以用坐标法作出圆上一

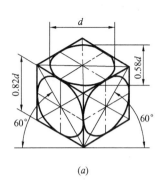 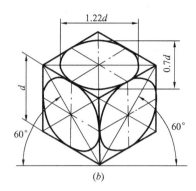

图 5-14 坐标面上圆的正等测

系列点的轴测投影，然后光滑地连接起来即得圆的轴测投影。图 5-15（a）为一水平面上的圆，其正等测的作图步骤如下［图 5-15（b）］：

1) 首先画出 X、Y 轴，并在其上按直径大小定出 1、2、3、4 点。

2) 过 OY 上的 A、B、…等点作一系列平行 OX 轴的平行弦，然后按坐标相应地作出这些平行弦长的轴测投影，即求得椭圆上的 5、6、7、8、…等点。

3) 光滑地连接各点，即为该圆的轴测投影（椭圆）。

图 5-16（a）为一压块，其前面的圆弧连接部分，也同样可利用一系列 Z 轴的平行线（如 BC），并按相应的坐标作出各点的轴测投影，光滑地连接后即完成前表面的正等测［图 5-14（b）］；再过各点（如 C 点）作 Y 轴平行线，并量取宽度，得到后表面上各点（如 D 点），从而完成压块的正等测。

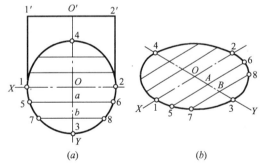 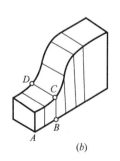

图 5-15 圆的正等测的一般画法　　图 5-16 压块的正等测画法

（2）近似画法

为了简化作图，轴测投影中的椭圆通常采用近似画法。图 5-17 表示直径为 d 的圆在正等测中 XOY 面上椭圆的画法，具体作图步骤如下：

1) 首先通过椭圆中心 O 作 X、Y 轴，并按直径 d 在轴上量取点 A、B、C、D［图 5-17（a）］。

2) 过点 A、B 与 C、D 分别作 Y 轴与 X 轴的平行线，所形成的菱形即为已知圆的外切正方形的轴测投影，而所作的椭圆则必然内切于该菱形。该菱形的对角线即为长、短轴的位置［图 5-17（b）］。

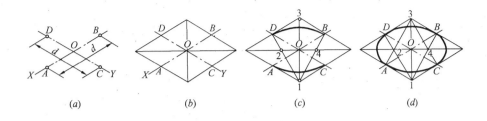

图 5-17 正等测椭圆的近似画法

3) 分别以 1、3 点为圆心，以 1B 或 3A 为半径作出两个大圆弧 BD 和 AC，连接 1D、1B 与长轴相交于 2、4 两点即为两个小圆弧的中心 [图 5-17（c）]。

4) 以 2、4 两点为圆心，以 2D 或 4B 为半径作两个小圆弧与大圆弧相接，即完成该椭圆 [图 5-17（d）]。显然，点 A、B、C、D 正好是大、小圆弧的切点。

XOZ 和 YOZ 面上的椭圆，仅长、短轴的方向不同，其画法与在 XOY 面上的椭圆完全相同。

四、曲面立体的正等测画法

掌握了圆的正等测的画法后，就不难画出回转曲面立体的正等测。图 5-18（a）、（b）分别表示圆柱和圆锥的正等测画法。作图时，先分别作出其顶面和底面的椭圆，再作其公切线即成。

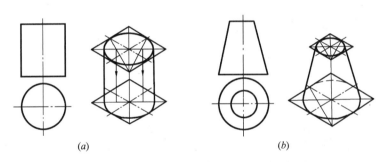

图 5-18 圆柱和圆锥的正等测画法

五、圆角的正等测画法

【分析】 从图 5-17 所示椭圆的近似画法中可以看出：菱形的钝角与大圆弧相对，锐角与小圆弧相对；菱形相邻两条边的中垂线的交点就是圆心。由此可以得出平板上圆角的正等轴测图的近似画法，如图 5-19 所示。

【作图】

（1）由角顶在两条夹边上量取圆角半径得到切点，过切点作相应边的垂线，交点 O_1、O_2 即为上底面的两圆心。用移心法从 O_1、O_2 向下量取板厚的高度尺寸 h，即得到下底面的对应圆心 O_3、O_4。

（2）以 O_1、O_2、O_3、O_4 为圆心，由圆心到切点的距离为半径画圆弧，作两个小圆弧的外公切线，即得两圆角的正等测图。

六、切口圆柱正等测的画法

绘制图 5-20 所示切口圆柱的正等测。

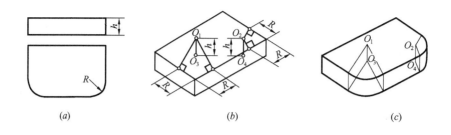

图 5-19 平行于坐标面的圆角的正等测图画法

【分析】 用坐标法作出一定数量的切口曲线上的正等测投影，然后光滑连接成曲线的正等测图。

【作图】 需画出曲面立体轴测投影转向轮廓线（圆柱轴测投影转向轮廓线的起止点 E、F 是两端面圆的轴测投影椭圆长端点），还需画出影响切口曲线正等测形状的特征点（例点 5）和切口曲线与圆柱轴测投影转向轮廓线的交点（例点 M）。具体作图过程如图 5-20 所示。

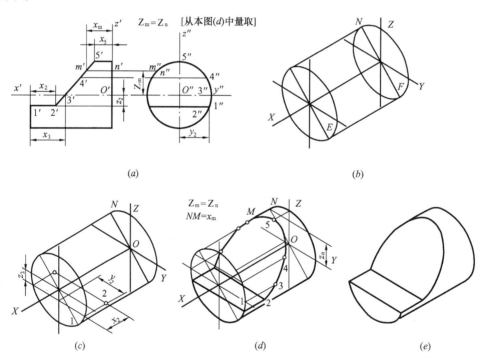

图 5-20 切口圆柱正等测的画法

（a）在切口圆柱上设立坐标系；（b）画完整圆柱的正等测；（c）由坐标法作 1、2 点及水平切口正等测；（d）由坐标法作 3、4、5、M 点及正垂切口的正等则；（e）完成切口圆柱的正等测

下面举例说明不同形状特点的曲面立体轴测图的具体作法。

【例 5-5】 作出支座（图 5-21）的正等测。

【分析】 支座由下部的矩形底板和右上方的一块上部为半圆形的竖板所组成。先假定将竖板上的半圆形及圆孔均改为它们的外切方形，如图 5-21 左视图上的双点画线所示，作出上述平面立体的正等测,然后再在方形部分的正等测——菱形内,根据图 5-17 所述方法,作出它的内切椭圆。底板上的阶梯孔也按同样方法作出。

【作图】 如图 5-22 所示。先作出底板和竖板的方形轮廓,并用点划线定出底板和竖板表面上孔的位置[图 5-22(a)];再在底板的顶面和竖板的左侧面上画出孔与半圆形轮廓[图 5-22(b)];然后按竖板的宽度 a,将竖板左侧面上的椭圆轮廓沿 X 轴方向向右平移一段距离 a;按底板上部沉孔的深度 b,将底板顶面上的大椭圆向下平移一段距离 b,然后再在下沉的中心处作出下部小孔的轮廓[图 5-22(c)];最后擦去多余的作图线并描深,即完成支座的正等测[图 5-22(d)]。

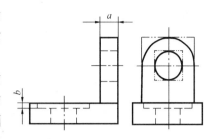

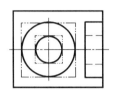

图 5-21 支座的视图

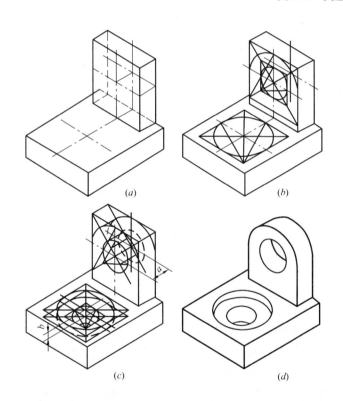

图 5-22 支座的正等测作图步骤

【例 5-6】 作出组合体(门楼)的正等测(图 5-23)。

【分析】 与上例的情况相同,先作出它的方形轮廓,然后分别作出上部的半圆孔和下面底板上的圆角。

【作图】 先画出底板的正等测图;然后作出圆柱轴线和两个圆心的正等测 A、B,

作出各端面圆的正等测近似椭圆;最后作出圆角的正等测。擦去多余的作图线并描深,即完成组合体(门楼)的正等测,具体作图过程如图5-23所示。

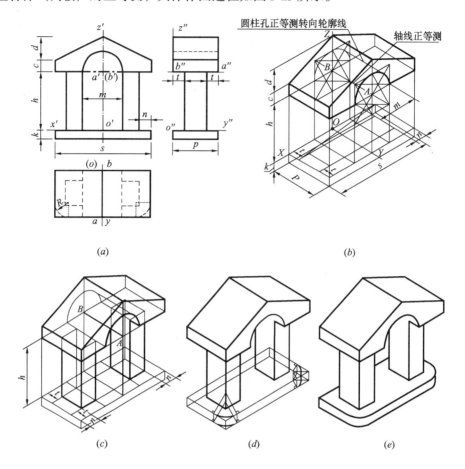

图 5-23 组合体(门楼)的正等测作图步骤
(a)在组合体正投影图中设立坐标系;(b)先画底板、上盖板圆孔洞的正等测;(c)画两根四棱柱的正等测;(d)画底板圆角的正等测;(e)整理完成组合体的正等测图

§5-3 斜 二 测

一、斜二测的轴间角和轴向伸缩系数

在斜轴测投影中通常将物体放正(可参见图5-2),即使 XOZ 坐标平面平行于轴测投影面 P,因而 XOZ 坐标面或其平行面上的任何图形在 P 面上的投影都反映实形,称为正面斜轴测投影。最常用的一种为正面斜二测(简称斜二测),其轴间角∠XOZ = 90°,∠XOY =∠YOZ = 135°,轴向伸缩系数 $p = r = 1$,$q = 0.5$。作图时,一般使 OZ 轴处于垂直位置,则 OX 轴为水平线,OY 轴与水平线成 45°,可利用 45°三角板方便地作出(图5-24)。

作平面立体的斜二测时,只要采用上述轴间角和轴向伸缩系数,其作图步骤和正等测完全相同。图 5-7(a)所示长方块的斜二测如图 5-25。

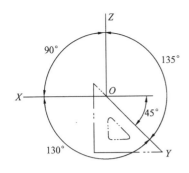
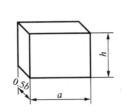
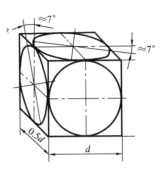

图 5-24 斜二测的轴间角　　　图 5-25 长方块的斜二测　　　图 5-26 坐标面上圆的斜二测

二、圆的斜二测

在斜二测中，三个坐标面（或其平行面）上圆的轴测投影如图 5-26 所示。

由于 XOZ 面（或其平行面）的轴测投影反映实形，因此 XOZ 面上圆的轴测投影仍为圆，其直径与实际的圆相同。在 XOY 和 YOZ 面（或其平行面）上圆的斜轴测投影为椭圆，根据理论分析（证明从略），其长轴方向分别与 X 轴和 Z 轴倾斜 7°左右（图 5-26），这些椭圆可采用图 5-13 所示方法作出，也可采用近似画法。图 5-27 表示直径为 d 的圆在斜二测中 XOY 面上椭圆的画法，具体作图步骤如下：

(1) 首先通过椭圆中心 O 作 X、Y 轴，并按直径 d 在 X 轴上量取点 A、B，按 $0.5d$ 在 Y 轴上量取点 C、D [图 5-27 (a)]。

(2) 过点 A、B 与 C、D 分别作 Y 与 X 轴的平行线，所形成的平行四边形即为已知圆的外切正方形的斜二测，而所作的椭圆，则必然内切于该平行四边形。过 O 点作与 X 轴成 7°的斜线即为长轴的位置，过 O 点作长轴的垂线即为短轴的位置 [图 5-27 (b)]。

(3) 取 $O1 = O3 = d$，以点 1 和 3 为圆心，以 $1C$ 或 $3D$ 为半径作两个大圆弧。连接 $3A$ 和 $1B$ 与长轴相交于 2、4 两点，即为两个小圆弧的中心 [图 5-27 (c)]。

(4) 以 2、4 两点为圆心，$2A$ 或 $4B$ 为半径作两个小圆弧与大圆弧相接，即完成该椭圆 [图 5-27 (d)]。

YOZ 面上的椭圆，仅长、短轴的方向不同，其画法与在 XOY 面上的椭圆完全相同。

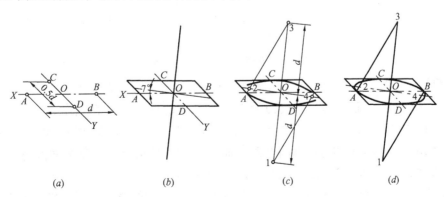

图 5-27 斜二测中 XOY 面上椭圆的近似画法

三、曲面立体的斜二测画法

在斜二测中，由于 XOZ 面的轴测投影仍反映实形，圆的轴测投影仍为圆，因此当物

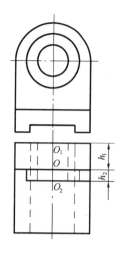

图 5-28 轴座的视图

体的正面形状较复杂,且此面具有较多的圆或圆弧连接时,采用斜二测作图就比较方便。下面举例说明。

【例 5-7】 作出轴座(图 5-28)的斜二测。

【分析】 轴座的正面(即 XOZ 面)有三个不同直径的圆或圆弧,在斜二测中都能反映实形。

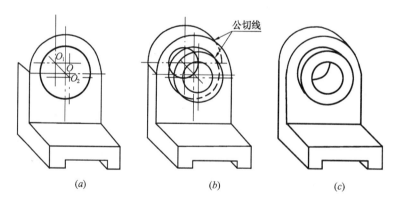

图 5-29 轴座斜二测的作图步骤

【作图】 如图 5-29 所示,先作出轴座下部平面立体部分的斜二测,并在竖板的前表面上确定圆心 O 的位置,并画出竖板上的半圆及凸台的外圆。过 O 点作 Y 轴,取 $OO_1 = 0.5h_1$,O_1 即为竖板背面的圆心;再自 O 点向前取 $OO_2 = 0.5h_2$,O_2 即为凸台前表面的圆心(图 5-29a)。以 O_2 为圆心作出凸台前表面的外圆及圆孔,作 Y 轴方向的公切线即完成凸台的斜二测。以 O_1 为圆心,作出竖板后表面的半圆及圆孔,再作出两个半圆的公切线即完成竖板的斜二测[图 5-29(b)]。最后擦去多余的作图线并描深,即完成轴座的斜二测[图 5-29(c)]。

【例 5-8】 作建筑形体的斜二测(图 5-30)。

【分析】 建筑形体的正面(即 XOZ 面)有三个不同直径的圆弧,在斜二测中都能反映实形。

【作图】 作图时让带有圆弧的面与 *XOZ* 面重合或平行。具体作图过程如图 5-30 所示。

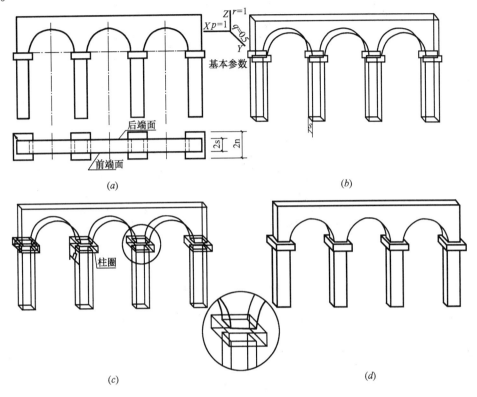

图 5-30 作建筑形体的斜二测图
(*a*) 建筑形体的两面投影面；(*b*) 作圆拱门前后端面的正面斜二测；
(*c*) 作出柱圈的正面斜二测；(*d*) 整理完成建筑形体的正面斜二测

§5-4 轴测剖视图的画法

一、轴测图的剖切方法

在轴测图上为了表达形体内部的结构形状，同样可假想用剖切平面将形体的一部分剖去，这种剖切后的轴测图称为轴测剖视图。一般用两个互相垂直的轴测坐标面（或其平行面）进行剖切，能够较完整地显示该形体的内、外形状［图 5-31 (*a*)］。尽量避免用一个剖切平面剖切整个形体（图 5-31*b*）和选择不正确的剖切位置［图 5-31 (*c*)］。

轴测剖视图中的剖面线方向，应按图 5-32 所示方向画出，正等测如图 5-32 (*a*) 所示，图 5-32 (*b*) 则为斜二测。

二、轴测剖视图的画法

轴测剖视图一般有两种画法：

(1) 先把物体完整的轴测外形图画出，然后沿轴测轴方向用剖切平面将它剖开。如图 5-33 (*a*) 所示底座，要求画出它的正等轴测剖视图。先画出它的外形轮廓，如图 5-33

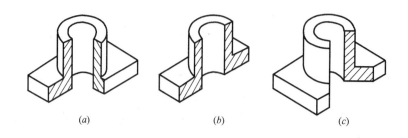

图 5-31 轴测图剖切的正误方法

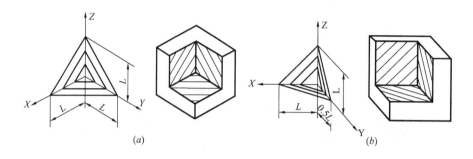

图 5-32 轴测剖视图中的剖面线方向

(b) 所示,然后沿 X、Y 轴向分别画出其剖面形状,并画上剖面线,即完成该底座的轴测剖视图,如图 5-33 (c) 所示。

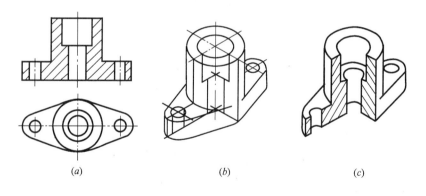

图 5-33 轴测剖视图的画法(一)

图 5-34 也是一个"先整体,后剖面"来画物体的轴测剖面图的例子。

(2) 先画出剖面的轴测投影,然后再画出剖面外部看得见的轮廓,这样可减少很多不必要的作图线,使作图更为迅速。如图 5-35 (a) 所示的端盖,要求画出它的斜二轴测剖视图。由于该端盖的轴线处在正垂线位置,故采用通过该轴线的水平面及侧平面将其左上方剖切掉四分之一。先分别画出水平剖切平面及侧平剖切平面剖切所得剖面的斜二测,如图 5-35 (b) 所示,用点划线确定前后各表面上各个圆的圆心位置。然后再过各圆心作出各表面上未被剖切的四分之三部分的圆弧,并画上剖面线,即完成该端盖的轴测剖视图,如图 5-35 (c) 所示。

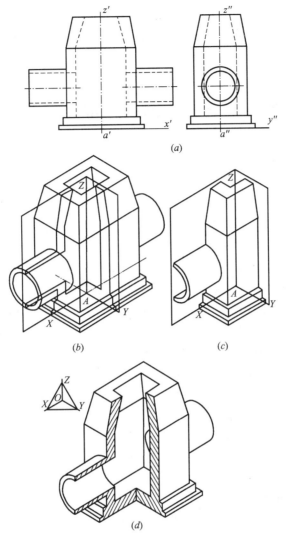

图 5-34 轴测剖视图的画法（二）

(a) 在物体投影图上设立坐标系；(b) 选定正等测，作出完整形体正等测；
(c) 分别以物体前后和左右对称面为剖切面，切去物体的左前角；
(d) 画出两断面，画出两个方向的剖画线，整理完成轴测剖面图

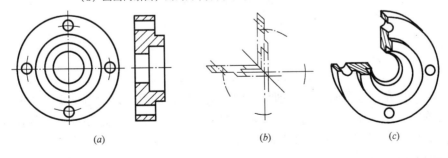

图 5-35 轴测剖视图的画法（三）

第二篇　土木工程制图

第6章　建筑制图国家标准及其基本规定

图样是一种工程语言。

图样与语言、文字一样都是人类表达、交流思想的工具。在工程技术中为了正确地表示出机器、设备及建筑物的形状、大小规格和材料等，通常按一定的投影方法和技术规定表达在图纸上，这称之为工程图样。建筑工程图是土木建筑工程方面的重要技术资料和文件，被认为是工程上的一种"语言"。

为了适应现代化生产、管理的需要以及便于技术交流，2001年11月1日国家质量监督检验检疫总局和建设部联合发布了《房屋建筑制图统一标准》（GB/T 50001—2001），《总图制图标准》（GB/T 50103—2001），《建筑制图标准》（GB/T 50104—2001），《建筑结构制图标准》（GB/T 50105—2001），《给水排水制图标准》（GB/T 50106—2001）和《暖通空调制图标准》（GB/T 50114—2001）。国家标准对绘图规则、图样的画法等作了统一规定。其代号"GB"是汉字"国家标准"缩写语"国标"的汉语拼音字头；"T"是汉语"推荐"的缩写语的汉语拼音字头；"GB/T"是"国标/推"的汉语拼音字头。例如：GB/T 50001—2001，其中50001为标准编号，2001为标准颁布年代。

§6-1　建筑制图国家标准的基本规定

一、图纸幅面和格式

绘制技术图样时应优先采用表6-1所规定的幅面尺寸，其格式如图6-1(a)、(b)所示。

图 纸 幅 面 尺 寸（mm）　　　　　　　　　　　表6-1

尺寸代号	幅 面 代 号				
	A0	A1	A2	A3	A4
$B \times L$	841×1189	594×841	420×594	297×420	210×297
e	20			10	
c	10			5	
a	25				

必要时，也允许选用所规定的加长幅面。这时幅面的尺寸是由基本幅面的短边成整数倍增加后得出。在图纸上必须用粗实线画出图框，其格式分为不留装订边和留有装订边两种，如图6-1(a)、(b)所示。在图框的右下角必须画出标题栏，标题栏中的文字方向一般为看图的方向。

国家标准规定的生产上用的标题栏内容较多、较复杂，在制图作业中可以简化，建议采用如图6-2所示的简化标题栏。

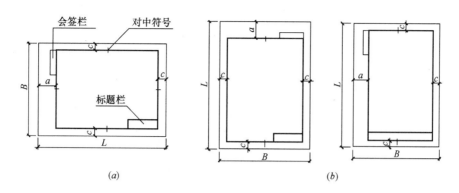

图 6-1 图纸幅面和图框格式
（a）横式图纸；（b）竖式图纸

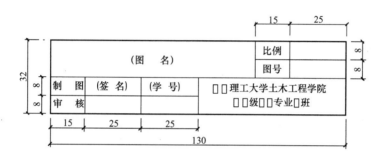

图 6-2 简化标题栏

二、比例

比例为图形的大小与形体实际大小之比。当形体过大或过小时，可将它缩小或放大画出，但所用的比例应符合表 6-2 中的规定。

比例 表 6-2

图 名	常用比例	必要时可用比例
总平面图	1:500, 1:100 1:2000, 1:5000	1:2500, 1:10000
管线综合图、断面图等	1:100, 1:200, 1:500 1:1000, 1:2000	1:300, 1:5000
平面图、立面图、剖面图、设备布置图等	1:50, 1:100, 1:200	1:150, 1:300, 1:400
内容比较简单的平面图	1:200, 1:400	1:500
详 图	1:1, 1:2, 1:5, 1:10 1:20, 1:25, 1:50	1:3, 1:1.5, 1:30 1:40, 1:60

三、字体

图样中书写的汉字、数字、字母都必须做到：字体工整、笔画清楚、间隔均匀、排列整齐。字体高度（用 h 表示，单位为 mm）的公称尺寸系列为 1.8，2.5，3.5，5，7，10，14，20。字体高度代表字体的号数。

汉字应写成长仿宋体字，并应采用国家正式公布推行的简化字。汉字的高度 h 不应小于 3.5，其字高与字宽的关系应符合表 6-3 规定，阿拉伯数字、拉丁字母及罗马数字的书写规格应符合表 6-4 的规定。

图 6-3 所示为长仿宋体汉字示例，图 6-4 所示为 A 型斜体字母、数字等的应用示例。

长方体字高与宽的关系 表 6-3

字高	20	14	10	7	5	3.5
字宽	14	10	7	5	3.5	2.5

拉丁字母、阿拉伯数字、罗马数字书写规则 表 6-4

		一般字体	窄字体
字母高	大写字母	H	h
	小写字母（上下均无延伸）	$(7/10)h$	$(10/4)h$
	小写字母向上或向下延伸部分	$(3/10)h$	$(4/14)h$
	笔画宽度	$(1/10)h$	$(1/14)h$
间隔	字母间	$(2/10)h$	$(2/14)h$
	上下行底线间最小间隔	$(14/10)h$	$(20/14)h$
	文字间最小间隔	$(6/10)h$	$(6/14)h$

图样是工程界的技术语言

字体工整 笔画清楚 间隔均匀 排列整齐

写仿宋字的要领：横平竖直 注意起落 结构均匀 填满方格

房屋建筑桥梁隧道水利枢纽结构设计施工建造生产工艺企业管理

图 6-3 长仿宋体汉字示例

四、图线

常用图线的绘制应符合表 6-5、表 6-6 中的规定。

图线的线型、线宽及用途 表 6-5

名称	线型	线宽	一般用途
粗实线	———	b	主要可见轮廓线剖面图中被切割部分的轮廓线
中实线	———	$0.5b$	可见轮廓线剖面图中未被剖切但仍能看到而需要画出的轮廓线，尺寸标注的尺寸起止符号
细实线	———	$0.25b$	尺寸界线、尺寸线、索引符号的圆圈、引出线、图例线、标高符号线
粗虚线	- - - - - -	b	新建的各种给水排水管道线，总平面图或运输图中的地下建筑物或地下的构筑物
中虚线	- - - - - -	$0.5b$	需要画出的看不到的轮廓线
细虚线	- - - - - -	$0.25b$	不可见轮廓线、图例线等

续表

名　　称	线　　型	线宽	一般用途
粗单点长画线	—　—　—	b	结构图中梁或构架的位置线、平面图中起重运输装置的轨道线、其他特殊构件的位置指示线等
中单点长画线	—　—　—	$0.5b$	见各有关专业制图标准
细单点长画线	—　—　—	$0.25b$	中心线、对称线、定位轴线等
粗双点长画线	—··—··—	b	预应力钢筋线等
中粗双点长画线	—··—··—	$0.5b$	见有关专业制图标准
细双点长画线	—··—··—	$0.25b$	假想轮廓线、成型以前的原始轮廓线
折断线	⌐⌐	$0.25b$	不画出图样全部时的断开界线
波浪线	～～	$0.25b$	不画出图样全部时的断开界线构造层次的断开界线
加粗的粗实线	━━━	$1.4b$	需要画得更粗的图线，如建筑物或构筑物的地面线，路线工程图中的设计线路、剖切位置线等

图 6-4　A 型斜体字母、数字等的应用示例

常用的线宽组　　　　　　　　　　　　　表 6-6

b	2.0	1.4	0.7	0.5	0.5	0.35
$0.5b$	1.0	0.7	0.35	0.25	0.25	0.18
$0.25b$	0.5	0.35	0.18	—	—	—

§6-2 制图工具及使用

正确地使用绘图工具，既能保证图样质量又能提高画图速度。同时，也是计算机绘图程序操作的基本前提，下面介绍几种常用的绘图工具及其使用方法。

一、图板

图板，板面必须平整无裂纹，工作边应平直。使用时应保护工作边不损伤，并防止受

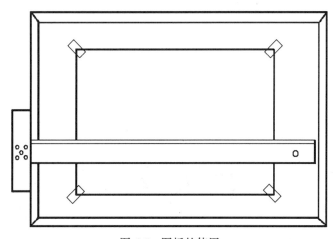

图 6-5 图板的使用

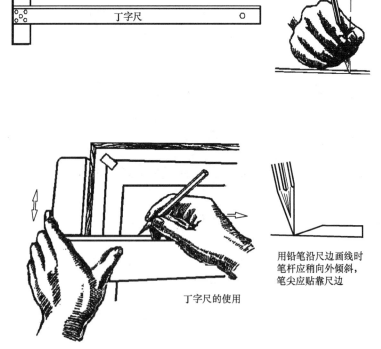

图 6-6 丁字尺与图板的使用

潮和暴晒。图板的使用如图 6-5 所示。

二、丁字尺

丁字尺是用来画水平线的工具。它由尺头和尺身两部分组成，尺头内侧边与尺身刻度边必须平直，尺头与尺身结合要牢固，用丁字尺时，左手握尺头，使尺头紧靠图板内侧，如图 6-6 所示。

三、三角板

绘图时要准备一副三角板（45°和 30°各一块）。三角板与丁字尺配合使用可画出垂直

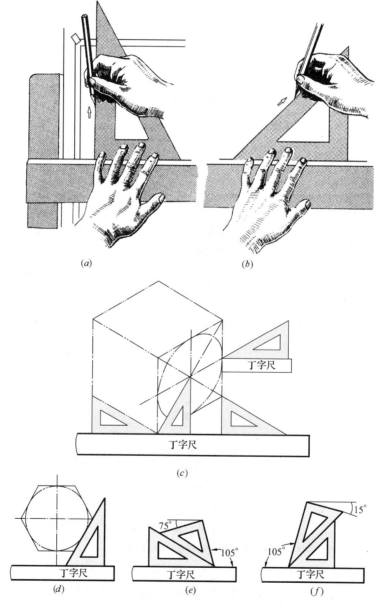

图 6-7 三角板与丁字尺的配合使用方法

（a）画垂直线；（b）画倾斜线；（c）正等轴测图与 30°三角板的使用方法；
（d）画 60°倾斜线；（e）画 15°、75°倾斜线；（f）画 15°、75°倾斜线

线和 15°、30°、45°、60°、75°等倾斜线,如图 6-7 所示。

四、分规

分规是用来布图和量取线段尺寸及分割线段的工具,常用的有大分规和弹簧分规两种。为了度量尺寸准确,分规的两针尖应磨得尖锐,并应调整两针尖对齐。图 6-8 示出了常用的分规及其使用方法。

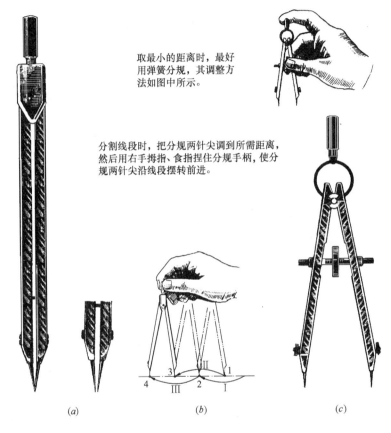

图 6-8 分规及使用方法
(a) 大分规;(b) 用分规等分线段;(c) 弹簧分规

1. 量取较小的距离时,最好用弹簧分规,其调整方法如图 6-8 所示。

2. 分割线段时,把分规两针尖调到所需的距离,然后用右手拇指、食指捏住分规手柄,使分规两针尖沿线段摆转前进,如图 6-8 所示。

五、圆规

圆规是画圆弧的工具,常用的有大圆规和弹簧圆规两种。圆规的一腿上装有钢针,画圆时应用带台阶的针尖。另一腿上装有铅芯的接杆,需要时,铅芯接杆亦可换成延伸杆或墨笔。如装上钢针接杆还可当分规使用。画较大直径的圆,需使用延伸杆。使用圆规时,尽可能使钢针和铅芯垂直于纸面,特别在画大圆时,更应如此。圆规的使用如图 6-9 所示。

六、比例尺

比例尺是供量取不同比例尺寸的工具,常做成三棱柱形,故又称三棱尺。尺面上刻有六种不同的比例刻度,选用这六种比例作图时,可直接从相应的尺面上量取长度。比例尺

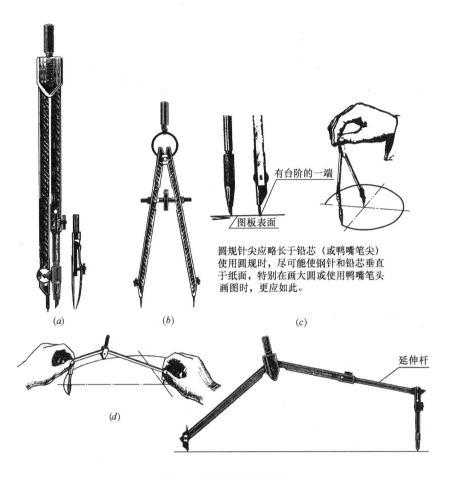

图 6-9 圆规及使用方法
（a）大圆规；（b）弹簧圆规；（c）圆规的针尖和画圆的手势；（d）画大圆

的使用如图 6-10 所示，不要把针尖扎入尺面，以免损伤。

七、铅笔

铅笔的铅芯软硬用字母"B"和"H"表示，B 前的数字数值越大表示铅笔芯越软（黑），H 前的数字数值越大铅芯越硬。画图时，常选用 B、HB、H、2H 和 3H 的绘图铅笔，并将 H、HB 型铅笔的铅芯磨削成锥状；将 HB、B 型铅笔的铅芯磨削成凿状。如图 6-11 所示。写字画底图宜用锥状，物体的轮廓线加深时宜用凿状。

八、曲线板

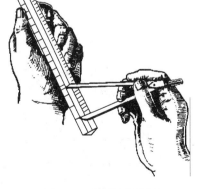

图 6-10 比例尺的使用

曲线板是用来描绘非圆曲线的工具。其使用方法如图 6-12 所示。

1. 找出曲线上各点，并徒手轻轻地用铅笔把它们连起来。
2. 选择曲线板上点曲率合适的部分，与曲线上的点对合，每次对合不少于四点，如

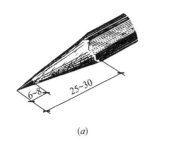
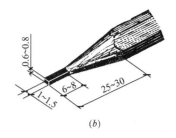

图 6-11 铅芯磨削形状
（a）锥状；（b）凿状

图中 1、2、3、4 所示。

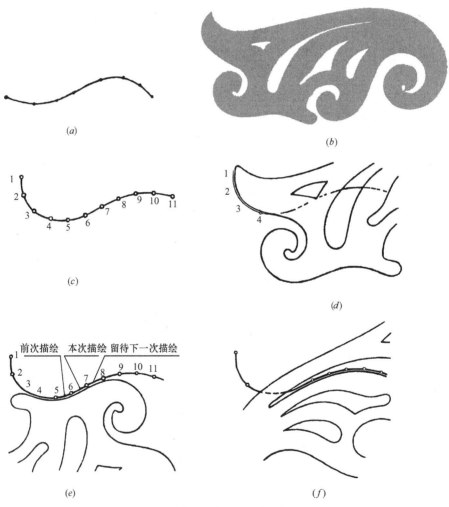

图 6-12 曲线板及使用

（a）将要描绘的曲线；（b）根据曲线的曲率变化，选择曲线板上合适部分；（c）找出曲线各点，把已求出的各点徒手轻轻勾描出来；（d）选择曲线板上曲率合适的部分，与曲线上的点对合，每次对合不少于四点（如图中 1、2、3、4）；（e）描图时，只连中间一段，两端的两段，其前段与上次所连的重复，后段留待下次再连；（f）连接过程中，应注意弯曲的趋势

3．描绘时，先连中间一段，连接下一段时，须与所连前段重合一部分，依次连接即可。

4．连接过程中，应注意弯曲的趋势。

以上仅仅介绍常用的绘图工具及其使用方法。随着计算机的发展，新型绘图仪器、工具及设备不断地出现，如丁字尺、模板、各种绘图机等，将对提高绘图速度和质量起很大作用。

§6-3 几 何 作 图

表达物体形状的图样是由各种不同的几何图形组成的。下面简要介绍常见几何图形的作图方法。

一、等分圆周或作正多边形

在工程图样中，常会遇到等分圆周作图问题，如绘制水暖阀门六角螺母、手轮（图6-13）等。等分圆周有些可用三角板、丁字尺直接作出来，而有些则必须借助其他作图方法。

图 6-13 多边形及等分圆周实例
（a）螺母；（b）手轮

1．三等分圆周或作正三角形

根据已知直径 d 画圆，然后将 30°、60°三角板的短直角边紧贴丁字尺，并使其斜边通过 A 点作直线 AB，再翻转三角板，用同样的方法作直线 AC，圆周就被三等了。连接 B、C，（ABC 就是该圆的内接正三角形）。如图6-14所示。

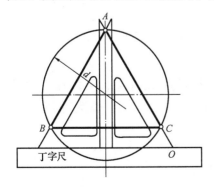
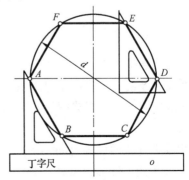

图 6-14 内接正三角形的画法　　　　图 6-15 内接正六边形的画法

2. 六等分圆周或作正六边形

根据已知直径 d 画圆，然后将 30°、60° 三角板的短直角边紧贴丁字尺，并使其斜边通过 A 点和 D 点分别作直线 AB 和 DE，再翻转三角板画 AF 和 CD，这样圆周就被六等分了。连接 B、C 和 E、F，就可得到圆的内接正六边形 $ABCDEF$。如图 6-15 所示。

3. 五等分圆周或作正五边形

（1）根据已知直径 d 画圆，过圆心 O 画互相垂直的中心线 AB 和 CD。

（2）平分 OA 得中点 M。

（3）以 M 为圆心，MC 为半径画圆弧与 AB 相交于 N。则 CN 即为内接正五边形的边长。

（4）以 CN 之长在圆周上从 5 点起截取 1、2、3、4 等点，连接 5、1、2、3、4 即得圆的内接正五边形。如图 6-16 所示。

4. 任意等分圆周

（1）根据已知直径 d 画圆，将直径 AL 分成与圆周要等分的份数，例如七等份（图 6-17 所示）。等分线段的方法是：过 A 点作任意直线 AL'，并在 AL' 上任意截取七个等份，然后过第七分点 $7'$ 与 7 连一直线，过 $1'$、$2'$……$6'$ 各点直线与 $77'$ 平行，即得 1、2、3、4、5、6 等分点。

（2）以 L 为中心，LA 为半径作圆弧与 MN 的延长线相交于 H。

（3）连接 H 点和 2 点（作任意多边形都通过第二分点），其延长线交圆周于 G，AG 即为正七边形的边长。

（4）以 AG 之长在圆周上依次截取 B、C、D、E、F 等分点，圆周就被七等分，然后再顺次连接各分点就得到圆的内接正七边形 $ABCDEFG$。

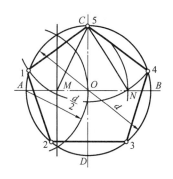

图 6-16　内接正五边形的画法

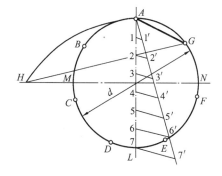

图 6-17　内接正七边形的画法

二、圆弧连接

所谓线段连接，应是指相邻两线段在连接处圆滑相切，切点就是两线段的连接点。因此，在线段连接中，要根据图形轮廓的构成正确地确定线段的位置，以达到两线段相切连线的要求。

1. 用圆弧连接两已知直线

图 6-18 为用连接弧连接两已知直线的作图过程

2. 用圆弧连接两已知圆弧

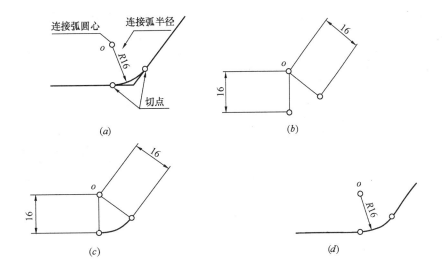

图 6-18 用连接弧连接两已知直线

(a) 已知连接弧的半径 R16 和两直线的位置；(b) 求圆心，找切点：分别以 16 为距离作两已知直线的平行线，其交点即为连接弧的圆心，所作两直线的垂足即为垂足；(c) 画连接弧：过圆点，以 R16 为半经，在切点间画连接弧即得；(d) 擦除多余的线条，并加深直线和圆弧

(1) 外连接　图 6-19 表示用 R35 的圆弧连接两已知弧。当连接圆弧同时外切于两已知圆弧时为外连接。两圆弧相接时，其切点必位于两圆弧的连心线上。据此，可得图 6-19 所示的作图方法。

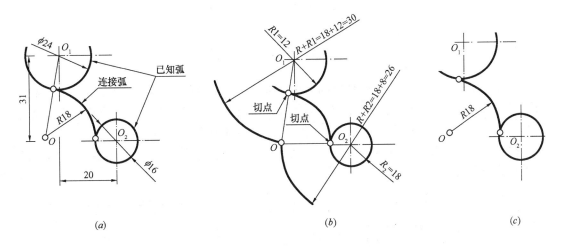

图 6-19 连接弧与两已知圆弧外切连接

(a) 已知圆 O_1、O_2 和连接弧半径 R，求圆心和连接弧切点；(b) 求圆心和切点：分别以 O_1、O_2 为圆心，$R+R_1$；$R+R_2$ 为半径画弧，交点 O 即连接弧圆心，连接 OO_1、OO_2 其连线与已知弧的交点即为连接弧切点；(c) 画连接弧：以 O 为圆心 R18 为半径在切点间画弧即得

(2) 内连接　当连接圆弧同时内切于两已知圆弧为内连接。其作图原理与外连接相同。但求连接圆弧圆心 O 时所用的半径，应为连接弧与已知弧的半径差 $R-R_1$、$R-R_2$，具体画法如图 6-20 所示。

（3）混合连接　这种连接为连接弧一端与已知弧外连接，另一端与另一已知弧内连接，如图 6-21 所示。

3．用连接弧连接已知一直线和一圆弧（如图 6-22）。

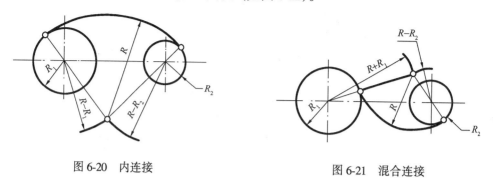

图 6-20　内连接　　　　　　　　　图 6-21　混合连接

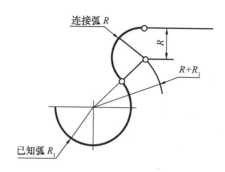

图 6-22　用连接弧连接已知一直线和一圆弧

§6-4　尺寸的标注形式

工程图上的图形表明了工程对象的形状和构造，但要说明它各部分的大小还需要标注出其实际尺寸。本节讲述标注尺寸的基本形式和一般规定，实际上对于不同专业的工程图其尺寸注法还存在一些差异，这些将在后续章节中陆续补充说明。

标注尺寸要画出尺寸界线、尺寸线、尺寸起止符号并填写尺寸，如图 6-23 所示。标注尺寸的一般规定如下：

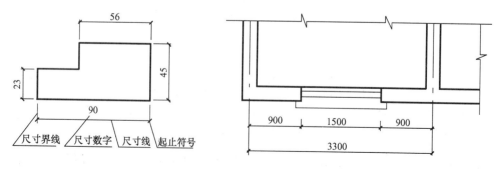

图 6-23　尺寸的组成

1．尺寸界线

尺寸界线指明拟注尺寸的边界，用细实线绘制，引出端留有2mm以上的间隔，另一端则超出尺寸线约2～3mm。必要时，图形的轮廓线［图6-24（a）］、轴线、中心线都可作为尺寸界线使用。对于长度尺寸，一般情况下尺寸界线应与标注的长度方向垂直；对于角度尺寸，尺寸界线应沿径向引出［图6-24（b）］。

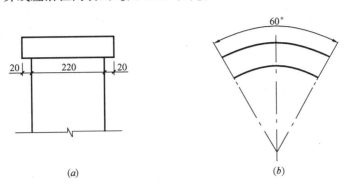

图6-24 尺寸界线
（a）轮廓线用作尺寸界线注法；（b）角度的尺寸界线注法

2. 尺寸线

尺寸线画在两尺寸界线之间，用来注写尺寸。尺寸线用细实线绘制。对于长度尺寸，尺寸线应与被注长度方向平行；对于角度尺寸，尺寸线应画成圆弧，圆弧的圆心是该角的顶点［图6-24（b）］。圆形轮廓线、轴线、中心线、另一尺寸的尺寸界线（包括它们的延长线）都不能作为尺寸线使用。

3. 尺寸起止符号

尺寸线的两端与尺寸界线交接，交点处应画出尺寸起止符号。对于长度尺寸，在建筑工程图上起止符号是用中粗线绘制的斜短线，其倾斜方向应与尺寸界线成顺时针45°角，长度宜为2～3mm。

4. 尺寸数字

图上标注的尺寸数字，表示物体的真实大小，与画图用的比例无关。尺寸的单位，对于线性尺寸除标高及总平面图以米为单位外，其余均为毫米，并且在数字后面不写出来。在某些专业工程图上也有用厘米为单位的，这种图通常要在附注中加一声明。

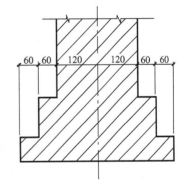

图6-25 任何图线不允许穿过尺寸数字

为使数字清晰可见，任何图线不得穿过数字，必要时可将其他图线断开，空出写尺寸数字的区域（图6-25）。

尺寸数字的字头方向称为读书方向。水平尺寸数字写在尺寸线上方，字头向上；竖直尺寸数字写在尺寸线的左侧，字头向左；倾斜尺寸的数字应写在尺寸线的向上一侧，字头有向上的趋势，如图6-26所示。尺寸线的倾斜方向若位于图中所示的30°阴影区内，尺寸数字宜用图6-26（b）的形式注写。

线性尺寸的尺寸数字一般应顺着尺寸线的方向排列，并依据读数方向写在靠近尺寸线的上方中部。如遇没有足够的位置注写数字时，数字可以写在尺寸界线的外侧。在连续出

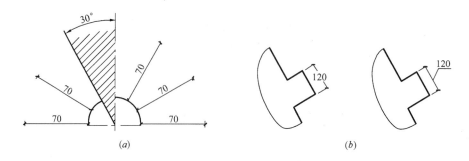

图 6-26 尺寸数字的读数方向
（a）尺寸数字字头向上；（b）尺寸线倾斜在30°范围内尺寸数字注法

现小尺寸时，中间相邻的尺寸数字可错开注写，也可引出注写，如图6-27所示。

图 6-27 尺寸数字的注写位置

5. 尺寸的排列与布置

布置尺寸应整齐、清晰，便于阅读。为此，尺寸应尽量注写在图形轮廓线以外，不宜与图线、文字及符号等相交（图6-28）。对于互相平行的尺寸线，应从被标注的图形轮廓线起由近向远整齐排列，小尺寸靠内，大尺寸靠外。内排尺寸距离图形轮廓线不宜小于10mm，平行排列的尺寸线之间，宜保持 7～10mm 的距离。

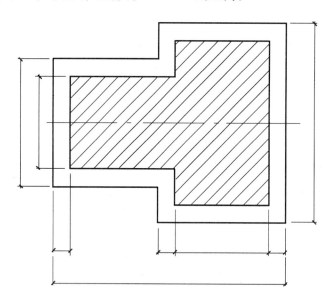

图 6-28 尺寸的排列

6. 直径、半径和角度的尺寸注法

圆的直径尺寸可注在圆内［图6-29（a）］，也可注在圆外［图6-29（b）］。注在圆内的尺寸线应通过圆心，方向倾斜，两端用箭头作为起止符号，箭头指着圆周。箭头应画得细而长，长度约 3～5mm。引到圆外标注尺寸时应加画尺寸界线，尺寸线上的起止符号仍为45°短画。无论用哪种形式标注直径，直径数字前均应加写直径符号"ϕ"。小圆直径的注法可采用图6-30所示的形式。

半径的尺寸线应自圆心画至圆弧，圆弧一端画上箭头，半径数字前面加写半径符号"R"（图6-31）。

较小半径的圆弧可用图6-32所示的形式标注。当圆弧的半径很大时，其尺寸线允许画成折线，或者只画指着圆周的一段，但其方向仍须对准圆心，箭头仍然指着圆弧，如图6-33所示。

角度的尺寸线应以弧线表示，弧线的圆心应是该角的顶点，角的两条边为尺寸界线。角度尺寸的起止符号以箭头表示，角度数字水平方向排列，如图6-34所示。

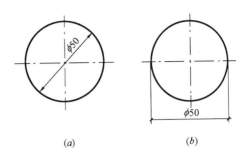

图6-29 圆的直径注法

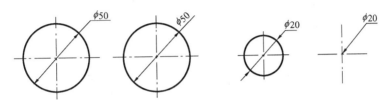

图6-30 小圆直径的注法

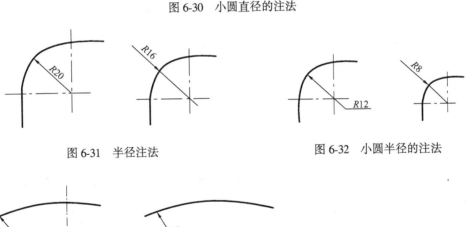

图6-31 半径注法　　　　　　图6-32 小圆半径的注法

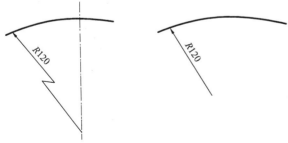

图6-33 大圆弧半径的注法

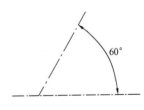

图6-34 角度的注法

7. 其他尺寸的标注

标注坡度时，在坡度数字的下面加画箭头以指示下坡方向。坡度数字可写成比例形式[图6-35（a）]，也可写成比值形式[图6-35（b）]。坡度还可用直角三角形的形式标注[图6-35（c）]，在某些专业工程图上还有不画箭头，而沿着坡线方向直接写出坡度比例的注法［图 6-35（d）］。

建筑物上某部位的标高（高程）应注在标高符号上，其样式如图 6-36 所示。标高符号用细实线绘制，45°等腰三角形的高度约 3mm，其尖端指着被注的高度。标高数字以米为单位，视不同的专业工程图的要求注写至小数点以后第三位或第二位。

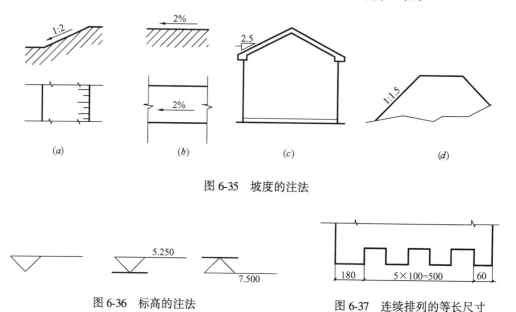

图 6-35 坡度的注法

图 6-36 标高的注法

图 6-37 连续排列的等长尺寸

对于等间距的连续尺寸，可用"个数×长度尺寸=总长"的形式注写，如图 6-37 所示。

第7章 组 合 体

§7-1 组合体的形体分析

工程形体一般较为复杂,为了便于认识、把握它的形状,常采用几何抽象的方法,把复杂形体看成是由一些基本几何体(如棱柱、棱锥、棱台、圆柱、圆锥、圆台、球等)按照一定的构成方式加工、组合而成的。常见形体的构成方式一般有基本形体叠加和切割两大类,有些复杂的形体也可能同时由几种构成方式综合而成。由基本几何体经过切割、叠加加工、组合构造出来的形体,称为组合体。分析组合体的形成方法,叫形体分析。形体分析是认识形体、表达形体、想象形体和几何造型的基本思维方法。

简单叠加是基本立体之间的自然堆积,只有接触面产生交线,不另外产生表面交线。图7-1(a)所示的组合体,可看作是由三个平面立体和一个半圆柱叠加而成的。叠加时基本立体表面与表面的关系有:共面、不共面、相切、相交四种简单结构关系。其共面和相切在画图时不画线,因表面连成一个平面时,这两个表面间没有分界线;不共面和相交在画图时要画线,因表面与表面之间有交线,如图7-1(b)所示。

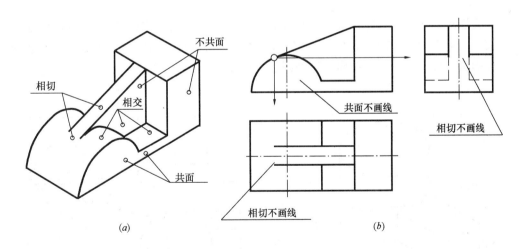

图7-1 叠加式组合体
(a) 轴测图;(b) 三视图

切割式组合体是由基本立体被一些平面或曲面切割形成的。图7-2(a)所示的组合体,可以看作是由四棱柱先从后上方切去一个长方体,然后再切去凸台后方的二个三棱柱,再挖去前方正中央一个三棱柱而形成的组合体。图7-2(b)所示是切割式组合体的三视图,其中实线部分表示组合体的可见棱线部分,虚线部分表示组合体的不可见棱线部分。

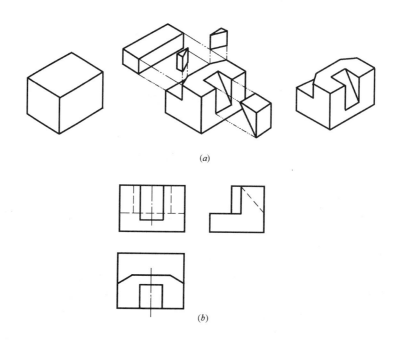

图 7-2 截切式组合体
(a) 轴测分解图；(b) 三视图

相交连接起来的组合体，表面之间可能产生交线（截交线或相贯线），画图时要画全这些交线。图 7-3 所示的组合体是由圆柱与一个八边形棱柱交接在一起形成的，在表面相交处应画出交线，在平面与曲面相切处则不应画线。

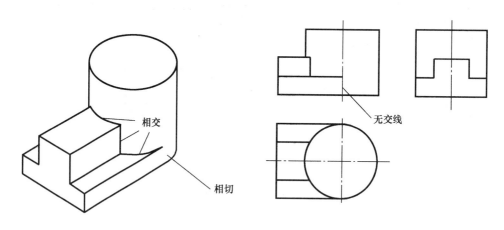

图 7-3 交接式组合体

在更多的情形下，形体可能是由多种构成方式综合形成的，图 7-4 所示是这种组合体的一个例子。

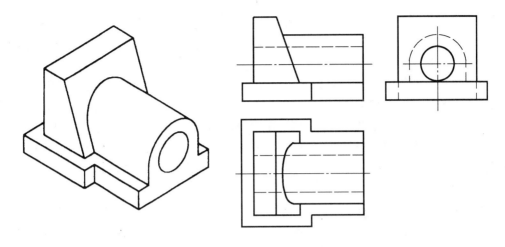

图 7-4 综合方式形成的组合体

§7-2 组合体的三视图及其画法

在工程制图中常把工程形体在某个投影面上的正投影称作视图。正面投影是从前面向后投射（前视）得到的视图，在土木工程图上称之为正立面图（简称正面图或立面图）；水平投影是从上向下投射（俯视）得到的视图，在土木工程图上称之为平面图；侧面投影是从左向右投射（左视）得到的视图，在土木工程上称之为左侧立面图（简称侧面图）。三面投影图总称为三视图或三面图。

根据实物画组合体三视图的一般步骤是：

1. 进行形体分析；
2. 选定正面图；
3. 画出三视图的底图；
4. 在草图上标注尺寸；
5. 根据底图用绘图仪器画出工作图。以图 7-5（a）所示组合体为例，说明组合体三视图的画法。

一、形体分析

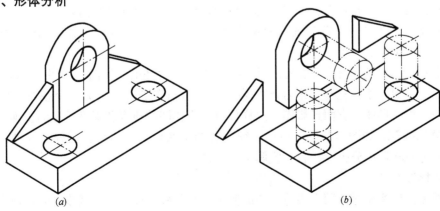

图 7-5 形体分析

画组合体三视图时，首先要分析该组合体是由哪些基本立体组成的，再分析各基本立体之间的组合关系，从而弄清楚它们的形状特征和投影图画法。这是一种把复杂问题分解成若干简单问题，再逐个予以解决的方法。

图 7-5（a）所示组合体，可以将它分析成是由以下这些基本立体组成的图 7-5（b）：底板是一个长方体，两侧各开了一个小圆柱孔；底板之上，中间靠后面的一块半圆头直板，半圆头直板上有一个圆柱孔前后贯通；直板的两侧各有一个小三棱柱形的斜撑。

应该注意，形体分析仅仅是一种认识对象的思维方法，实际上物体仍是一个整体。采用形体分析的目的，是为了把握住物体的形状，便于画图、看图和配置尺寸。

二、选定正面图

在用视图表达物体的形状时，选择物体的摆放位置和投射方向对物体形状特征的表达效果和图样的清晰程度都有明显的影响。由于正面图是三视图中的主要投影，因此要首先确定正面图。选择正面图一般应考虑以下四条原则：

1. 使物体处于正常的工作位置，并使物体的主要面与投影面平行；
2. 使正面图能较多地反映物体的形状和各组成部分的相对关系；
3. 为了合理利用图纸，要使物体较大的一面平行于正立投影面；
4. 为了使视图清晰，在确定观察方向时应尽可能减少各视图中不可见的线条。

由于组合体的形状是多种多样的，在选择正面图时，有时不能全部满足上述要求，这时就要根据具体情况，全面分析，尽量将形体特征较多的一面做为正面图。

图 7-6 所示组合体，首先把它放成正常位置，使底板水平放置，三个主要面与投影面平行。再考虑从哪个方向投射能较多地反映组合体的形状特征，如图 7-6（f）所示，沿着箭头 A 所示方向投射，得到的视图均能较多地反映组合体的主要形状特征；但从其他方向投射显然增加了许多虚线，且反映形体的形状特征不够明显，故从 A 向投射得到的视图作为正面图。

三、画三视图底图

1. 布置图面。不要急于画某个视图，先要安排各视图在图纸上的位置和大小。应安排三个视图所在位置，确定形体各部分间的大小比例关系。根据比例关系用细线在图纸上画出三个矩形，如图 7-6（a）所示。各个矩形就是各个视图的边界，用它们来控制三视图的位置和大小。三个矩形的布局要匀称，它们之间要留有足够的间隔以便标注尺寸，使得全图疏密得当、布置均匀，如未达到要求应调整矩形的大小或位置。

2. 在矩形边界内画出每个视图的定位基准线，例如对称轴线、底板底边、直板的侧边等，如图 7-6（b）。

3. 根据形体分析，按正确定位逐个画出每个基本立体的三视图，如图 7-6（c）、（d）、（e）所示。注意，不是把整个组合体的某一个视图画完了再去画另一个视图。而是同时完成每一个单一形体的三面投影图，这样作有助于作图的速度和提高投影的正确率。

4. 修饰描深，如图 7-6（e）所示。须注意的是两单一形体结合面处的处理，这是因为由于人为地将形体分解、拼合，实际上的形体是不能拆分的。

四、标注尺寸

在视图上标注尺寸，用来表达物体的实际大小。标注尺寸分为两步：先在视图上配全尺寸线，然后集中测量尺寸、填写尺寸数字。

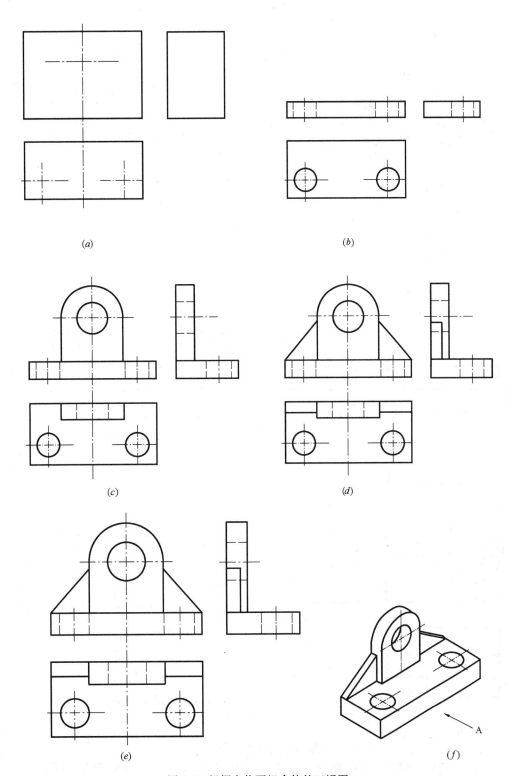

图 7-6 根据实物画组合体的三视图
(a) 布置视图、画定位基准线；(b) 画底板三视图；(c) 画竖板三视图；
(d) 画筋板三视图；(e) 整理、检查加深图像；(f) 轴测图

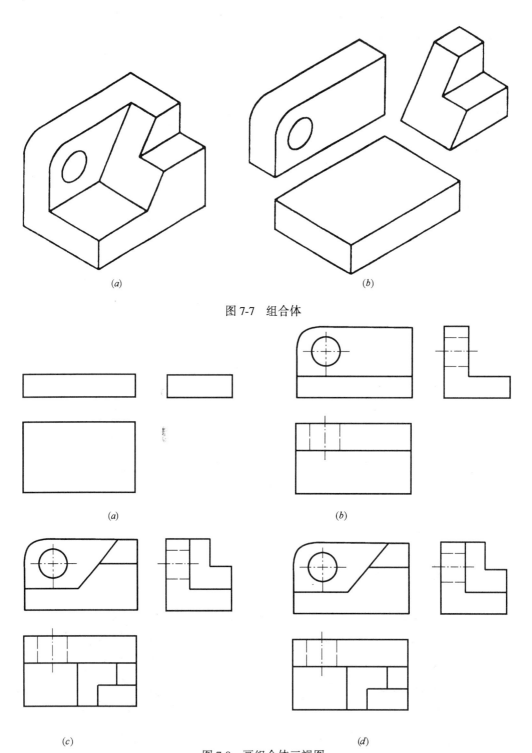

图 7-7 组合体

图 7-8 画组合体三视图

（a）画底板三视图；（b）画立板三视图；（c）画切角梯形棱柱三视图；（d）整理、检查加深图像

五、根据组合体用仪器画工作图

根据草图用仪器画图，可按以下步骤进行：

1．根据图形的复杂程度，选定图纸幅面和绘图的比例。

2．安排各视图的位置，使图面布置匀称、合理，具体作法与画草图时布置图面的作法相同。画图时仍然先画出各视图中的一条水平线和竖直线作为基准，通常以视图的对称轴线或较长的轮廓线作为基线。

3．用轻而细的线条画出底稿。

4．经检查无误后，按规定线形加深描黑。

5．书写各项文字。

读者可按照画组合体三视图的步骤对图7-7（a）所示进行分析和试画。

图7-7（a）所示物体可看成是由长方体底板、带圆角和圆孔的长方体立板和一个切去一角的梯形棱柱所组成，如图7-7（b）。画该物体三视图的具体步骤如图7-8所示。

§7-3　组合体的尺寸注法

组合体的三视图只表达了物体的形状，物体各部分的实际大小则是由视图中所标注的尺寸来表示的。因此，标注尺寸是表达物体的一项重要内容。

一、标注组合体尺寸的基本要求

如同对单纯的平面体、曲面体标注尺寸一样，在组合体的三视图上标注尺寸同样要符合以下基本要求：

1．必须严格遵守制图标准中有关尺寸注法的规定（详见第6章）。

2．尺寸配置齐全，应能完全确定形体的形状和大小，既不缺少尺寸，也不应有不合理的多余尺寸。

3．尺寸标注清晰、布置得当、便于看图。

为了达到上述要求，除应熟悉制图标准中的有关规定外，在标注尺寸时还应考虑两个问题：（1）需要标注哪些尺寸；（2）这些尺寸应该标注在什么位置。本节以下内容分别对此作出了详细说明。

二、尺寸的分类

根据形态分析，组合体可以看作是由一些基本立体组成的。如果标注出确定这些基本立体自身形状和大小的尺寸，又注出说明各基本立体之间的相互位置关系的尺寸，那么，整个物体的形状和大小也就完全确定了。具体地说，在组合体的三视图中，应注出如下三种尺寸：

1．定形尺寸

描述组成物体的各基本立体的形状和大小的尺寸称为定形尺寸。

2．定位尺寸

反映组合体中各基本立体之间相对位置关系或截平面位置的尺寸称为定位尺寸。

在标注定位尺寸时，需要注意以下几点：

（1）基本立体之间，在左右、上下和前后三个方向上的相互位置都需要确定。例如图7-9所示组合体中的圆柱与棱柱，在左右方向上的相互位置是用尺寸22确定的；前后的相互位置是用尺寸16确定的。由于圆柱与棱柱是上下叠放的，它们的叠放关系已由图形明确表示出来了，所以上下方向的定位尺寸就不需要再作标注了。

（2）棱柱的位置用其棱面确定，圆柱和圆锥的位置，一般都用它的轴线来确定。例如

图 7-9 中标注出来了棱柱的棱面和圆柱轴线间的距离 22 和 16，用以表明两者在左右和前后方向上的相互位置关系。量取定位尺寸的基准通常选用物体的底面、主要端面、对称平面、旋转体的轴线等。

（3）处于对称位置的基本立体，通常需注出它们相互间的距离。如图 7-10 所示的组合体中，底板上两个小圆柱孔的位置是左右对称的，因此标注了两个小圆孔轴线之间的距离 58，而不需标注小圆孔轴线到四棱柱底板侧面的距离。

（4）当基本立体的轴线位于物体的对称平面上时，相应的定位尺寸可以省略。例如在图 7-10 所示的组合体上，前后两块立板上的半圆形槽口在左右方向的定位尺寸。底板上的两个小圆孔的轴线正好在物体的前后对称平面上，因此它们的前后方向也不需要再进行定位了。

3．总体尺寸

总体尺寸是指物体的总长度、总宽度和总高度。总体尺寸用以表达物体的整体大小。图 7-10 中的尺寸 76、47、36 即为组合体的总体尺寸。

以上三种尺寸可能互相有些交叉、重复，在标注尺寸时要合理地进行选择，去掉一些重复的尺寸不注。例如图 7-9 中，由于标注了组合体的总高度 32 就不必再标圆柱的高度；在图 7-12，由于需要用尺寸 88 保证圆孔的高度，用 R45 保证半圆柱端面的半径大小，这时总高度即应免去不注。总之，标注尺寸需要有合理的选择，不应该盲目拼凑一些尺寸，或者看见有图线就注尺寸，也不应该注写相互矛盾的多余尺寸。

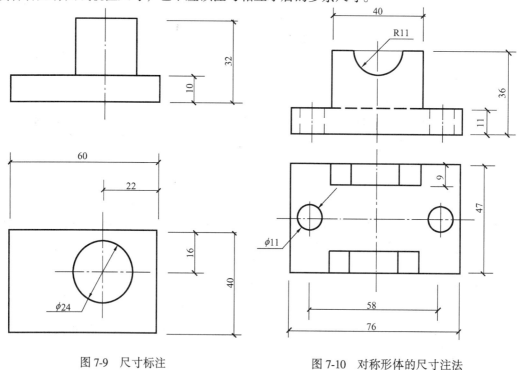

图 7-9　尺寸标注　　　　　　　　　图 7-10　对称形体的尺寸注法

三、尺寸的标注位置

确定了组合体应标注哪些尺寸后，就应考虑这些尺寸注写在什么地方。这时，遵循的原则是使尺寸标注清晰，布置得当，便于阅读和查找。为此在标注尺寸时，除应遵守第 7 章有关尺寸注法的基本规定外，还要注意以下几点：

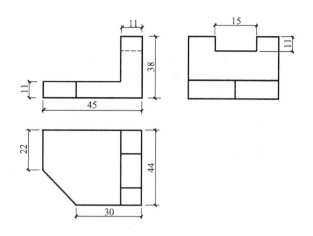

图 7-11 按形状特征布置尺寸

1. 某个部位的尺寸应尽可能将其标注在反映该部位形状特征最明显的视图上。例如在图 7-11 中，该 L 形棱柱的整体轮廓在正面图上的效果最好，因此该 L 形棱柱的基本尺寸 45、38 就标注在正面图中；物体左前端的切角在平面图上最具有特征，所以切角的定位尺寸 30、22 就标注在平面图上；而物体右上部的槽口在侧面图中最为明显，故槽口的定形尺寸 15、11 就标注在侧面图中。

2. 为使图形清晰，一般应将尺寸注在图形轮廓以外；但为了便于查找，对于图内的某些细部，其尺寸也可酌情注在图形内部。

3. 尺寸布局应相对集中，并尽量安排在两视图之间的位置。

4. 尺寸排列要整齐。大尺寸排在外边，小尺寸排在里面，各尺寸线之间的间隔应大致相等，约 7~10mm。

5. 尽量避免在虚线上标注尺寸。

标注尺寸是一项极其严肃的工作，必须认真负责，一丝不苟。

四、组合体尺寸标注示例

图 7-12 是图 7-5 所示组合体的三视图尺寸标注示例，图 7-13 是图 7-7 所示组合体的三视图尺寸标注示例。

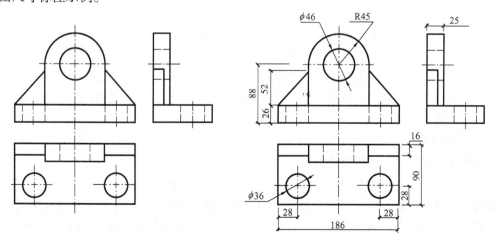

图 7-12 组合体的尺寸标注示例

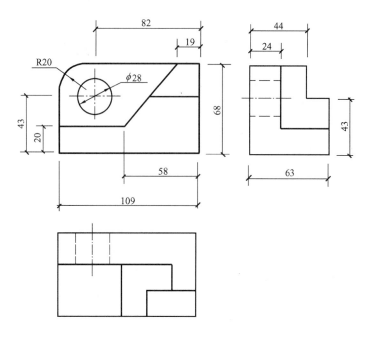

图 7-13　组合体的尺寸标注示例

§7-4　组合体三视图的读图和补画视图

根据给出的视图想象形体的空间形状，简称读图。读图是由平面到空间的想象思维过程。由于人们对事物思维方式的差异，读图虽不存在一条简单的通用方法，但也有规律可循。读图能力的基础，一是要熟练掌握投影原理，二是要有丰富的空间想象能力。本节只是讲述读图的一些基本原则。

一、读图的一些要领

1. 联系各个视图阅读，综合想象物体的形状

图 7-14 所示的四个物体，它们的平面图都是相同的，但结合它们各自的正面图，就会知道它们表达的是不同的物体。图 7-15 所示的三个物体，它们的正面图、平面图都是一样的，只有联系各自的侧面图，才能断定它们各自所表达的物体形状。通过本例可知：一般情况下，二个视图不能确定物体的空间形状。

读图过程中，一般是先根据某一特征视图作设想，然后把这种设想在其他视图上作验证，如果验证不出矛盾，则设想成立；否则再作另一种设想，直到想象出来的物体形状与已知的视图完全相符为止。

2. 线面分析

图形当中的封闭图框具有凸凹性。

在图 7-16（a）所示组合体的平面图中，通过封闭图框 1、2 分析可知：Ⅰ、Ⅱ 均为有厚度的往上凸起的块。同理，侧立面图中的封闭图框 1″2″3″，Ⅰ、Ⅱ、Ⅲ 其分别为向左凸出的块。然后根据它们间的相互位置，综合想象物体的整体形状，如图 7-16（b）所示。

投影图上的点（垂直线的积聚性）必对应着直线

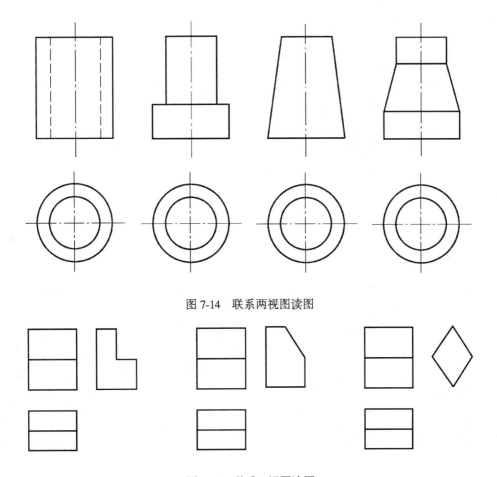

图 7-14 联系两视图读图

图 7-15 联系三视图读图

投影图上只要符合这一规律很快就可以补画出线条，这里不再叙述。

斜线（垂直面的积聚性）对应类似形（平面）

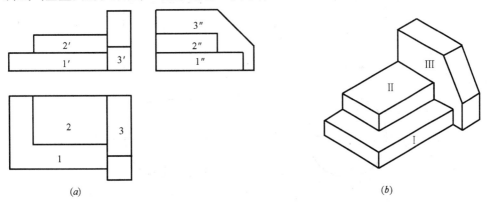

图 7-16 形体分析

在图 7-17（a）、(b) 所示组合体的正立面视图上，都有一条斜线，利用斜线（垂直面的积聚性）对应类似形，只要知其平面图或侧立面图中的任意一个视图，连同正立面视图就可知第三视图必为涂色块的类似形"凹"字形或"凸"字形。如图 7-17（a）、（b）所示的形状。

3. 视图中线条和线框的实际意义

在进行形状分析和线面分析时，对视图中出现的线条和线框要弄懂它们的实际意义。视图中出现的线条有可能是下列的情形之一：

（1）形体表面有积聚性的投影（垂直面），如图 7-17（a）中水平投影上的线框"凹"字形代表的是正垂面 P 的类似形。

（2）有点（垂直线的积聚性）必有线，如图 7-15、图 7-16、图 7-17（a）等中直线的投影。

（3）曲面的外形轮廓线的投影必定落在另一视图的中心线上。这对我们判断曲面立体转向定位很有用处，如图 7-18（a）中正面投影上的 $a'b'$ 和 $c'd'$，它们是圆柱面的最左、最右两条轮廓素线。

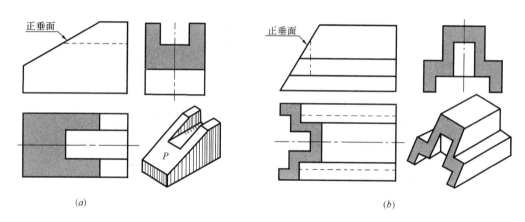

图 7-17　线面分析

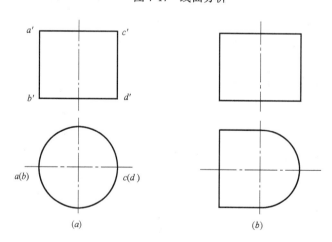

图 7-18　曲面体的投影

（4）虚线不可见性，即在三视图中只有后方、下方、右方和中间时方不可见。请读者读图印证。

二、读图举例

【例 7-1】 试想象出图 7-19 所示物体的形状。

面图上有较明显的分块痕迹，可以从封闭框Ⅰ、Ⅱ、Ⅲ入手，在正面图上划分出Ⅰ、Ⅱ、Ⅲ三个部分，用对线框的办法找到每个部分在另外两面个视图上的对应投影，这样就把每一个部分的三个投影从整体上分离了出来，如图 7-20（a）、（b）、（c）所示。

单独考察每个部分，不难想象出第一部分是一个长方体底板，其上有两个小圆孔；第二部分是一个带有半圆形缺口的梯形棱柱；第三部分是一个空心圆柱。从图 7-19 中的侧面图可以看出，梯形棱柱、圆柱的后表面与底板的后表面是对齐的。就左右方向来说，从正面图可以看出，梯形棱柱恰好在底板的中央部位，而空心圆柱则置于梯形棱柱的缺口中。由于圆柱与梯形棱柱结合成了一体，所以侧面图中圆柱下边的那条轮廓线也就不存在了。经过分解和综合，最后想象出物体的形状如图 7-21 所示。

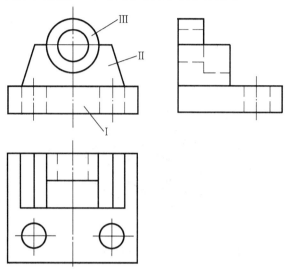

图 7-19 已知组合体的三视图

三、根据两视图求作第三视图

一般情况下，通过形体的两个视图就能把它的形状确定下来，所以看懂两个视图，就能正确作出它的第三视图。

【例 7-2】 根据组合体的正面图和平面图（图 7-22），画出它的侧面图。

首先读图。根据正面图和平面图，可以看出该物体由左右两部分组合而成：左边部分

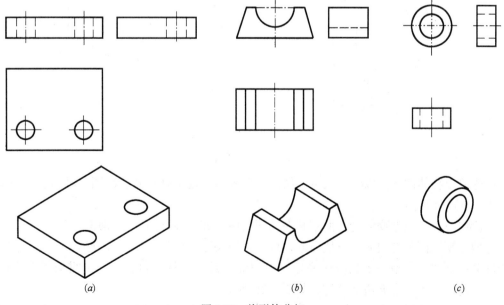

图 7-20 将形体分解

可以看作是一个长方体被一个正垂面和两个铅垂面切割形成的,如图 7-23(a);右边部分是由一个半圆柱和一个梯形棱柱组成的圆端形水平板,并贯穿了一个圆柱孔,如图 7-23(b)。把左右两部分的形状结合在一起,就可以得到该物体的总体形状,如图 7-23(c)所示。

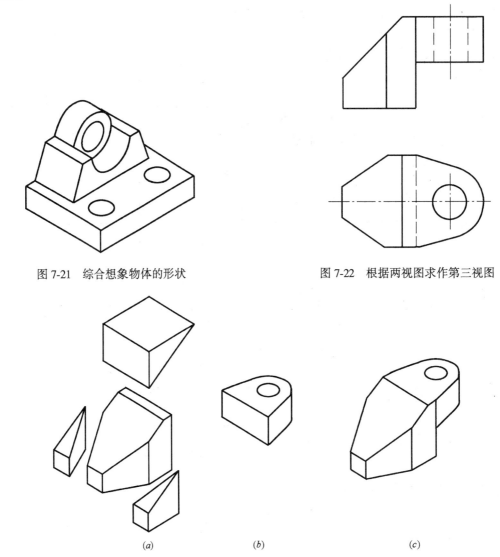

图 7-21 综合想象物体的形状　　　　图 7-22 根据两视图求作第三视图

图 7-23 读图过程

想象出物体的形状以后,就可以按照投影关系,逐步画出其侧面图。画图过程如 7-24(a)、(b)所示。

【例 7-3】 根据物体的正面图和左视图(图 7-25),画出它的平面图。

两已知视图上有明显的分块痕迹,根据投影关系,可以把该物体分解为上、中、下三个部分:下边部分是一个长方体底板;中间部分是一个梯形棱柱,其上贯通了两个圆柱孔;上边部分为一个五边形棱柱,如图 7-26 所示。

按照投影关系逐步画出该物体的平面图。画图过程如图 7-27(a)、(b)所示。注意

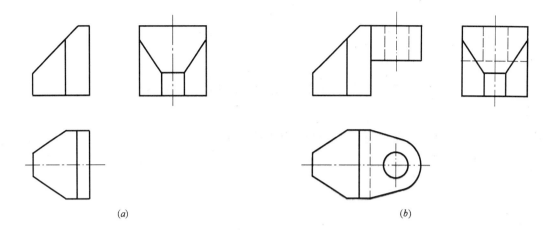

(a)   (b)

图 7-24　求作侧面图

圆孔的背面是两个椭圆，它们是侧垂面切割圆柱面形成的，平面图上应按求截交线的方法作出。

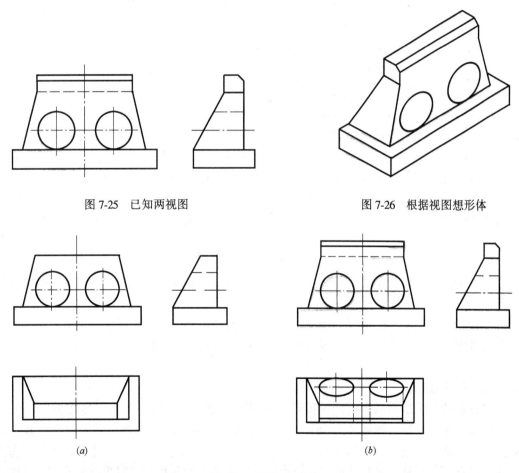

图 7-25　已知两视图　　　　　　　　图 7-26　根据视图想形体

(a)   (b)

图 7-27　求作平面图

第8章 建筑形体的表达方法

视图、剖面图、断面图是表现建筑形体时常用的表达方法,国家标准《GB/T 50104—2001 建筑制图标准》对此作出了详尽的规定。本章将重点介绍视图、剖面图、断面图的种类、画法、应用及其标注。

§8-1 建筑形体的视图

一、六面视图

在建筑工程图中,视图主要是用来表达建筑物的形状,应按正投影法绘制。如图8-1 (a)的六面体中形体按正投法绘制所得到的六个图样,通常称为六面视图或六视图。图中表示了六个视图的投影方向以及六个视图的展开位置关系。投影方向分别从形体的前方、上方、左方作正投影,所得到的视图即为正立面图、平面图、左侧立面图,这就是前面各章所讲述的三面投影图和三视图。从形体的后方、下方、右方向作正投影时,则分别得到该形体的背立面图、底面图、右侧立面图,它们与正立面图、平面图、左侧立面图一起,共同组成了形体的六面基本视图。当形体的六视图按图8-1(b)配置时,允许不在图中标注图名,否则需在视图的下方标注出图名。

在实际工作中为合理利用图纸,在同一张图纸上绘制六视图或其中的某些图样时,其布局宜按主次关系从左至右排列。通常形体的正立面图、平面图、左侧立面图的相对位置关系不能改变,其他视图则可按一定的投影关系配置在适当的位置上[图8-1(c)]。这时每个图样均应在其下方正中标注图名,并在图名下绘制粗横线,其长度应与图名的长度一致。

工程形体并不全部都要用六视图来表达,而是在能完整、清晰表达的情况下,视图数量应尽可能地少。例如图8-2只用了四个立面图和一个平面图就能清楚地表达出一栋房屋的外形。

必须指出,视图中的虚线一般用来表示不可见的内、外部结构形状,如果该结构形状在其他视图中已经表达清楚了,则这个视图中的虚线就可以省略不画,否则这些虚线必须画出。

二、镜像投影图

当某些建筑构造在采用直接正投影法作图不易表达清楚时,可采用如图8-3(a)所示的镜像投影法绘制。如图8-3(b)是用镜像投影法画出的平面图。当采用镜像投影法表达工程形体时,应在图名后加注"镜像"二字。在房屋建筑图中,常用这种镜像平面来表达室内顶棚的装修,如灯具或古建筑中殿堂内屋顶上的藻井(图案花纹)等构造。图8-3(c)则是用直接正投影法画出这个形体的平面图和底面图,以供读者与图8-3(b)镜像平面图作比较。

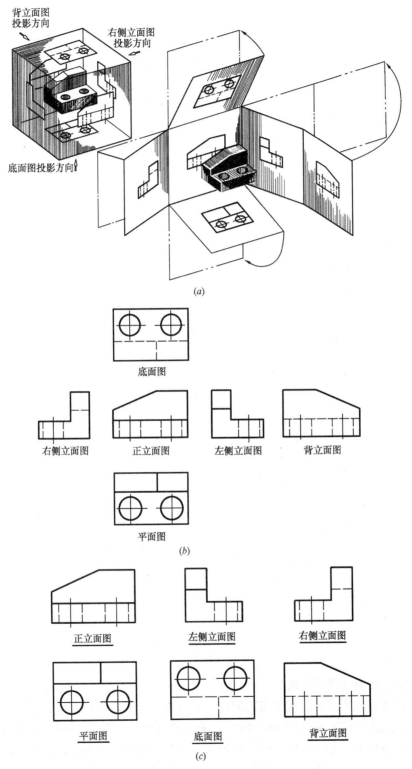

图 8-1 直接正投影法表达工程形体的投影图
(a)六面视图投影方向;(b)按投影关系配置的六面视图;(c)非标准配置的六面视图

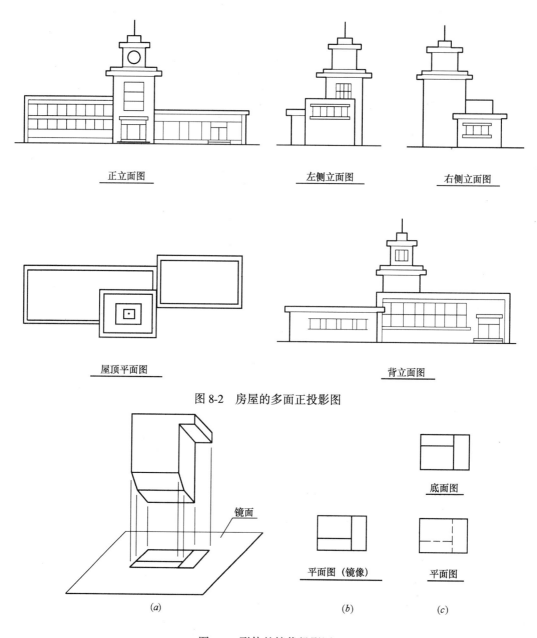

图 8-2 房屋的多面正投影图

图 8-3 形体的镜像投影图
（a）示意图；（b）镜像投影图；（c）平面图和底面图

三、辅助投影图（展开画法）

在房屋设计中，经常会出现建筑物的某立面与投影面不平行。画立面图时，可假想将该立面绕过折点且垂直于 H 面的轴旋转展开至与投影面 V（或 W）平行，再用直接正投影法绘制。采用此作图方法时应在图名后加注"展开"两字。如图 8-4 中所示房屋的立面图。

四、简化画法

应用简化画法，可提高工作效率。建筑制图国家标准中规定了一些简化画法，此外，

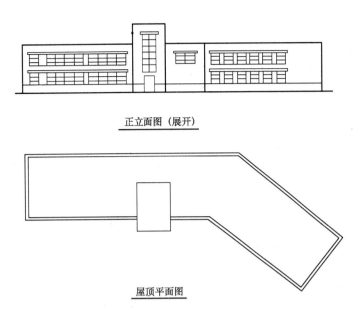

图 8-4 房屋的展开画法

还有一些在工程制图中惯用的简化画法。现简要的介绍如下。

1. 对称图形的画法

当构配件具有对称的投影时,可以以对称中心线为界只画出该图形的一半,并画出对称符号。对称符号用两平行细实线绘制,其长度以 2~3mm 为宜。平行线在对称线两侧的长度应相等。如图 8-5(a)所示,也可画至超出图形的对称线为止,用折断线断开,此时可不画对称符号,如图 8-5(c)所示。如果图形不仅左右对称,而且上下也对称,还可进一步简化,只画出该图形四分之一,但此时要增加一条竖向对称线和相应的对称符号,如图 8-5(b)所示。

2. 相同构造要素的画法

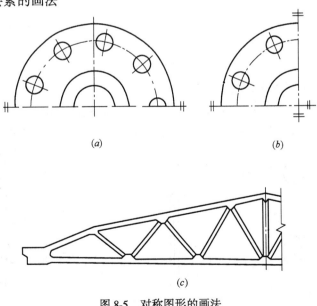

图 8-5 对称图形的画法

当物体上有多个完全相同而且连续排列的构造要素时,则在图样中将会出现多个有规律分布的相同图形。为了简化作图,此时可在两端或适当位置画出其完整形状,其余部分则省略不画,仅以中心线或中心线的交点表示,如图 8-6 所示。

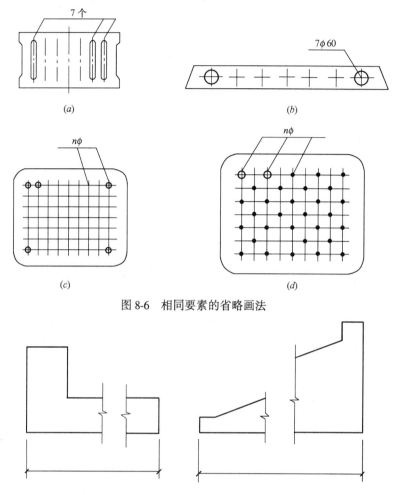

图 8-6 相同要素的省略画法

图 8-7 折断省略画法（一）

3. 较长构件的折断省略画法

较长的构件,如沿长度方向的形状相同,或按一定规律变化,可断开省略绘制,断开处应以折断线表示（图 8-7、图 8-8）。应注意:用折线省略画法所画出的较长构件,在图

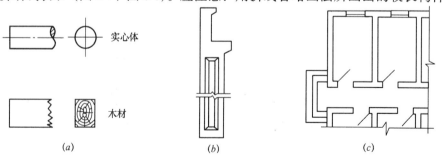

图 8-8 折断省略画法（二）

形上标注尺寸时，其长度尺寸数值应标注构件的全长。

4．构件局部不同的画法

当两个构件仅部分不相同时则可在完整地画出一个后，另一个只画不同部分，但应在两个构件的相同部分与不同部分的分界线处，分别绘制连接符号，且保证两个连接符号对准在同一线上，如图8-9所示。

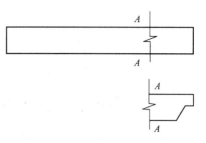

图8-9　构件局部不同的省略画法

§8-2　建筑形体的剖视图

一、剖视的概念

在工程图中，形体上可见的轮廓线采用粗实线表示，不可见的轮廓线用虚线表示。当构配件的内外结构比较复杂时，视图中会出现较多的虚线，因而会导致图线重叠，给看图和尺寸标注带来不便。为能直接表达清楚形体内部的机构形状，可假想用剖切面剖开形体，将处在观察者和剖切面之间的部分移去。而将其余部分向投影面进行投影，并在截断面上画出材料图例，这样得到的图形称为剖面图。剖面图主要用来表达形体的内部结构，是工程上广泛采用的一种图样。

图8-10 的三面投影图虽已完整地表达了整个水槽的形状，但视图中的虚线较多，表达得也不够清晰。如果能采用剖面图的表达方法，则可将它的内部结构形状表达得更加清楚。

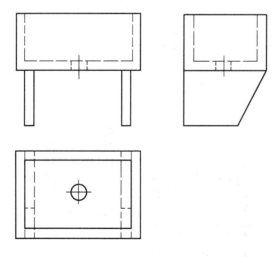

图8-10　水槽的三面投影图

图8-11（a）是假想用通过水槽底部圆孔轴线的正平面 P 剖开水槽，移走剖切平面 P 前的半个水槽，将剖切剩下的后半个水槽向与剖切平面 P 平行的 V 面进行投影，就得到整个水槽的剖面图。

图8-11（b）是假想用通过水槽底部圆孔轴线的侧平面 Q（即水槽的左右对称面）剖开水槽，移走剖切平面 Q 左边的半个水槽，然后将剖开后剩下的右半个水槽向与剖切平

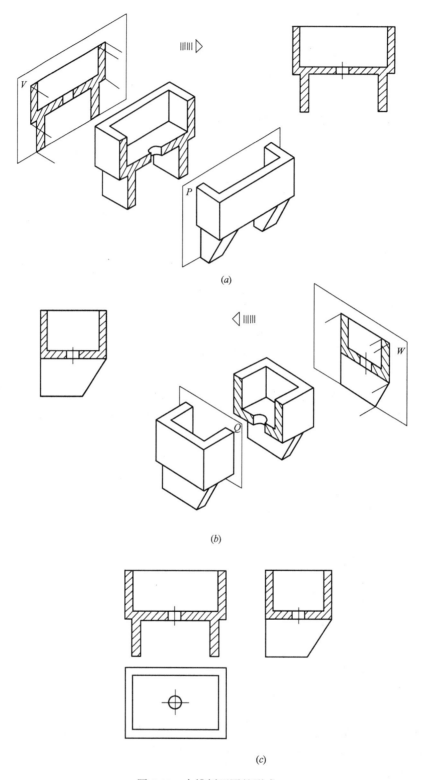

图 8-11 水槽剖面图的形成
（a）水槽正立剖面图的形成；（b）水槽侧立剖面图的形成；（c）水槽剖面图的形成

面 Q 平行的 W 面投影，即得到了水槽的另一个剖面图。整个水槽用上述两个剖面图和一个平面图就可将其内外部结构表达清楚，如图 8-11（c）所示。

1. 画剖面图的注意事项

(1) 形体的剖切是一个假想的作图程序。剖开形体是为了更清楚地表达其内部形状，实际形体仍是完整的，所以剖面图是被剖开后形体剩下部分的投影，但在其他视图中仍然完整画出。如图 8-11（c）所示，虽然在正立面图位置上的剖面图只表达了被剖切后的后半个水槽，但在左侧立面图位置上的剖面图仍应按完整的水槽剖开后画出。同理，平面图也是按完整的水槽画出的。

(2) 剖切平面的选择。一般就选用投影面的平行面作剖切平面，从而使剖切后的形体截断面在投影上能反映实形。例如当需要画出与正立面图或背立面图投影方向相同的剖面图，或者是需画出与左侧立面图或右侧立面图投影方向相同的剖面图，就应该分别用正平面或侧平面去剖切，如图 8-11（a）、（b）所示。同时，为了使图样清晰，还应尽量使剖切平面通过形体的对称面以及形体的孔、洞、槽等结构的轴线或对称中心线。

(3) 材料图例的规定画法。形体被剖切后得到的断面轮廓线用粗实线绘制，并按制图国家标准的规定，在断面内画出相应的建筑材料图例（如图 8-12）。当不需要表明建筑材料的种类时，均采用间隔均匀、方向一致的 45°细实线（相当于砖的材料图例）表示图例。在同一形体的各个图样中，断面上的图例线应间隔相等、方向相同。由不同材料组成的同一建筑物，剖开后的相应的断面上应画出不同的材料图例，并用粗实线将处在同一平面上的两种材料图例隔开，如图 8-13 所示。

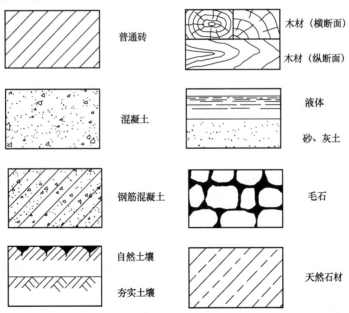

图 8-12 常用建筑材料图例

当剖切后的形体断面很小时，材料图例应涂黑表示，并在两个相邻断面的涂黑图例间留出空隙，其宽度不得小于 0.7mm，如图 8-14 所示。

(4) 剖面图中一般不画虚线。为使剖面图清晰易读，对已经表达清楚了的构件的不可见轮廓可省略不画,但如添加少量的虚线可以减少视图而又不影响剖面图的清晰时,也可以画出虚线。在未作剖面图的投影图中的虚线也可按上述原则处理。

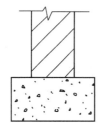

图 8-13 不同材料组成的构筑物画法示例

图 8-14 断面涂黑的画法示例

2. 剖面图的标注

为了便于读图和查找剖面图与其他图样间的对应关系,制图国家标准对剖面图的标注作了如下规定:剖面图的标注由剖切符号及其编号组成,其形式如图 8-15 所示。

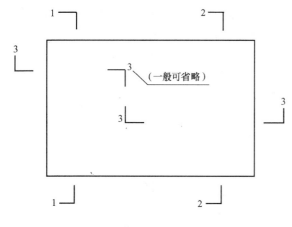

图 8-15 剖切符号与编号

剖面图的剖切符号应由剖切位置线、投影方向线及其编号组成,前两者应以粗实线绘制。剖切位置线的长度宜为 6~10mm,投影方向线应与剖切位置线垂直,长度短于剖切位置线,宜为 4~6mm。绘制时,剖视的剖切符号不应与图形上的图线相接触。剖切符号的编号,宜采用阿拉伯数字,按顺序由左到右、由上到下依次编排,并应注写在投影方向线的端部。需要转折的剖切位置线,在转折处为避免与其他图线发生混淆,应在转角的外侧加注与该符号相同的编号。

在剖面图的下方正中或一侧应标注图名,并在图名下绘一粗横线,其长度等于注写文字的长度。剖面图以剖切符号的编号命名,例如:剖切符号的编号为 1,则绘制的剖面图命名为"1—1 剖面图",也可将图名简写成"1—1"。其他剖面图的图名,也应同样依次命名和标明,如图 8-16 所示。

二、常用的剖切方法

根据剖切平面的种类常用的剖切方法有以下几种,画图时可视物体的结构特点从中选用:

1. 用单一剖切平面剖切

是指作一个剖视图只使用一个剖切平面。这种剖切方法仅适用于用一个剖切平面剖切后就能将内部构造显露出来的物体,如图 8-16 中的 1—1、2—2 剖视图用的都是这种剖切方法。

2. 用几个平行的剖切平面剖切

当物体内部结构层次较多,用一个剖切平面不能将物体的内部形状表达清楚时,可用

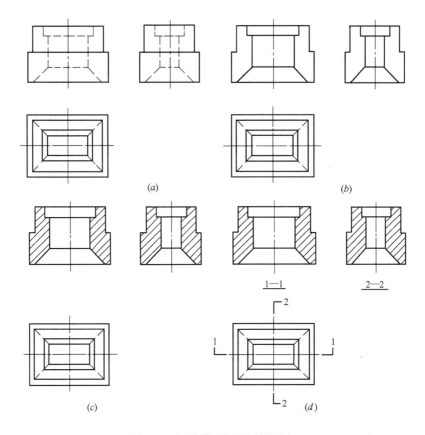

图 8-16 沉井模型剖视图的画法

几个相互平行的剖切平面按需要将物体剖开,画出剖视图,如图 8-17 所示。用这种剖切方法得到的剖视图习惯上称为阶梯剖视。

采用这种方法画剖视图时应注意,剖切平面的转折处在剖视图上不应画线。在标注剖切符号时,剖切位置线转折处使用相同的数字编号;但若剖切位置线转折处不与图中的其他图线相混淆,在这些地方也可以不注写编号数字。

3. 用几个相交的剖切平面剖切

用几个相交且交线垂直于某个投影面的剖切平面对物体进行剖切,并将其中不平行于投影面的剖切平面所截出的部分旋转到与投影面平行的位置后再进行投射,用这种方法得到的剖视图习惯上称为旋转剖视,如图 8-18 所示。

三、建筑工程中常用的几种剖面图

现将常用的剖面图按当前惯用的命名分述如下。

1. 全剖面图

用一个剖切面将形体全部剖开所得到的剖面图称为全剖面图。全剖面图常用于外形比较简单,需要完整地表达内部结构的形体,如图 8-16 中的 1—1、2—2 剖面所示。

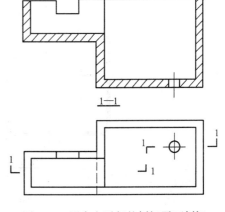

图 8-17 用多个平行的剖切平面剖切

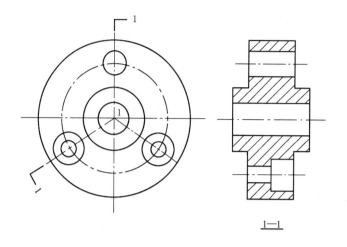

图 8-18 用两个相交的剖切平面剖切

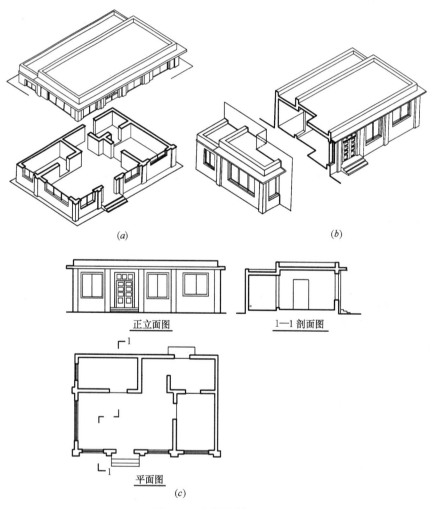

图 8-19 房屋的剖面图
（a）水平剖切；（b）阶梯剖切；（c）房屋平面图、立面图、剖面图

图 8-19 所示的房屋，为了表达它的内部布置情况，假想用一个水平剖切面将房屋沿窗户某个位置全部剖开，移去剖切面及其以上部分，将剩下部分投影到 H 面上，得到的是房屋的水平全剖面图，这种剖面图在建筑施工图中称之为平面图。

2. 半剖面图

当形体对称且内外形状都需要表达清楚时，可假想用一个剖切面将形体剖开，在同一个投影图上以对称线为界画半个外形投影图与半个剖面图，这种组合而成的图形称为半剖面图。半剖面图适用于结构对称、且内外形状都需要表达的形体。

如图 8-20（a）所示的工程形体，其左右、前后均对称，如果采用全剖面图，则不能表达外表面的形状，故采用半剖面图以保留一半外形投影图，再配上半个剖面图表达形体内部构造。外形图中一般不再画出虚线，但图中孔、洞的轴线必须画出。

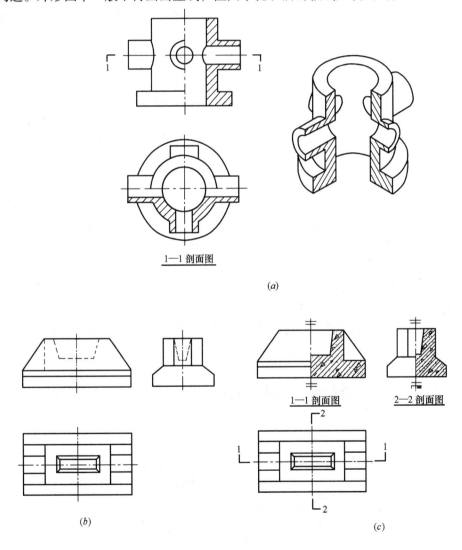

图 8-20 形体的半剖面图
（a）半剖面图的表达方法；（b）杯形基础三视图；（c）改画成半剖面图后的图样

在半剖面图中，剖面图和投影图之间，规定用形体的对称中心线（细单点长画线）为分界线。如图 8-20（c）所示，当对称轴线铅垂时，习惯上将剖面图画在轴线的右侧；当对称线水平时，剖面图则画在水平线的下方。若剖切平面与形体的对称平面重合，且半剖面图又处于六面图的标准位置时，可不予标注。但当剖切面不与形体的对称平面重合时，应按制图国家标准的规定标注，如图 8-20（a）所示。

图 8-21 是一个铸铁地漏的半剖面图。地漏是一个回转体，其前后、左右都对称，这个剖面图是用正平面（地漏的前后对称面）进行剖切后画出的。由于地漏是回转体，并在图中加注了尺寸，所以只用一个半剖面图就可完整、清晰地表达其内部结构与外部形状。因为未画其他视图，所以不必标注剖切符号和剖面图的图名。但要注意的是：由于采用了半剖面图，在标注槽口直径 $\phi 260$ 和上部圆柱的内径 $\phi 250$ 等尺寸时，根据国标中的规定，只需画出一端的尺寸界线和尺寸起止符号，但尺寸线应超过轴线，应标注完整的直径符号和尺寸数值。如需要表明材料，可在剖面图的断面上画出金属（铸铁）的材料图例。

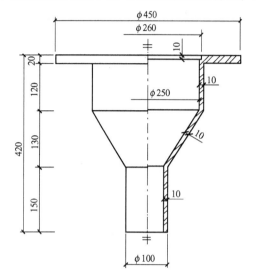

图 8-21 用半剖面图表达的铸铁地漏

3. 局部剖面图

用剖切平面局部地剖开形体后所得到的剖面图，称为局部剖面图。局部剖面图常用于不对称，且外部形体比较复杂，仅仅需要表达局部内形的建筑形体。

图 8-22（a）是一个混凝土圆管被局部剖开后的剖面图。由于圆管为回转体，所以只需要画出这个圆管的一个正立面图，然后部分地剖开该圆管，以表达清楚它的贯通情况，剖开处画剖面图，未剖到的画外形图，两者以波浪线分界，这样就能同时表达圆管的内外形状，再注全圆管的内外直径尺寸，就能完整清晰地表达这个圆管了。

画局部剖面时应注意：

（1）局部剖面图是以徒手画的波浪线与视图分界的，大部分的投影是表达外形，只是

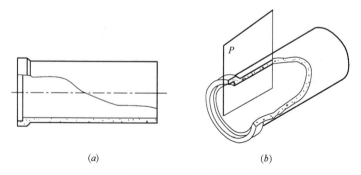

图 8-22 用局部剖面图表达的混凝土圆管
(a) 局部剖面图；(b) 轴测图

局部地表达内形，而且剖切位置都比较明显，所以一般可省略剖切符号和剖面图的图名及其标注。

（2）绘制的波浪线不能超出视图的轮廓线，也不能与视图其他图线重合或画出轮廓线的延长线上，遇孔、槽等空心结构时，也不能穿空而过，如图8-23所示。

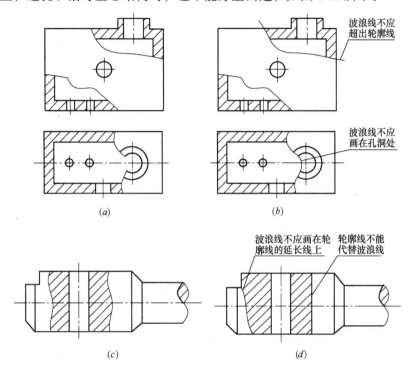

图8-23 局部剖面图中波浪线的正、误画法
（a）正确；（b）错误；（c）正确；（d）错误

4. 阶梯剖面图

用两个或两个以上平行的剖切平面剖开形体所得到的剖面图，称为阶梯剖面图。阶梯剖面图适用于一个剖切平面不能同时剖切到所要表达的几处内部构造的建筑形体。如图8-19所示的房屋1—1剖面图即为阶梯剖面图。

图8-24（a）是一个组合体的视图表达。它采用了一个平面图和一个剖面图。这个组合体在前后不同层次上具有几个不同程度的长方体槽与孔。为了清晰地表达其内部形状，可以假想在平面图中的剖切符号所示的位置，用通过槽与孔的轴线的两个互相平行的正平面剖切这个组合体，再移去两个剖切平面之间的部分，将后面剩余的部分向正面投影，所得的1—1剖面图和平面图就能完整清晰地表达出这个组合体。

画阶梯剖面图时应注意：由于剖切是假想的，所以在剖面图中，不能画出剖切平面所剖到的两个断面在转折处的分界线，如图8-24（b）中所指出的错误。同时，在标注阶梯剖面图的剖切符号时，应在两剖切平面转角的外侧加注与剖视符号相同的编号。

5. 旋转剖面图

采用两个或两个以上相交的剖切平面将形体剖开（其中一个剖切平面平行于一投影面，另一个剖切平面则与这个投影面倾斜），假想将倾斜于投影面的断面及其所关联部分

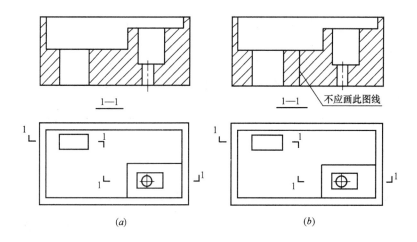

图 8-24 具有前后不同层次的槽和孔的组合体
（a）组合体的平面图与阶梯剖面图；（b）错误的阶梯剖面图

的形体绕剖切平面的交线（投影面垂直线）旋转到与这个投影面平行，再进行投影，所得到的剖面图称为旋转剖面图，如图 8-25 所示。

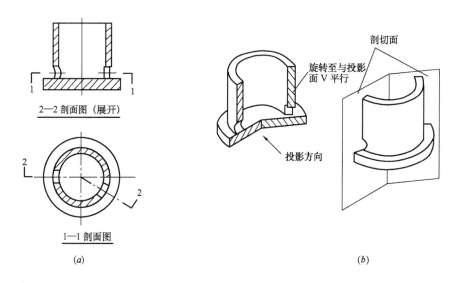

图 8-25 旋转剖面图
（a）用旋转剖面图表达形体；（b）旋转剖面图的形成

旋转剖面图常用于建筑形体如果只用一个剖切平面剖切，其内部结构形状不能完全表达清晰，而这个形体在整体上又具有公共的回转轴线的场合。

图 8-25（a）是用旋转剖面图和全剖面图的方法表达的建筑构件。从 1—1 剖面图中的剖切符号可知，2—2 剖面图是用相交于铅垂线的正平面和铅垂面剖切后，将铅垂面剖到的结构绕铅垂轴旋转到与正平面共面的位置，并与左侧用正平面剖切到的结构一起向 V 面投影而得到的，剖切情况如图 8-25（b）轴测图所示。按国标规定，应根据剖切符号的编号，注写出这个剖面图的图名"2—2"并相应在图名后加注"展开"字样。

画旋转剖面图时应注意：不可画出相交剖切面所剖到的两个断面转折的分界线；在标

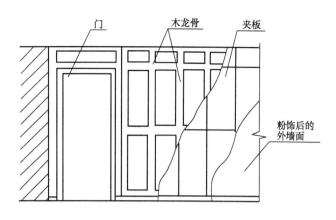

图 8-26 分层剖切剖面图例

注时,为清晰明了起见,应在两剖切位置线的相交处加注与剖视符号相同的编号。

6. 分层剖切剖面图

对一些具有不同构造层次的工程建筑物,可按实际需要,用分层剖切的方法剖切,从而获得分层剖切剖面图。

图 8-26 是用分层剖面图表示墙面的构造情况,图中用两条波浪线为界,分别把墙的三层构造表达清楚。在画分层剖面图时应按层次以波浪线将各层隔开,不需要标注剖切符号,但波浪线不应与任何图线重合。

§8-3 建筑形体的断面图

一、断面图的基本概念

假想用剖切平面将形体剖切后,仅将剖到的断面向与之平行的投影面投影,所得到的投影图称为断面图。断面图与剖面图的区别如图 8-27 所示。

断面图常用与表达建筑工程中梁、板、柱的某一部分的断面真形,也用于表达建筑形体的内部构造。断面图常与基本视图和剖面图互相配合,使建筑形体的图样表达更加完整、清晰和简明。

图 8-27 表达了 T 形梁被剖切平面 P 剖切后的情况,对照 1—1 断面图和 2—2 剖面图可知:方案一采用了 1—1 断面图和正立面图来表达 T 形梁;方案二采用了 2—2 剖面图和正立面图来表达 T 形梁。对比之下,显然方案一要简明得多。

需要特别指出的是:断面图与剖面图有许多共同之处。如断面图和剖面图都是用剖切平面假想剖开形体后画出的;断面图和剖面图中的断面轮廓线内都要按材料的不同绘制材料图例;断面图和剖面图都要按剖切的编号注写图名等。

二、断面图与剖面图的区别

绘制断面图只画出形体被剖切后截断面的图形,是面的投影。而剖面图除画出截断面的图形外,还应画出投影方向所能看到的部分,是体的投影,如图 8-27 的 2—2 剖面图。另外,断面图与剖面图的剖切符号也不同,断面图剖切符号的剖切位置线只用一根长度 6~10mm 粗实线绘制,编号写在投影方向的一侧。如图 8-27 的 1—1 断面图就表示投影方向是由右向左的。

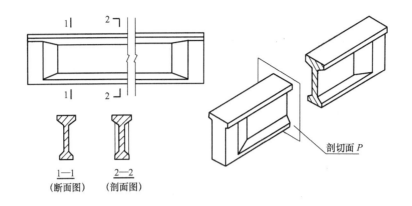

图 8-27 断面图与剖面图

三、工程图中常用的断面图表达方法

1. 移出断面图

布置在形体投影图图形以外的断面图称为移出断面图。移出断面图的轮廓线用粗实线绘制。移出断面图应尽量配置在剖切位置线的延长线上，必要时也可以将移出断面图配置在其他适当的位置，如图 8-28 所示。

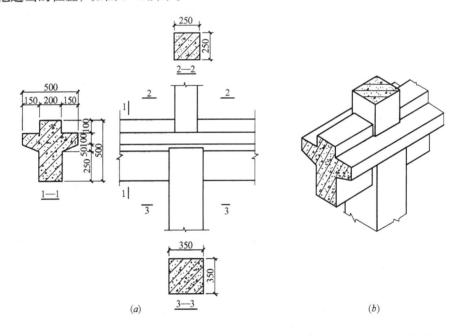

图 8-28 梁、柱的节点图
(a) 梁、柱节点的立面图和断面图；(b) 梁、柱节点轴测图

在移出断面图的下方正中，应注明与剖切符号相同编号的断面图的名称，如 1—1、2—2，可不必写"断面图"字样。

2. 中断断面图

有些构件较长且断面图形对称，可以将断面形状画在投影图的中断处。这种断面图称

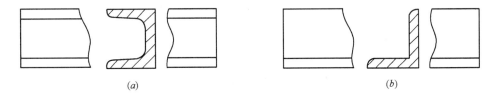

图 8-29 断面图画在杆件的中断处

为中断断面图。中断断面图的轮廓线用粗实线绘制,投影图的中断处用波浪线或折断线绘制,如图 8-29 所示。这时不画剖切符号。

3. 重合断面图

有些投影图为了便于读图,在不至于引起误解的情况下,也可以直接将断面图画在视图内,称为重合断面图。重合断面图的轮廓线用粗实线画出(图 8-30)。当投影图的轮廓线与断面图的轮廓线重叠时,投影图的轮廓线仍需要完整的画出,不可间断。

重合断面图不需要任何标注。

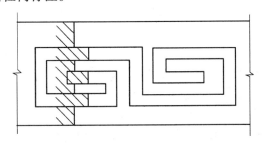

图 8-30 墙面装饰的重合断面图

图 8-31 所示为现成钢筋混凝土楼板层的重合断面图,侧平剖切面剖开楼板层得到的端面图,经旋转后重合在平面图上,因梁板断面图形较窄,不易画出材料图例,故按制图国家标准予以涂黑表示。

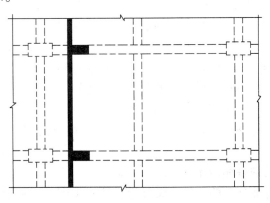

图 8-31 楼板的重合断面图

第9章 建筑施工图

§9-1 概　　述

建造房屋要经过两个过程,一是设计;二是施工。设计时需要把想像中的房屋用图形表示出来,这种图形统称为房屋工程图,简称房屋图。设计过程中用来研究、比较、审批等反映房屋功能组合、房屋内外概貌和设计意思的图样,称为房屋初步设计图,简称设计图。为施工服务的图样称为房屋施工图,简称施工图。

一、房屋的组成

建筑物按其使用功能通常可分为工业建筑、农业建筑和民用建筑。工业建筑包括各类厂房、仓库、发电站等;农业建筑包括谷仓、饲养场、农机站等。在民用建筑中,一般又分为居住建筑和公共建筑两种。住宅、宿舍、公寓等属于居住建筑;而学校、宾馆、博物馆以及车站、码头、飞机场和运动场则属于公共建筑。

各种不同的建筑物,尽管它们在使用要求、空间组合、外形处理、结构形式、构造方式及规模大小等各自有各自的特点,但构成建筑物的主要部分是基础、墙(或柱)、楼(地)面、屋顶、楼梯和门、窗等。此外,一般建筑物尚有台阶(坡道)、雨篷、阳台、雨水管、明沟(或散水)以及其他各种构配件和装饰等等。

图9-1、图9-2是一幢四层楼招待所的一部分示意图,图中采用了水平剖切和垂直剖切后的轴测图表示了该招待所的内部组成部分和主要构造形式,但不表明详细构造。

该房屋是由钢筋混凝土构件和承重砖墙组成的混合结构。其中钢筋混凝土基础承受上部建筑的荷载并传递到地基;内外墙起着承重、围护(挡风雨、隔热、保温)和分隔作用;分隔上下层的有预应力多孔板及其面层所组成的楼面(又称楼盖)和担负垂直交通联系的现浇钢筋混凝土楼梯;还有用多孔板上加设保温、隔热和防水层组成的上部围护结构的屋顶层(又称屋盖);并为了使室内具有良好的采光和通风,以及造型上的不同要求,在房屋的内、外墙上设有各种不同型号的门和窗。此外,该房屋的东南端设有阳台、西南端底层主要出入口处设有台阶和转角雨篷;各内外墙上均设有保护墙身和墙脚的墙裙、踢脚和勒脚等;还有花台、雨水管、明沟和内外装饰性的花饰和花格等。在该房屋的顶部还设有水箱。

二、建筑施工图的内容和用途

房屋施工图由于专业分工的不同,又分为建筑施工图(简称建施)、结构施工图(简称结施)和设备施工图(如给排水、采暖通风、电气等,简称设施)。

一套房屋施工图一般有:图纸目录、施工总说明、建筑施工图、结构施工图、设备施工图等组成。本章仅概括地叙述建筑施工图的内容和绘制方法。

建筑施工图是在确定了建筑平、立、剖面初步设计的基础上绘制的,它必须满足施工建造的要求。建筑施工图是表示建筑物的总体布局、外部造型、内部布置、细部构造、内

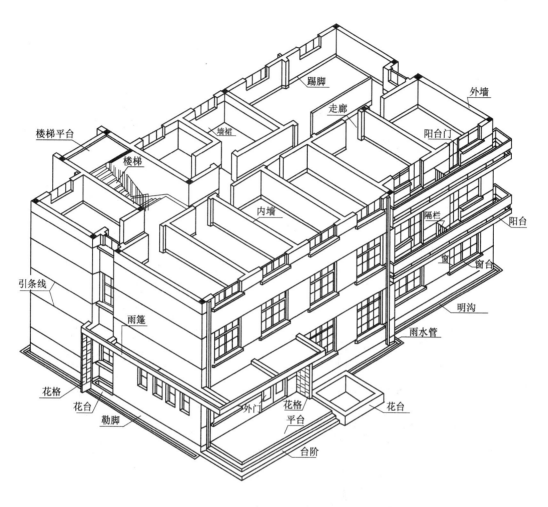

图 9-1 某房屋组成部分示意图

外装饰以及一些固定设施和施工要求的图样,它所表达的建筑构配件、材料、轴线、尺寸(包括标高)和固定设施等必须与结构、设备施工图取得一致,并互相配合与协调。

总之,建筑施工图主要用来作为施工放线、砌筑基础及墙身、铺设楼板、楼梯、屋顶、安装门窗、室内外装饰以及编制预算和施工组织设计等的依据。

建筑施工图一般包括施工总说明(有时包括结构总说明)、总平面图、门窗表、建筑平面图、建筑立面图、建筑剖面图和建筑详图等图纸。

本章是以某招待所为实例来说明建筑施工图的图示方法、要求和内容。

三、建筑施工图的有关规定

建筑施工图除了要符合一般的投影原理,以及视图、剖面和断面等基本图示方法外,为了保证图的质量、提高效率、表达统一和便于识读,在绘制施工图时,还应严格遵守国家标准中的规定。

绘制施工图时,除应符合第 6 章中的制图基本规定外,现在选择下列几项来说明它的规定和表示方法。

1. 比例

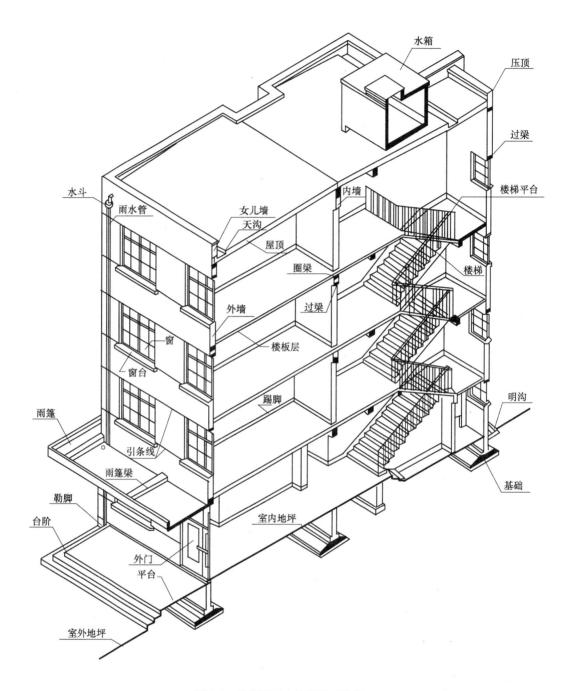

图 9-2 某房屋基本构配件示意图

建筑物是庞大和复杂的形体，必须采用各种不同的比例来绘制，对于整幢建筑物、建筑物的局部和细部都分别予以缩小画出，特殊细小的线脚等有时不缩小，甚至需要放大画出，画图时参考表 9-1 常用比例。

2. 图线

在房屋图中，为了表明不同的内容，可采用不同线型和宽度的图线来表达。

房屋施工图的图线线型、宽度仍须按照表 6-5 以及有关说明来选用。绘图时，首先应按照需要绘制图样的具体情况，选定粗实线的宽度"b"一般与所绘图形的比例和图形的复杂程度有关，建议如表9-1所示，作为选择图线宽度时的参考。

3. 定位轴线及其编号

建筑施工图中的定位轴线是施工定位、放线的重要依据。凡是承重墙、柱子等主要承重构件都应画上轴线来确定其位置。对于非承重的分隔墙、次要的局部的承重构件等，则有时用附加分轴线，有时也可通过注明其与附近轴线的有关尺寸来确定。

定位轴线采用细点划线表示，并予编号。轴线的端部画细实线圆圈（直径8～10mm）。平面图上定位轴线的编号，宜标注在下方与左侧，横向编号采用阿拉伯数字，从左向右顺序编写，竖向编号采用大写拉丁字母，自下而上顺序编写。

图线的宽度及常用比例　　　　　表 9-1

图线名称	图 的 比 例			
	1:1 1:2 1:5 1:10	1:20 1:50	1:100	1:200
粗　线	线　宽　b（mm）			
	1.4:1.0	0.7	0.5	0.35
中粗线	$0.5b$			
细　线	$0.35b$			
加粗线	$1.4b$			

在两个轴线之间，如需附加分轴线时，则编号可用分数表示。分母表示前一轴线的编号，分子表示附加轴线的编号（用阿拉伯数字顺序编写）。例如轴线 $\frac{1}{5}$，表示5号轴线后附加的第一条轴线。

图9-3为定位轴线及编号的参考图样。

大写拉丁字母的 I, O 及 Z 三个字母不得用为轴线编号，以免与数字混淆。

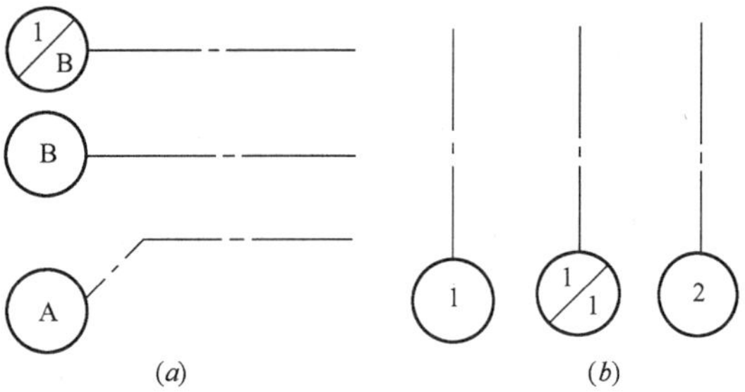

4. 尺寸和标高

尺寸单位除标高及建筑总平面图以米（m）为单位外，其余一律以毫米（mm）为单位。尺寸的基本注法见第6章。

图 9-3 定位轴线及编号
(a) 直径 8mm；(b) 直径 10mm（详图用）

标高是标注建筑物高度的一种尺寸形式。标高符号有 ▽、▽、△ 和 ▼ 等几种形式，前面三种符号用细实线画出，短的横线为需注高度的界线，长的横线之上或之下标注标高数字，例如 $\underset{5.200}{\triangledown}$、$\underset{5.200}{\triangledown}$ 标高符号的三角形为一等腰直角三角形，接触短横线的角为90°，三角形高约为3mm。在同一图纸上的标高符号应大小相等、整齐划一、对齐画出，如 $\underset{\pm 0.000}{\triangledown}$、$\underset{-0.010}{\triangledown}$ 不画短横线，是用来表明平面图室内地面的标高。

图 9-4 为尺寸标高符号画法与基本规定示意图。

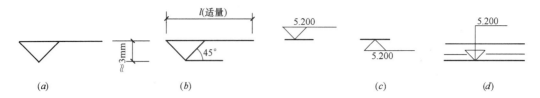

图 9-4　尺寸标高符号画法与基本规定示意图
（a）形式；（b）画法；（c）举例；（d）位置不够时

总平面图中和底层平面图中的室外整平地面标高用符号"▼"，标高数字注写在涂黑三角形的右上方，例如 ▼$^{-0.450}$、▼$_{-0.450}$，也可以注写在黑三角形的右面或上方。黑三角形亦为一直角等腰三角形，高约 3mm。

标高数字以米（m）为单位，单体建筑工程的施工图中注写到小数点后第三位，在总平面图中则注写到小数点后两位。在单体建筑工程中，零点标高注写成 ±0.000；负数标高数字前必须加注"-"；正数标高前不写"+"；标高数字不到 1m 时，小数点前应加写"0"。在总平面图中，标高数字注写形式与上述相同。

标高有绝对标高和相对标高两种。

绝对标高：我国把青岛附近某处黄海的平均海平面定为绝对标高的零点，其他各地标高都以它作为基准，例如图 9-9 所示的总平面图中的室外整平地面标高 ▼ 4.20 即为绝对标高。

相对标高：在建筑物的施工图上要注明许多标高，如果全用绝对标高，不但数字繁琐，而且不容易得出各部分的高差。因此除总平面图外，一般都采用相对标高，即把底层室内主要地坪标高定为相对标高的零点，并在建筑工程的总说明中说明相对标高和绝对标高的关系。再由当地附近的水准点（绝对标高）来测定拟建工程的底层地坪标高。

5. 字体

图纸上的字体，不论汉字、阿拉伯数字、汉语拼音字母或罗马数字，都应按照第 6 章中的规定。

6. 图例及代号

建筑物和构筑物是按比例缩小绘制在图纸上的，对于有些建筑细部、构件形状以及建筑材料等，往往不能如实画出，也难于用文字注释来表达清楚，所以都按统一规定的图例和代号来表示，可以得到简单而明了的效果。因此，建筑工程制图规定有各种各样的图例。表 9-2 至表 9-4 列出了一些常用的总平面图例、建筑图例和材料图例。

7. 索引符号和详图符号

图样中的某一局部或某一构件和构件间的构造如需另画详图，应以索引符号索引（如图 9-5 所示），即在需要另画详图的部位编上索引符号，并在所画的详图上编上详图符号（如图 9-6 所示），两者必须对应一致，以便看图时查找相互有关的图纸。索引符号的圆和水平直径均以细实线绘制，圆的直径一般为 10mm。详图符号的圆圈应画成直径为 14mm 的粗实线圆。

由于本章所有图样未附有图纸标题栏，所以图纸的编号无法注明，这对索引符号和详

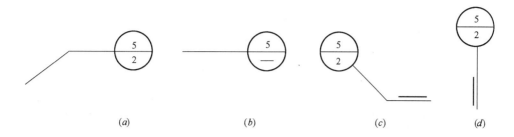

图 9-5 索引符号

(a) 画在 2 号图纸上；(b) 画在同一图纸上；(c) 剖切后向下投影，画在 2 号图纸上；
(d) 剖切后向右投影，画在 2 号图纸上

图符号的完整表达造成了困难。为了便于学习，图中出现的索引符号和详图符号，其编号数字都是根据教材中图的编号顺序来注明，特此加以说明。

8. 指北针及风向频率玫瑰图

指北针：在底层建筑平面图上，均应画上指北针。单独的指北针，其细实线圆的直径一般以 24mm 为宜，指针尾端的宽度，宜为圆直径的 1/8。见图 9-7 所示。

图 9-6 详图符号

(a) 不在同一图纸内；(b) 在同一图纸内

风玫瑰图：在建筑总平面图上，通常应按当地实际情况绘制风向频率玫瑰图。上海地区和兰州地区的风向频率玫瑰图见图 9-8 所示。全国各地主要城市风向频率玫瑰图请参阅《建筑设计资料集》。有的总平面图上也有只画上指北针而不画风向频率玫瑰图的。

图 9-7 指北针

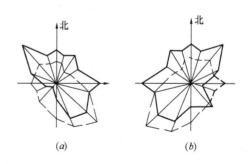

图 9-8 风向频率玫瑰图

(a) 上海地区；(b) 兰州地区

9. 常用建筑图例（表 9-2，表 9-3，表 9-4）

建筑材料（摘自 GB/T 50001—2001）　　　　表 9-2

名　称	图　　例	说　明	名　称	图　　例	说　明
自然土壤		包括各种自然土壤	夯实土壤		分层洒水素土夯实

159

续表

名　称	图　例	说　明	名　称	图　例	说　明
砂、灰土	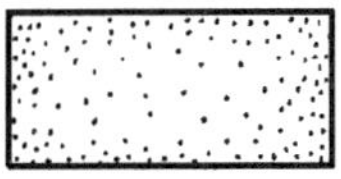	靠近轮廓线的点较密一些	普通砖		包括砌体、砌块，断面较窄时可不画图例线或涂红
毛石			多孔材料		包括水泥珍珠岩、泡沫混凝土、加气混凝土等
饰面砖		包括地砖、陶瓷锦砖、人造大理石等			
混凝土	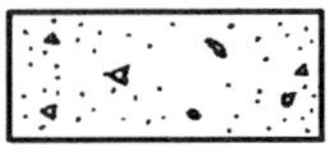	在断面图上画出钢筋时，不画此图例	玻璃		必要时注出名称，如茶色玻璃
钢筋混凝土	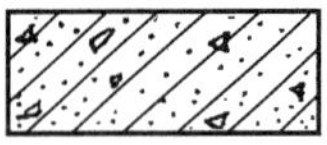	断面较窄不便画出图例时可涂黑	金属		包括各种金属，图形小时可涂黑
木料	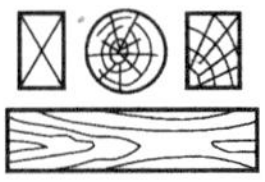	左：木砖、垫木 中、右：横断面 下：纵断面	防水材料		构造层次多或比例较大时采用上图

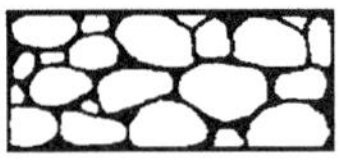

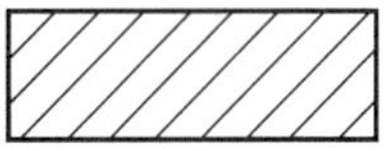

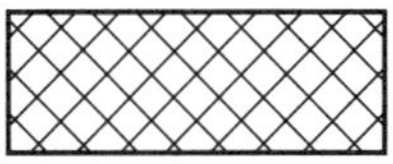

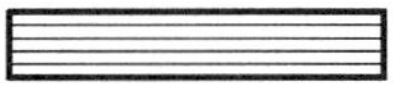

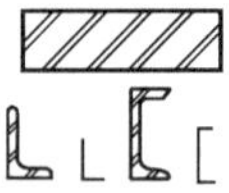

总平面图图例（摘自 GB/T 50103—2001）　　　　　　　　　　　　　　　　　　　表 9-3

名　称	图　例	说　明	名　称	图　例	说　明
新建的建筑物	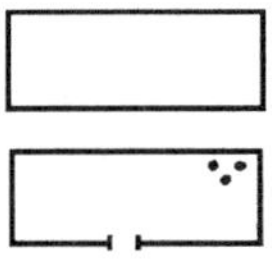	用粗实线表示，需要时可在右上角以点或数字表示层数和画出入口	水池坑槽		在原有轮廓上加细实线
原有的建筑物		用细实线	围墙及大门		用砖、混凝土等 用于铁丝网、篱笆
计划扩建的预留地或建筑物		用中虚线	挡土墙		被挡土在"突出"的一侧
拟拆除的建筑物	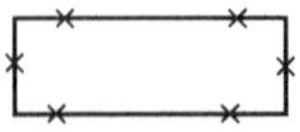	用细实线加交叉符号	台阶	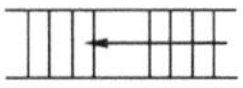	箭头指向上
			测量坐标	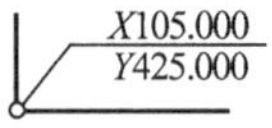 $\dfrac{X105.000}{Y425.000}$	X 为南北方向 Y 为东西方向
新建的地下建筑物或构筑物		用粗虚线	施工坐标	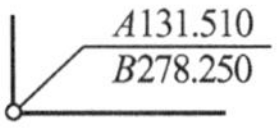 $\dfrac{A131.510}{B278.250}$	A 为南北方向 B 为东西方向
铺砌地面	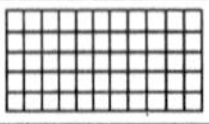	用细实线			
冷却塔（池）		用中、细实线，应注明塔（池）	填挖边坡	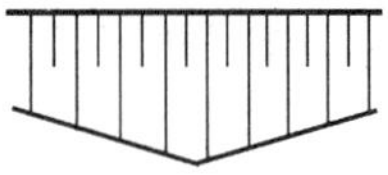	边坡较长时，可只画局部

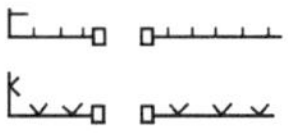

续表

名 称	图 例	说 明	名 称	图 例	说 明
护 坡	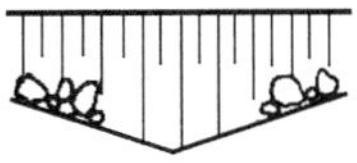		针叶灌木		
原有道路		用细实线	阔叶灌木		
计划扩建的道路	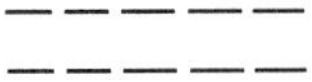	用中虚线	草本花卉		
拟拆除的道路		用细实线加交叉符号	修剪的树篱		
针叶乔木			草 地	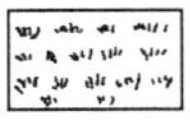	
阔叶乔木			花 坛	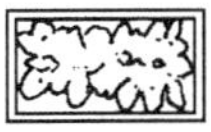	

常用构造及配件图例（摘自 GB/T 50104—2001） 表 9-4

名 称	图 例	名 称	图 例
单扇门（包括平开门或单面弹簧门，平面图中也可不画弧线）	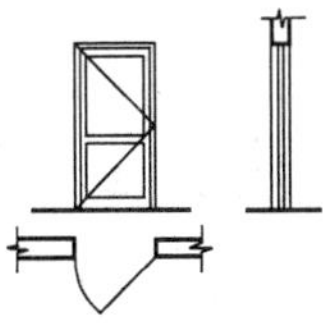	单扇双面弹簧门	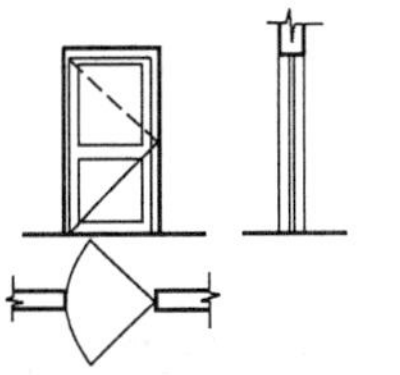
双扇门	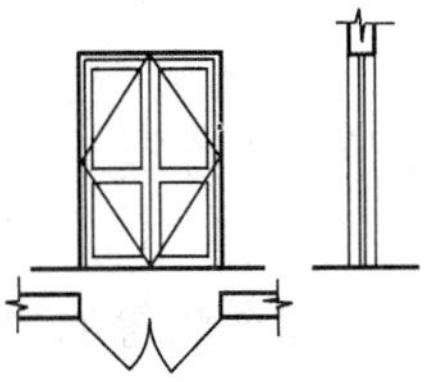	卷 闸	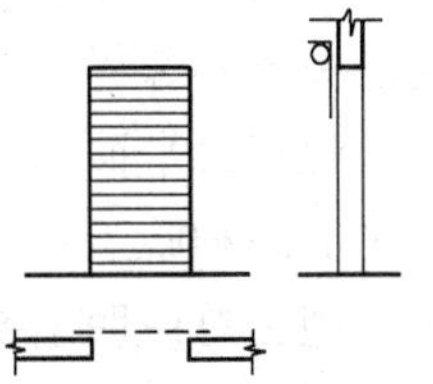

161

续表

名　称	图　例	名　称	图　例
楼梯间平面图	底层／中间层／顶层	单层固定窗	
		单层三扇带亮子的外开平开窗（亮子为上开，左图为简图）	
电梯井	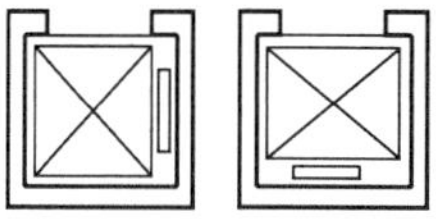	左：百叶窗 右：高窗	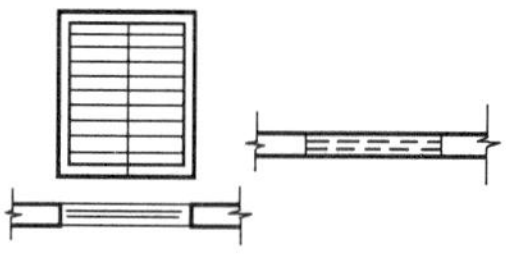
单层二扇无亮子的外开平开窗	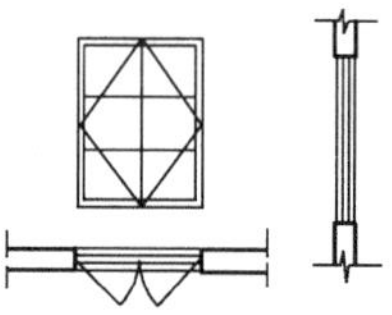	左：餐桌 右：案台	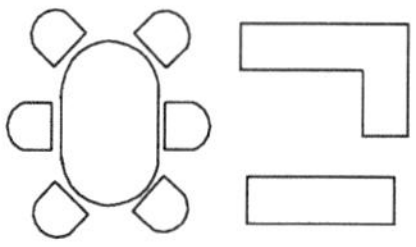
单层左右推拉窗（平面图下图为示意画法）	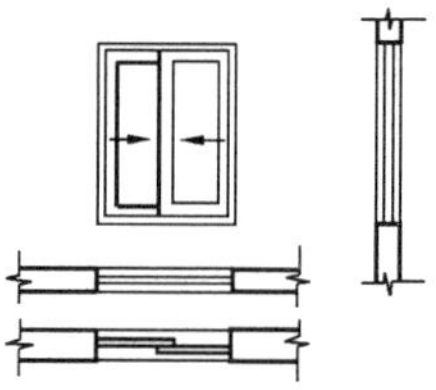	左：洗脸盆 右：大便器	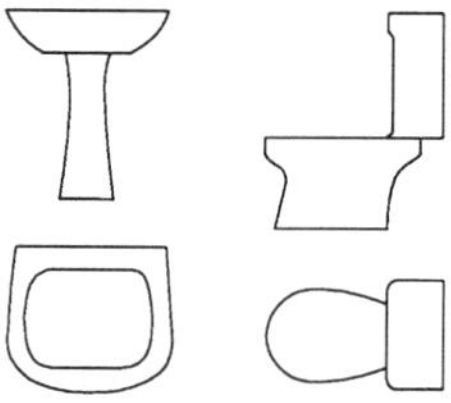

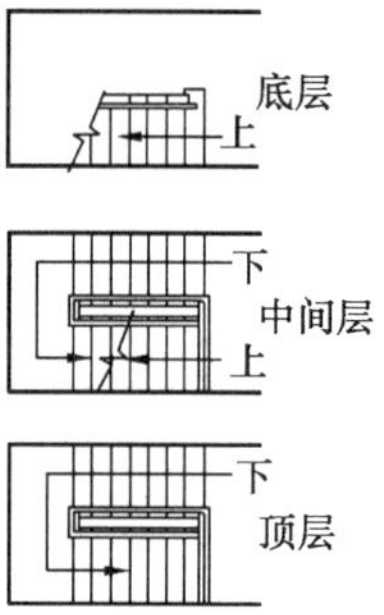

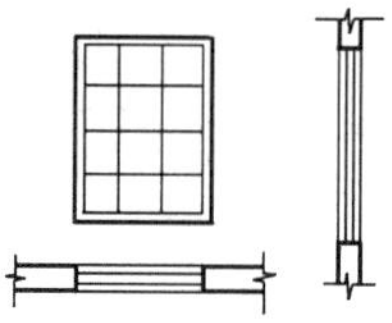

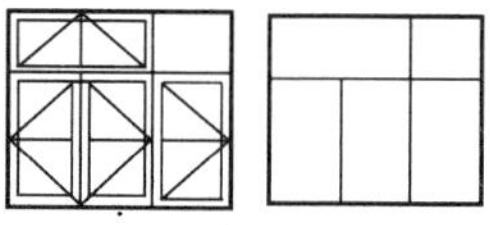

§9-2　施工总说明及建筑总平面图

一、施工总说明

建筑总平面图是表明新建房屋所在基地有关范围内的总体布置，它反映新建房屋、构筑物等的位置和朝向，室外场地、道路、绿化等的布置，地形、地貌、标高以及与原有环境的关系和邻界情况等。

建筑总平面图也是房屋及其他设施施工的定位、土方施工以及绘制水、暖、电等管线总平面图和施工总平面图的依据。

施工总说明主要对图样上未能详细注写的用料和做法等的要求做出具体的文字说明。中小型房屋建筑的施工总说明一般放在建筑施工图内。图9-1、图9-2所示招待所工程的施工总说明如下：

1. 放样：以北边原有仓库为放样依据，按总平面图所示尺寸放样。
2. 设计标高：室内地坪标高±0.000，绝对标高为4.150m，室内外高差为0.450m。
3. 墙身：240厚MU7.5机制砖，M5混合砂浆砌筑，分隔墙用120厚砖墙。基础墙用MU10机制砖，M10水泥砂浆砌筑。

(1) 外粉刷及装饰

1) 外墙用1:1:6混合砂浆打底后，做浅绿色水刷石面层（白水泥＋铬绿＋白石子＋绿玻璃屑），比例由现场做样板后定。
2) 窗台、花格用1:2.5水泥砂浆粉后，白水泥加107胶刷白。
3) 主出入口雨篷用深绿色菱格瓷砖贴面。四层阳台雨篷用白色菱格瓷砖贴面。
4) 阳台分别用白色菱格瓷砖及深绿色菱格瓷砖贴面。
5) 用白水泥浆引线条和用1:2水泥砂浆勒脚、砌筑西山墙花台及出入口台阶。
6) 主出入口花台用灰黑色水磨石面层。

(2) 内粉刷及装修

1) 平顶：10厚水泥、石灰、砂子打底，纸筋灰粉平，刷白二度。
2) 内墙：20厚1:2.5石灰砂浆打底，纸筋灰粉面，刷白二度，后加奶黄色涂料至窗上口标高处，做50宽栗色木挂镜线。底层用白色涂料，奶黄色挂镜线。楼层走廊、楼梯间也用白色涂料。
3) 踢脚线：底层除门厅、走廊、厕所、盥洗室外，其余用25厚1:3水泥砂浆打底，1:2水泥砂浆粉面。二～四层除厕所、盥洗室及楼梯外，其余均做深暗红色踢脚线。
4) 厕所用1200高普通水磨石墙裙，盥洗室用1200高白瓷砖墙裙，底层女厕用1000高普通水磨石墙裙，门厅、走廊做150高黑色磨石子踢脚。

4. 室内地面：素土夯实＋70厚道渣压实＋50厚C15混凝土＋30厚水泥石屑随捣随光。门厅、走廊、盥洗室、厕所部分上做10厚普通水磨石面层。基础防潮层做60厚3ϕ8钢筋混凝土。

5. 楼面：120厚预应力多孔板上加15厚1:3水泥砂浆找平，加20厚细石混凝土＋7%氧化铁红随捣随光，踢脚部分做深暗红色。厕所、盥洗室用普通水磨石面层。

6. 屋盖：120厚预应力多孔板上加40厚C20细石混凝土，ϕ4双向筋@200，上加60厚1:6水泥炉渣保温隔热层，加20厚水泥砂浆找平层，上刷冷底子油，再做二毡三油上洒绿豆砂。

7. 基础：70厚C10混凝土垫层。条形基础用C15混凝土，柱基用C20混凝土。

8. 构件：预应力多孔板YKB为混凝土制品厂生产的定型构件。现浇的梁、板、柱、楼梯等构件用C20混凝土。

9. 其他

(1) 26号白铁水落管100×75，白铁水斗，铸铁弯头。
(2) ϕ150半圆明沟。
(3) 不露面铁件红丹防锈漆二度，露面铁件红丹防锈漆一度，调合漆二度，灰绿色。
(4) 门窗五金等配件按标准图配齐。
(5) 阳台、出入口平台在平、剖面图上的标高均为平均标高。
(6) 楼梯做30厚普通水磨石面层，黑色磨石子踢脚，紫红陶瓷锦砖防滑条。

二、读总平面图示例

图 9-9 是某住宅小区一角的总平面图，选用比例 1:500。图中用粗实线画出的图形是两幢相同的新建住宅底层的平面轮廓；细实线画出的是原有三幢住宅的平面轮廓、道路和绿化。

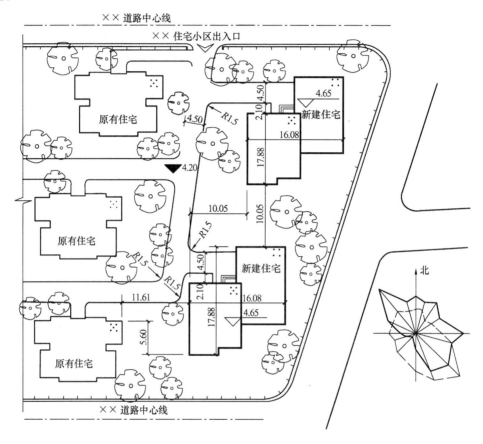

总平面图 1:500

图 9-9 总平面图示例一

各住宅平面图内右上角的小黑点数表示了房屋的层数。右下角的风向频率玫瑰图既表示该地区的风向频率，又表明总平面图内建筑物、构筑物的朝向。新建住宅朝向南，建于住宅小区的东面沿规划红线砌筑的围墙内的一块土地上，南东北三个方向小区围墙外有道路。

新建住宅的定位是以小区最南面的原有住宅为依据：平行其东、北墙面，分别向东 11.61m、向南 5.60m 定出南面一幢新建住宅的角。再以其西、北墙面为依据，分别向东、向北 10.05m，确定北面一幢新建住宅的西南角。每幢新建住宅东西向总长 16.08m，南北向总宽 17.88m，部分 4 层，部分 5 层。小区范围较小，地形平坦，室外平整后地面的绝对标高 4.20m。区内的道路注有宽度尺寸。道路与建筑物之间为绿化地带。北面画有与外界相通的小区交通出入口。

图 9-10 是某工厂的局部总平面图。在大范围和复杂地形的总平面图中，为了保证施

工放线正确，往往以坐标表示建筑物、道路或管线的位置。图中新建机修车间的位置由测量坐标定位，测量坐标画成交叉十字线，坐标代号用"X、Y"表示，并标注出建筑物三个角点坐标，图中的等高线表明了该基地的东北和西北角地形起伏，因为厂区基地范围较广，图中的绿化将结合已有的园林，另行表示，这里画出了厂区基地范围内的地貌、地物的平面形状，还注写出建筑物、构筑物的名称和新建机修车间的室内外地面的绝对标高。在图9-10右下角画出了指北针。从而显示了建筑物的朝向。指北针宜用细实线绘制，圆的直径宜为24mm，指针尾部的宽度为3mm，针尖处注写"北"字。

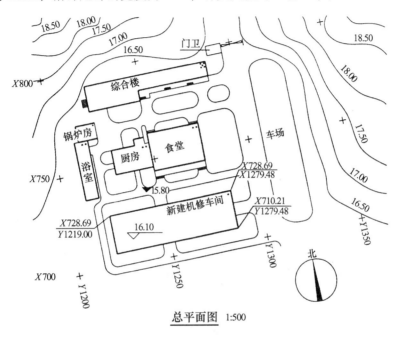

图9-10 总平面图示例二

三、总平面图的一般内容

1. 图名、比例。

2. 应用图例来表明新建区、扩建区或改建区的总体布置，表明各建筑物和构筑物的位置，道路、广场、室外场地和绿化等的布置情况以及各建筑物的层数等。在总平面图上一般应画上所采用的主要图例及其名称。此外对于《建筑制图标准》中缺乏规定而需要自定的图例，必须在总平面图中绘制清楚，并注明其名称。

3. 确定新建或扩建工程的具体位置，一般根据原有房屋或道路来定位，并以米为单位标注出定位尺寸。

当新建成片的建筑物和构筑物或较大的公共建筑或厂房时，往往用坐标来确定每一建筑物及道路转折点等的位置。当地形起伏较大的地区，还应画出地形等高线。

4. 注明新建房屋底层室内地面和室外整平地面的绝对标高。

5. 画上风向频率玫瑰图及指北针，来表示该地区的常年风向频率和建筑物、构筑物等的朝向，有时也只画单独的指北针。

图9-11为某招待所的总平面图。图中用粗实线画出的图形，是新建招待所的底层平面轮廓，用中粗实线画出的是原有仓库和门房。各个平面图形内的小黑点数，表示房屋的

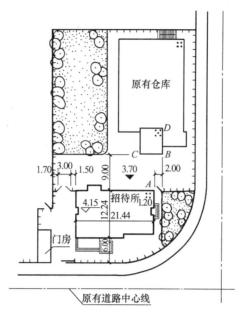

图 9-11 总平面图示例三

层数。

新建招待所的定位和朝向,是按招待所的东墙面平行于原有仓库的东墙面,并在原有仓库的 BD 墙面之西 2.00m。北墙面位于原有仓库的 BC 墙面之南 9.00m。

基地的四周均设有围墙。

图中围墙外带有圆角的细实线,表示道路的边线,细点划线表示道路的中心线。新建的道路或硬地注有主要的宽度尺寸。

§9-3 建筑平面图

建筑平面图实际上是房屋的水平剖面图(除屋顶平面图外),也就是假想用水平的剖切平面在窗台上方把整幢房屋剖开,移去上面部分后的正投影图,习惯上称它为平面图。

建筑平面图主要表示建筑物的平面形状、水平方向各部分(如出入口、走廊、楼梯、房间、阳台等)的布置和组合关系、门窗位置、墙和柱的布置以及其他建筑构配件的位置和大小等。

图 9-1 某招待所在三层楼面的窗台上方用水平剖切平面剖开后的轴测图,若与图 9-13 所示的三层平面图对照读图,可以清楚看出它是一幢中间为走廊、两边为房间的走廊式建

筑。

一般的说，多层房屋就应画出各层平面图。但当有些楼层的平面布置相同，或仅有局部不同时，则只需要画出一个共同的平面图（也称标准层平面图）。对于局部不同之处，只需另绘局部平面图。某招待所的二层和三层的内部平面布置完全相同，因此可以合画为"二（三）层平面图"。但在平面图的绘制方面，例如进口踏步、花台、雨水管、明沟等只在底层平面图上表示。进口处的雨篷等只在二层平面图上表示。二层以上的平面图就不再画上踏步、进口雨篷等位置的内容。图9-13所示的"二（三）层平面图"实际上是二层平面图，因为三层平面图是无需画上雨篷的顶面图形的。除了底层平面图和屋顶平面图与标准层平面图不会相同而必须另外画出外，该房屋的四层平面布置与二、三层平面布置也不同，所以还需要画出该四层平面图（见图9-14）。

如果顶层的平面布置与标准层的平面布置完全相同，而顶层楼梯间的布置及其画法与标准层不会完全相同时，可以只画出局部的顶层楼梯间的平面图。

一、底层平面图的图示内容和要求

1. 图示内容

现以图9-12该招待所的底层平面图为例来说明平面图所表达的内容和图示要求。

底层平面图表明了该招待所房屋的平面形状、底层的平面布置情况，即各房间的分隔和组合、房间名称、出入口、门厅、走廊、楼梯等的布置和相互关系，各种门、窗的布置，室外的台阶、花台、室内外装饰以及明沟和雨水管的布置等等。此外，还表明了厕所和盥洗室内的固定设施的布置，并且注写了轴线、尺寸及标高等。

由于底层平面图是底层窗台上方的一个水平剖面图，所以在楼梯间中只画出第一个梯段的下面部分，并按规定，折断线应画成倾斜方向。图中"上23级"是指底层到二层两个梯段共有23个梯级。梯段的东侧下3级通向女厕所。

底层的砖墙厚度均为240mm，相当于一块标准砖（240mm×115mm×53mm）长度，故通称一砖墙。图中所有墙身厚度均不包括粉刷层的厚度。底层的东端有较大的活动室和阅览室，中间设有一根断面为正方形的钢筋混凝土柱子。该柱在底层的断面尺寸为350mm×350mm，在二、三层中的断面缩小为250mm×250mm，四层则不设柱子。柱子的断面尺寸亦均不包括粉刷层的厚度。

2. 有关规定和要求

(1) 定位轴线

定位轴线和分轴线的编号方法见图9-3。

(2) 图纸

建筑图中的图线应粗细有别，层次分明。被剖切到的墙、柱的断面轮廓线用粗实线（b）画出。而粉刷层在1:100的平面图中不必画出，在1:50或比例更大的平面图中则用细实线画出。没有剖切到的可见轮廓线，如窗台、台阶、明沟、花台、梯段等用中粗线（$0.5b$）画出。尺寸线、标高符号、定位轴线的圆圈、轴线等用细实线（$0.35b$）和细点划线画出。

表示剖切位置的剖切线则用粗实线表示。

各种图线的宽度可参照第6章表6-5的规定选用。

底层平面图中，可以只在墙角或外墙的局部，分段地画出明沟（或散水）的平面位置。实际上,除了台阶和花台下一般不设明沟外,所有外墙墙脚均设有明沟或散水。

(3) 图例

由于平面图一般采用1:100、1:200和1:50的比例来绘制,所以门、窗等均按规定的图例来绘制。其中用两条平行细实线表示窗框及窗扇,用45°倾斜的中粗实线表示门及其开启方向。例如用C379,SC380等表示窗的型号,M97,M1等表示门的型号(见表9-5)。门窗的具体形式和大小可在有关的建筑立面图、剖面图及门窗通用图集中查阅。

门 窗 表   表9-5

编 号	洞口尺寸(mm)		数 量				合 计	备 注
	宽度	高度	一层	二层	三层	四层		
SC56	900	1200		1	1	1	3	
SC282	1500	1800		5	5	5	15	
SC281	1200	1800		2	2	2	6	
SC283	1800	1800		4	4	4	12	
SC33	900	900	1				1	
SC378	1500	2100	5				5	
SC379	1800	2100	3				3	
SC380	2100	2100	2				2	
SC54	600	1200	4				4	
SC377	1200	2100	1				1	
SM67	2100	2700		1	1	1	3	
SM68	2100	2700		1	1	1	3	
M97	1000	2600	4	9	9	5	27	
M52	1000	2100	2	2	2	2	8	
M89	1200	2600	1			1	2	
M51	900	2100	1				1	
M1	1800	3100	1				1	
M2	1200	3100	1				1	

门窗表的编制,是为了计算出每幢房屋不同类型的门窗数量,以供定货加工之用。中小型房屋的门窗表一般放在建筑施工图纸内。

在平面图中,凡是被剖切到的断面部分应画出材料图例,但在1:200和1:100的小比例的平面图中,剖到的砖墙一般不画材料图例(或在透明图纸的背面涂红表示),在1:50的平面图中的砖墙往往也可不画图例,但在大于1:50时,应该画上材料图例。剖到的钢筋混凝土构件的断面,一般当小1:50的比例时(或断面较窄,不易画出图例线时)可涂黑。

(4) 尺寸注法

在建筑平面图中,所有外墙一般应标注三道尺寸。最内侧的第一道尺寸是外墙的门、窗洞的宽度和洞间墙的尺寸(从轴线注起);中间第二道尺寸是轴线间距的尺寸;最外侧的第三道尺寸是房屋两端外墙面之间的总尺寸。此外,还须注出某些局部尺寸,例如图9-12所示,各内、外墙厚度,各柱子和砖墩的断面尺寸,内墙上门、窗洞洞口尺寸及其定位尺寸,台阶与花台尺寸、底层楼梯起步尺寸,以及某些内外装饰的主要尺寸和某些固定设备的定位尺寸等等。所有上述尺寸,除了预制花饰等的装饰构件外,均不包括粉刷厚度。

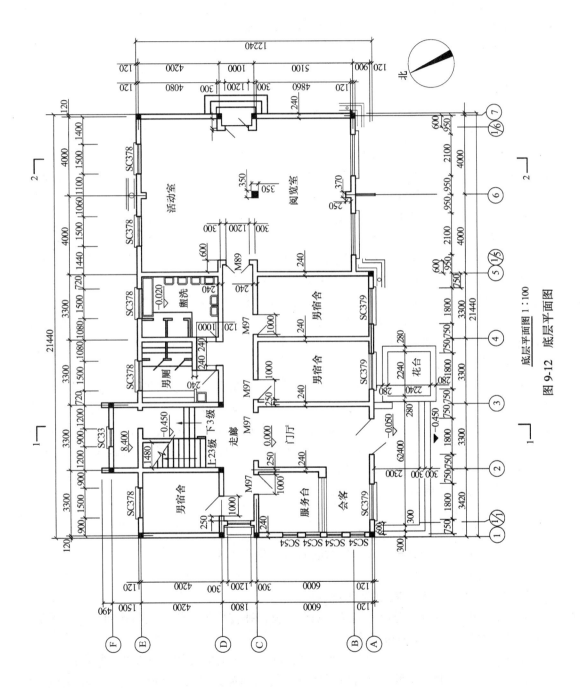

图 9-12 底层平面图

平面图中还应注明楼地面、台阶顶面、阳台顶面、楼梯休息平台面以及室外地面等的标高。

在平面图中凡需绘制详图的部位，应画上详图索引符号。如前所述，因该招待所的施工图未设图标，无法注明图别和图号，使索引符号内的数字编号无法表达。现为了表达完整，采取了用教材中图和编号来代替图标内图纸编号的办法。

二、其他平面图

1. 楼层平面图

图 9-13、图 9-14 为该招待所的二（三）层平面图和四层平面图，其图示方法与底层平面图相同，除在二层平面图上应画出底层的进门口的雨篷外，仅在楼梯间部分表达梯段的情况有所不同，二（三）层楼梯间平面图的西侧梯段，不但看到了上行梯段的部分踏级，也看到了下行梯段的部分踏级，它们中间以倾斜的折断线为界；四层楼梯间平面图因看到下行梯段的全部梯级以及四层楼面上的水平栏杆，因此画法不同。此外，在中间休息平台处，应分别注写各层休息平台的标高。

在二（三）层平面图中的阳台部位，画有详图索引符号，它表示阳台另有建筑详图。

2. 局部平面图

当某些楼层平面的布置基本相同,仅有局部不同时(包括楼梯间及其他房间等的分隔以及某些结构构件的尺寸有变化时),则某些不同部分就用局部平面图来表示;或者当某些局部布置由于比例较小而固定设备较多,或者内部组合比较复杂时,可以另画较大比例的局部平面图。例如,为了清楚地表达男、女厕所的固定设施的位置及其尺寸,另画了比例为 1∶50 的男厕、盥洗平面图,如图 9-15 所示。必要时,也可另画比例较之 1∶50 更大的局部平面图。

3. 屋顶平面图

除了画出各层平面图和所需的局部平面图外，一般还画出屋顶平面图，如图 9-16 所示。由于屋顶平面图比较简单，可以用较小的比例（如 1∶200，1∶400）来绘制。在屋顶平面图中，一般表明：屋顶形状；屋顶水箱；屋面排水方向（用箭头表明）及坡度（有时以高差表示，如本图称"泛水"）；天沟或檐沟的位置；女儿墙和屋脊线；雨水管的位置；房屋的避雷带或避雷针的位置（该招待所的避雷带图中未画出）等等。

三、平面图的主要内容

1. 层次、图名、比例；
2. 纵横定位轴线及其编号；
3. 各房间的组合和分隔，墙、柱的断面形状及尺寸等；
4. 门、窗布置及其型号；
5. 楼梯梯级的形状，梯段的走向和级数；
6. 其他构件如台阶、花台、雨篷、阳台以及各种装饰等的位置、形状和尺寸，厕所、盥洗、厨房等的固定设施的布置等；
7. 标注出平面图中应标注的尺寸和标高，以及某些坡度及其下坡方向的标注；
8. 底层平面图中应表明剖面图的剖切位置线和剖视方向及其编号；表示房屋朝向的指北针；
9. 屋顶平面图中应表示出屋顶形状，屋面排水方向、坡度或泛水，以及其他构配件的位置和某些轴线等；

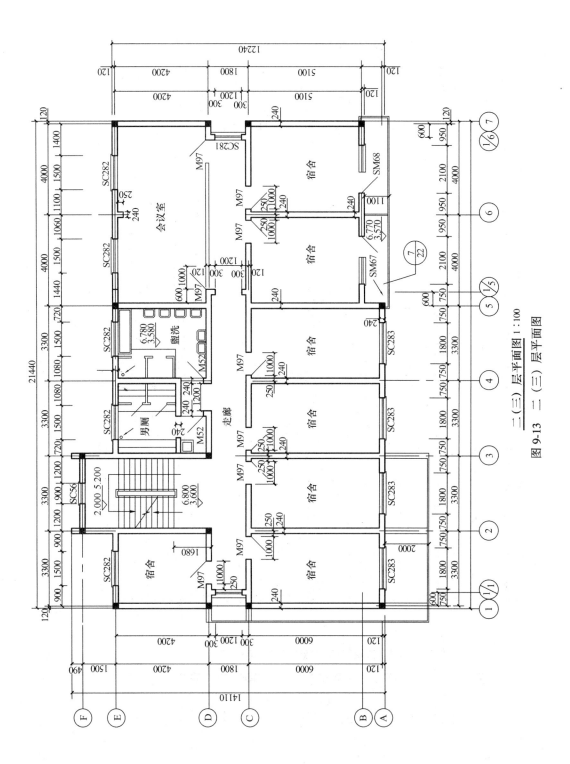

图 9-13 二(三)层平面图

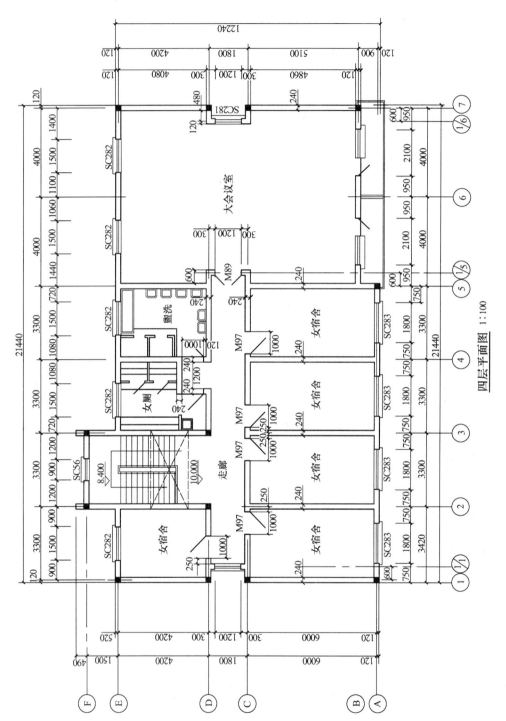

图 9-14 四层平面图

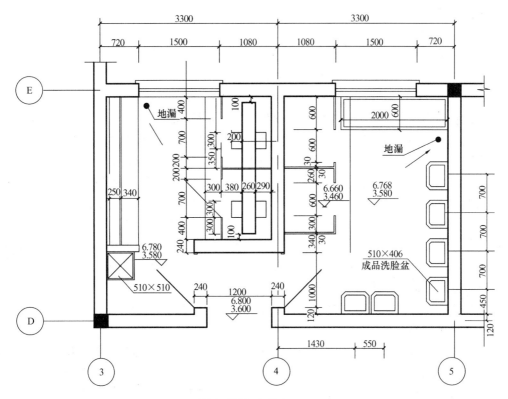

男厕、盥洗平面图 1:50

图 9-15 男厕、盥洗平面图

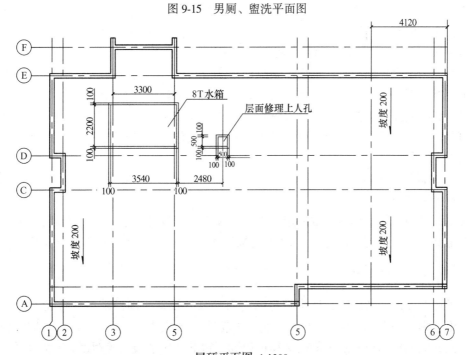

屋顶平面图 1:200

图 9-16 屋顶平面图

10. 详图索引符号；
11. 各房间名称。

§9-4 建筑立面图

建筑立面图，是平行于建筑物各方向外墙面的正投影图，简称（某向）立面图。

建筑立面图用来表示建筑物的体形和外貌，并表明外墙面装饰要求等的图样。

房屋有多个立面，通常把房屋的主要出入口或反映房屋外貌主要特征的立面图称为正立面图，从而确定背立面图和左、右侧立面图。有时也可按房屋的朝向来定立面图的名称，例如南立面图、北立面图、东立面图和西立面图（如图9-17、图9-18、图9-19、图9-20所示）。也可按立面图两端的轴线编号来定立面图的名称，例如该招待所的南立面图也可称为①~⑦立面图。当某些房屋的平面形状比较复杂，还需加画其他方向或其他部位的立面图。如果房屋的东西立面布置完全对称，则可合用而取名东（西）立面图。

一、立面图的图示内容和要求

该招待所需要从东、南、西、北四个方向分别绘制四个立面图，以反映该房屋各个立面的不同情况和装饰等。

现以图9-17该招待所的南立面图为例来说明立面图所应表达的主要内容和图示要求。

1. 图示内容

招待所的南立面是该建筑物的主要立面。南立面的西端有一主要入口（大门），它的上部设有转角雨篷，转角雨篷下方两侧设有装饰花格，进口台阶的东侧设有花台（对照图9-13的二（三）层平面图和图9-12的底层平面图）。南立面东端的二、三、四层设有阳台，并在四层阳台上方设有雨篷（对照图9-13的二（三）层平面图、图9-14的四层平面图和图9-16的屋顶平面图）。南立面图中表明了南立面上的门窗形式、布置以及它们的开启方向，还表示出外墙勒脚、墙面引条线、雨水管以及东门进口踏步等的位置。屋顶部分表示出了女儿墙（又称压檐墙）包檐的形式和屋顶上水箱的位置和形状等。

立面面层装饰的主要做法，一般可在立面中注写文字来说明，例如南立面图中的外墙面、阳台、雨篷、窗台、引条线以及勒脚等的做法（包括用料和颜色），在图9-17中都有简要的文字注释。

2. 有关规定和要求

(1) 定位轴线

在立面图中一般只画出两端的定位轴线及其编号，以便与平面图对照读图。如图9-17所示的南立面图，只需标注①和⑦两条定位轴线，这样可更确切地判明立面图的观看方向。

(2) 图线

为了使立面图外形清晰，通常把房屋立面的最外轮廓线画得稍粗（粗线 b），室外地面线更粗（为 $1.4b$），门窗洞、台阶、花台等轮廓线画成中粗线（$0.5b$）。（凸出的雨篷、阳台和立面上其他凸出的线脚等轮廓线可以和门窗洞的轮廓线同等粗度，有时也可画成比门窗洞的轮廓线略粗一些。）门窗扇及其分格线、花饰、雨水管、墙面分格线（包括引条线）、外墙勒脚线以及用料注释引出线和标高符号等都画细实线（$0.35b$）。

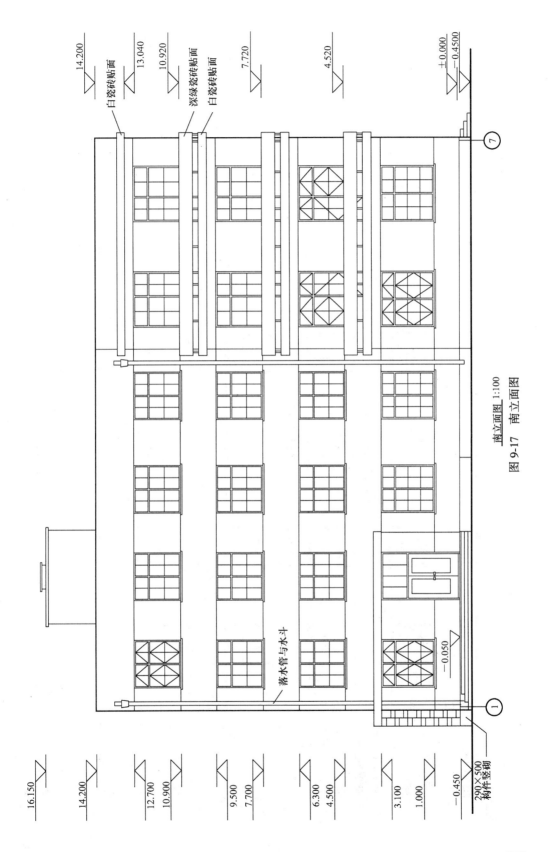

图 9-17 南立面图

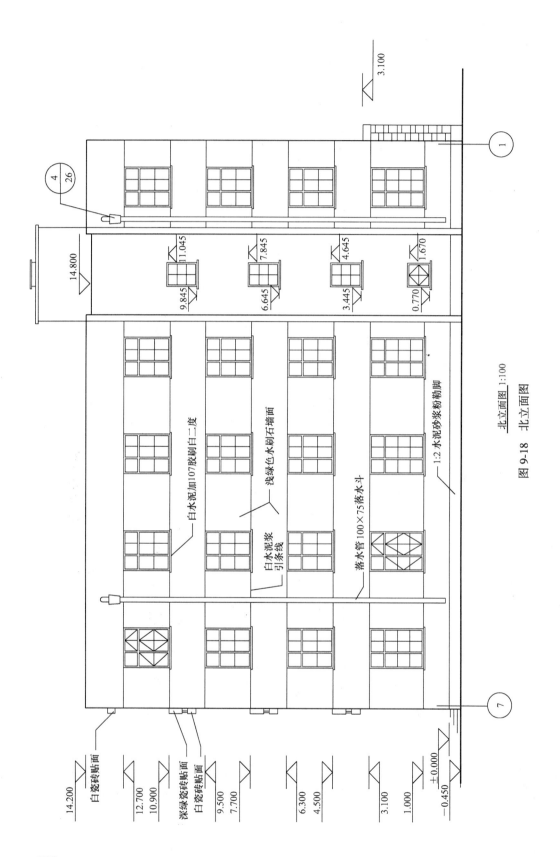

图 9-18 北立面图

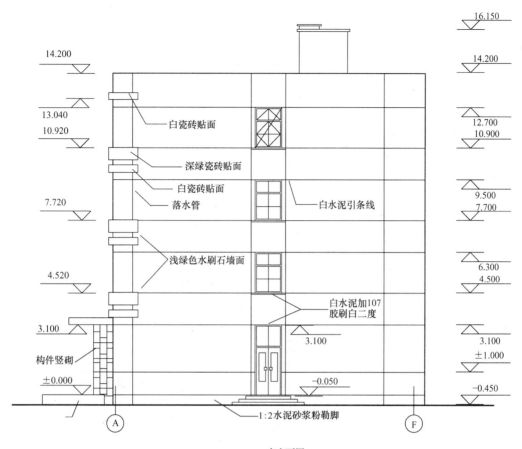

图 9-19 东立面图

(3) 图例

立面图和平面图一样，由于选用的比例较小，所以门、窗也按规定图例绘制（见表 9-4），立面图中部分窗画有斜的细线，是开启方向符号。细实线表示向外开，细虚线表示向内开。一般无需把所有窗都画上开启符号，凡是窗的型号相同的，只要画其中一、二个即可（对照图 9-17～图 9-20）。例如，从图 9-17 南立面图中底层两个窗的上、下部分的开启线可以看出，下部是四扇向外开的窗，上部的亮子（又称腰窗）只有两扇，而且都是铰链在上、向外翻转的。又从阳台门的开启符号可以看出是铰链在一边向外的单扇门，门上亮子也是铰链在上向外翻转的。除了联门窗外，一般在立面图中可不表示门的开启方向，因为门的开启方式和方向已用图例表明在平面图中。

(4) 尺寸注法

立面图上的高度尺寸主要用标高的形式来标注。应标注室内外地面、门窗洞口的上下口、女儿墙压顶面（如为挑檐屋顶，则注至檐口顶面）和水箱顶面、进口平台面、以及雨篷和阳台底面（或阳台栏杆顶面）等的标高。

标注标高时，除门、窗洞口（均不包括粉刷层）外，要注意有建筑标高和结构标高之分。如标注构件的上顶面标高时，应标注到包括粉刷层在内的装修完成的建筑标高（如女儿墙顶面和阳台栏杆顶面等的标高），如标注构件的下底面标高时，应标注不包括粉刷层

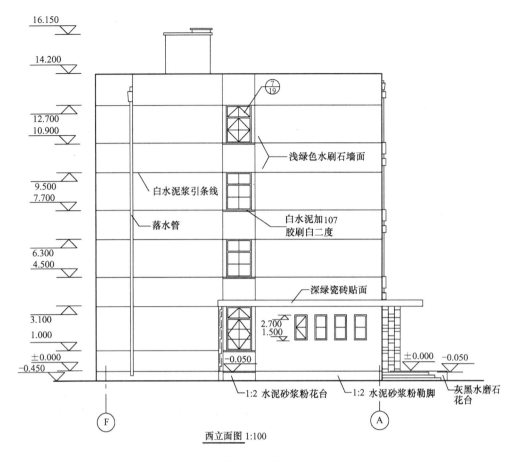

图 9-20 西立面图

的结构底面的结构标高(如雨篷底面等的标高)。

除了标高外,有时还注出一些并无详图的局部尺寸,例如图 9-17 南立面图中标注了进门花格缩进雨篷外沿 30mm 的局部尺寸。

二、立面图的主要内容

1. 图名、比例;
2. 立面图两端的定位轴线及其编号;
3. 门、窗的形状、位置及其开启方向符号;
4. 屋顶外形;
5. 各外墙面、台阶、花台、雨篷、窗台、阳台、雨水管、水斗、外墙装饰及各种线脚等的位置、形状、用料和做法(包括颜色)等;
6. 标高及必须标注的局部尺寸;
7. 详图索引符号。

§9-5 建 筑 剖 面 图

建筑剖面图一般是指建筑物的垂直剖面图,也就是假想用一个竖直平面去剖切房屋,移去剖切面与观察者之间的部分后的正投影图，简称剖面图。

建筑剖面图表示建筑物内部垂直方向的高度、楼层分层、垂直空间的利用以及简要的结构形式和构造方式等情况的图样。例如屋顶形式、屋顶坡度、檐口形式、楼板搁置方式、楼梯的形式及其简要的结构、构造等。

剖面图的剖切位置，应选择在内部结构和构造比较复杂或有变化以及有代表性的部位，其数量视建筑物的复杂程度和实际情况而定。如图9-12底层平面图中剖切线1—1和2—2所示，1—1剖面图（见图9-21）的剖切位置是通过房屋的主要出入口（大门）、门厅和楼梯等部分，也是房屋内部的结构、构造比较复杂以及变化较多的部位。2—2剖面图（见图9-22）的剖切位置，则是通过该招待所各层房间分隔有变化和有代表性的宿舍部位。绘制了1—1，2—2两个剖面图后，能反映出该招待所在竖直方向的全貌、基本结构形式和构造方式。一般剖切平面位置都应通过门、窗洞，借此来表示门窗洞的高度和在竖直方向的位置和构造，以便施工。如果用一个剖切平面不能满足要求时，则允许将剖切平面转折后来绘制剖面图。

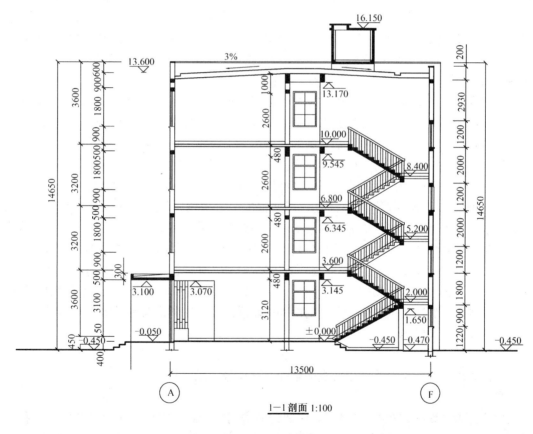

图 9-21 1—1 剖面图

一、剖面图的图示内容和要求

现以图 9-21 的 1—1 剖面图为例来说明剖面图所需表达的内容和图示要求。

1. 图示内容

图 9-21 是按底层平面图中 1—1 剖切位置线所绘制的 1—1 剖面图（对照图 9-2）。它反映了该房屋通过门厅、楼梯间的竖直横剖面形状，进而表明该房屋在此部位的结构、构造、高度、分层以及竖直方向的空间组合情况。

在建筑剖面图中，除了具有地下室外，一般不画出室内外地面以下部分，而只把室内外地面以下的基础墙画上折断线（在基础墙处的涂黑层，是 60mm 厚的钢筋混凝土防潮层），因为基础部分将由结构施工图中的基础图来表达。在 1∶100 的剖面图中，室内外地面的层次和做法一般将由剖面节点详图或施工说明来表达（通常套用标准图或通用图），故在剖面图中只画一条加粗线（1.4b）来表达室内外地面线，并标注各部分不同高度的标高，例如 ±0.000，−0.050，−0.450，−0.470 等。

各层楼面都设置楼梯，屋面设置屋面板，它们搁置在砖墙或楼（屋）面梁上。为了屋面排水需要，屋面板铺设成一定的坡度（有时可将屋面板水平铺置，而将屋面面层材料做出坡度），并且在檐口处和其他部位设置天沟（挑檐檐口则称为檐沟板），以便导流屋面上的雨水经天沟排向雨水管。楼板、屋面板、天沟的详细形式以及楼面层和屋顶层的层次和它们的做法，可另画剖面节点详图，也可在施工说明中表明，或套用标准图或通用图（须注明所套用图集的名称及图号），故在 1∶100 的剖面图中也可以示意性地用两条线来表示楼面层和屋顶层的总厚度。此外，在 1∶50 的剖面图中，一般不但要表示出多孔板的分块线，并需要在楼板上加绘面层线。在 1—1 剖面图的屋面上，还画出了剖到的钢筋混凝土水箱剖面。

在墙身的门、窗洞顶、屋面板下和二、四层楼板下的涂黑矩形断面，为该房屋的钢筋混凝土门、窗过梁和圈梁，而三层楼板下方只设门、窗洞过梁。大门上方画出的涂黑断面为过梁连同雨篷板的断面，中间是看到的"倒翻"雨篷梁。如当圈梁的梁底标高与同层的门或窗的过梁底标高一致时，则可以只设一道梁，即圈梁同时起了门、窗过梁的作用。外墙顶部的涂黑梯形断面是女儿墙顶部的现浇钢筋混凝土压顶。

由于 1—1 剖面的剖切平面是通过每层楼梯的上一梯段，每层楼梯的下一梯段则为未剖到而为可见的梯段，但各层之间的楼梯休息平台是被剖切到的。

在 1—1 剖面图中，除了必须画出被剖切到的构件（如墙身、室内外地面、楼面层、屋顶层、各种梁、梯段及平台板、雨篷和水箱等）外，还应画出未剖切到的可见部分（如门厅的装饰及会客室和走廊中可见的西窗、可见的楼梯梯段和栏杆扶手、女儿墙的压顶、水斗和雨水管、厕所间的隔断、可见的内外墙轮廓线、可见的踢脚和勒脚等）。

2. 有关规定和要求

（1）定位轴线

在剖面图中通常也只需画出两端的轴线及其编号，以便与平面图对照。

（2）图线

室内外地坪线画加粗线（1.4b）。剖切到的房间、走廊、楼梯、平台等的楼面层和屋顶面，在 1∶100 的剖面图中可只画两条粗实线作为结构层和面层的总厚度。在 1∶50 的剖面图中，则应在两条粗实线的上面加画一条细实线以表示面层。板底的粉刷层厚度一般均不表示。剖到的墙身轮廓线画粗实线，在 1∶100 的剖面图中不包括粉刷层厚度，在 1∶50 的剖面图中，应加绘细实线来表示粉刷层的厚度。其他可见的轮廓线如门窗洞、楼梯梯段及栏杆扶手、可见的女儿墙压顶、内外墙轮廓线、踢脚线、勒脚线等均画中粗实线

($0.5b$),门、窗扇及其分格线、水斗及雨水管、外墙分格线(包括引条线)等画细实线($0.35b$),尺寸线、尺寸界线和标高符号均画细实线。

(3) 图例

门、窗均按《建筑制图标准》中的规定绘制。

在剖面图中,砖墙和钢筋混凝土的材料图例画法与平面图相同。

(4) 尺寸注法

建筑剖面图中应标注出剖到部分的必要尺寸,即竖直方向剖到部位的尺寸和标高。

外墙的竖向尺寸,一般也标注三道尺寸,如图 9-21 左方所示。第一道尺寸为门、窗洞及洞间墙的高度尺寸(将楼面以上及楼面以下分别标注)。第二道尺寸为层高尺寸,即底层地面至二层楼面、各层楼面至上一层楼面、顶层楼面至檐口处屋面顶面等。同时还需注出室内外地面的高差尺寸以及檐口至女儿墙压顶面等的尺寸。第三道尺寸为室外地面以上的总高尺寸,本例为女儿墙(又称压檐墙)包檐屋顶,则其总高尺寸应注到女儿墙的粉刷完成后的顶面(如为挑檐平屋面,则注到挑檐檐口的粉刷完成面)。此外,还需注上某些局部尺寸,如内墙上的门、窗洞高度,窗台的高度,高引窗的窗洞和窗台高度以及有些不另画详图的如栏杆扶手的高度尺寸、屋檐和雨篷等的挑出尺寸以及剖面图上两轴线间的尺寸等。

建筑剖面图还须注明室内外各部分的地面、楼面、楼梯休息平台面、阳台面、屋顶檐口顶面等的标高和某些梁的底面、雨篷的底面以及必须标注的某些楼梯平台梁底面等的标高。

在建筑剖面图上,标高所注的高度位置与立面图一样,有建筑标高和结构标高之分,即当标注构件的上顶面标高时,应标注到粉刷完成后的顶面(如各层的楼面标高),而标注构件的底面标高时,应标注到不包括粉刷层的结构底面(如各梁底的标高)。但门、窗洞的上顶面和下底面均标注到不包括粉刷层的结构面。

在剖面图中,凡需绘制详图的部位,均应画上详图索引符号。

图 9-22 的 2—2 剖面图,其表达方法及要求与 1—1 剖面图相同。

二、剖面图的主要内容

1. 图名,比例;
2. 外墙(或柱)的定位轴线及其间距尺寸;
3. 剖切到的室内外地面(包括台阶、明沟及散水等)、楼面层(包括吊顶)、屋顶层(包括隔热通风防水层及吊顶)、剖切到的内外墙及其门、窗(包括过梁、圈梁、防潮层、女儿墙及压顶)、剖切到的各种承重梁和连系梁、楼梯梯段及楼梯平台、雨篷、阳台以及剖切到的孔道、水箱等的位置、形状及其图例;一般不画出地面以下的基础;
4. 未剖切到的可见部分,如看到的墙面及其凹凸轮廓、梁、柱、阳台、雨篷、门、窗、踢脚、勒脚、台阶(包括平台踏步)、水斗和雨水管,以及看到的楼梯段(包括栏杆扶手)和各种装饰等的位置的形状;
5. 竖直方向的尺寸和标高;
6. 详图索引符号;
7. 某些用料注释。

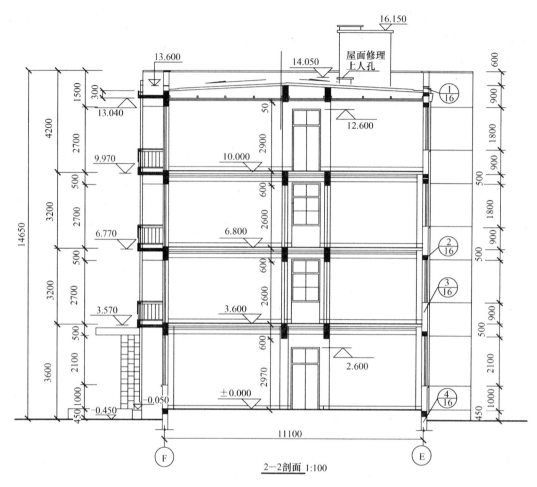

图 9-22 2—2 剖面图

§9-6 建 筑 详 图

建筑详图是建筑细部的施工图。因为建筑平、立、剖面图一般采用较小的比例，因而某些建筑构配件（如门、窗、楼梯、阳台、各种装饰等）和某些建筑剖面节点（如檐口、窗台、明沟以及楼地面层和屋顶层等）的详细构造（包括式样、层次、做法、用料和详细尺寸等）都无法表达清楚。根据施工需要，必须另外绘制比例较大的图样，才能表达清楚，这种图样称为建筑详图（包括建筑构配件详图和剖面节点详图）。因此，建筑详图是建筑平、立、剖面图的补充。对于套用标准图或通用详图的建筑构配件和剖面节点，只要注明所套用图集的名称、编号或页次，则可不必再画详图。

如图 9-27 木门详图，因并不是套用定型设计而是自行设计的木门，故需详细地画出它的详图。又如图 9-26 所示的 SC281 钢窗，是套用定型设计的，本不必另画详图，但为了介绍钢窗详图的内容和画法，故仍予画出。

建筑详图所画的节点部位，除应在有关的建筑平、立、剖面图中绘注出索引符号外，还需在所画建筑详图上绘制详图符号并写明详图名称，以便查阅。如图 9-23 所示的外墙

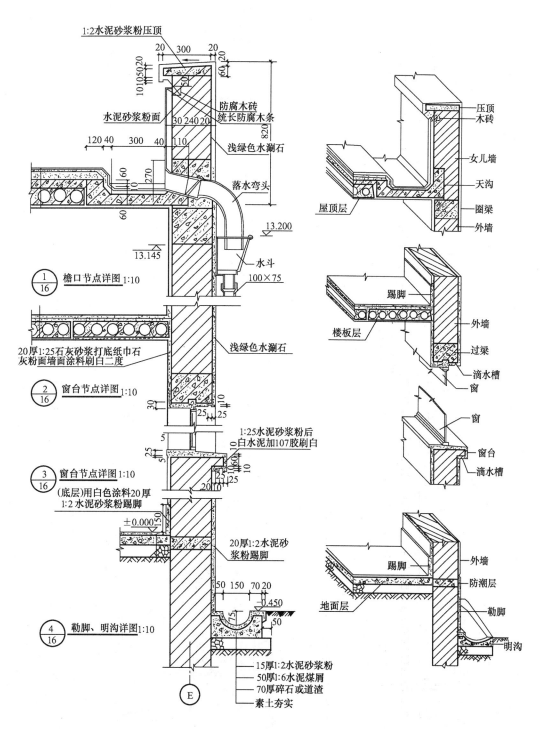

图 9-23 外墙剖面节点详图

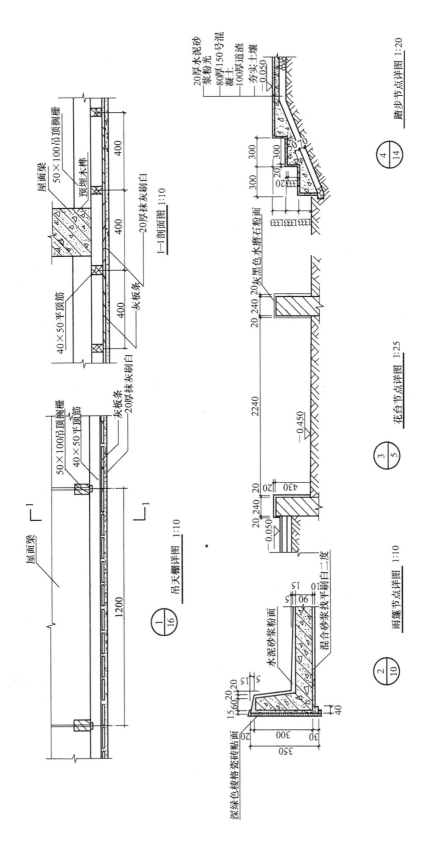

图 9-24 吊顶、雨篷、花台、踏步剖面节点详图

剖面节点详图是从 2—2 剖面图（图 9-22）中引出绘制的。

如图 9-23 至图 9-29 所示，是某招待所的外墙剖面节点，天沟剖面节点，雨篷、花台、踏步、吊顶剖面节点和窗、门、楼梯、阳台的配件详图。

现仅以外墙剖面节点详图、门、窗和楼梯详图为例简述如下。

一、外墙剖面节点详图

如图 9-23 所示的外墙剖面节点详图是按照图 9-22 中轴线 E（该房屋的北外墙）的有关部位局部放大来绘制的。它表达了房屋的屋顶层、檐口、楼（地）面层的构造、尺寸、用料及其与墙身等其他构件的关系。并且还表明了女儿墙、窗顶、窗台、勒脚、明沟（如图 9-25 天沟节点详图）等的构造、细部尺寸和用料等。

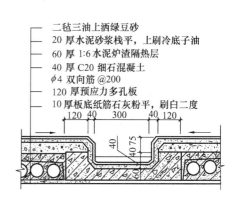

图 9-25 天沟节点详图

檐口剖面节点详图表示了该房屋的女儿墙（亦称包檐）外排水檐口的构造。从图 9-23

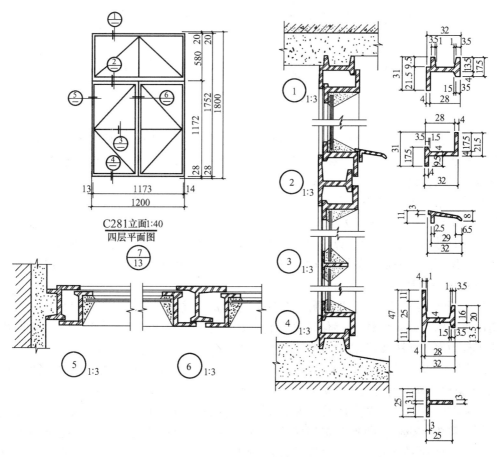

图 9-26 C281 窗详图

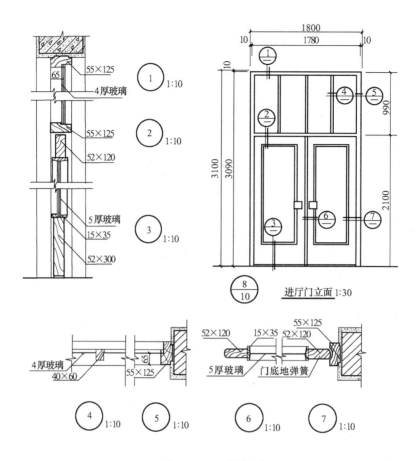

图 9-27 ZM1 门详图

可以看出，该屋顶先铺设 120mm 厚的预应力钢筋混凝土多孔板和预制钢筋混凝土天沟，并将屋面板铺放成一定的排水坡度（如图 9-21、图 9-22 所示）。然后在板上做 40mm 厚细石混凝土（内放钢筋网片）和 60mm 厚水泥炉渣隔热保温层，待水泥砂浆找平后，再做二毡三油的防水覆盖层（图中所示的油毡的"收头"固定在统长的防腐木条上）；砖砌的女儿墙上的钢筋混凝土压顶是外侧厚 60mm，内侧厚 50mm，粉刷时压顶内侧的底面做有滴水槽口（有时做出滴水斜口），以免雨水渗入下面的墙身。屋顶层底面用纸筋灰粉平后刷白两度。如屋顶层下做灰板条吊顶（在该檐口剖面节点详图中没有画出）则其构造和做法见图 9-24 中的吊顶详图。

1. 窗顶剖面节点详图主要表明了窗顶钢筋混凝土过梁处的做法。在过梁底的外侧也应粉出滴水槽（或滴水斜口），使外墙面上的雨水直接滴到做有斜坡的窗台上。在图中还表明了楼面层的做法及其分层情况的说明。

2. 窗台剖面节点详图表明了砖砌窗台的做法。除了窗台底面也同样做出滴水槽口（或滴水斜口）外，窗台面的外侧还须向外粉成一定的斜坡，以利排水。

3. 勒脚、明沟剖面节点详图表明了外墙面的勒脚和明沟的做法。勒脚高度自室外整平地面算起为 450mm。勒脚应选用防水和耐久性较好的粉刷材料粉成。离室内地面下 35mm 的墙身中设有 60mm 厚的钢筋混凝土防潮层，以隔离土壤中的水分和潮气从基础墙上升而侵蚀上面的墙身。防潮层也可以由在墙身中铺放油毛毡来做成。此外，在详图中

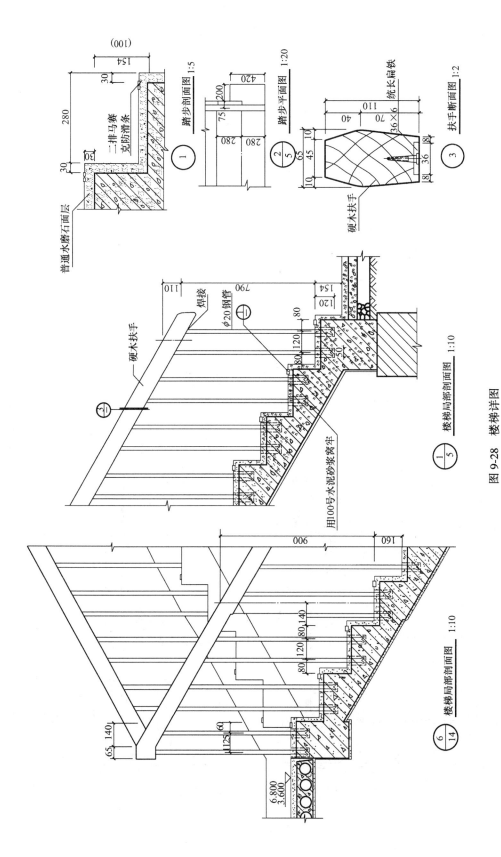

图 9-28 楼梯详图

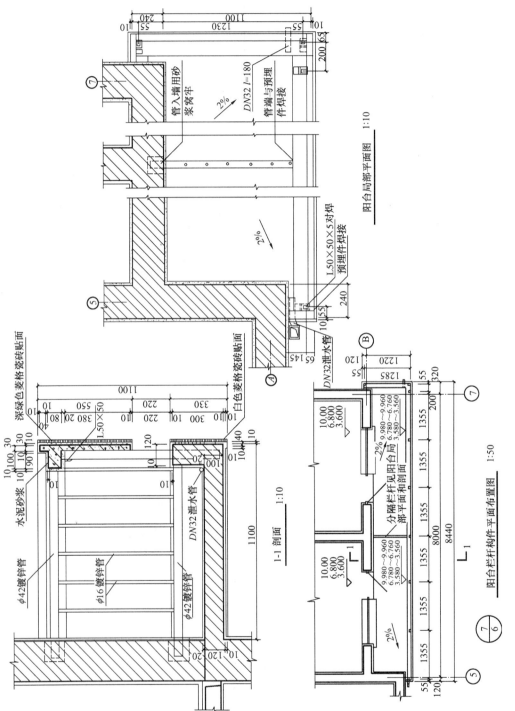

图 9-29 阳台详图

还表明了室内地面层和踢脚的做法。

外墙剖面节点详图中还应说明内、外墙各部位墙面粉刷的用料、做法和颜色。在这些外墙剖面节点详图中省略了一些看得见的如屋面梁、楼面梁等的投影线。

二、门、窗详图

图 9-26 所示为 SC281 窗详图，图 9-27 为 ZM1 门详图。

在门、窗详图中，应有门、窗的立面图，并用细斜线画出门、窗扇的开启方向符号（两斜线的交点表示装门窗扇铰链的一侧；斜线为实线时表示向外开，为虚线时表示向内开）。门、窗立面图规定画它们的外立面图。

立面图上标注的尺寸，第一道是窗框的外沿尺寸（有时还注上窗扇尺寸）；最外一道是洞口尺寸，也就是平面图和剖面图上所注的尺寸。

门、窗详图都画有不同部位的局部剖面详图，以表示门、窗框和门、窗扇的断面形状、尺寸、材料及其相互间的构造关系，还应表示出门、窗框和四周（如过梁、窗台、墙身等）的构造关系。

详图索引符号如 $\frac{2}{}$ 中的粗实线表示剖切位置，细的引出线是表示剖视方向，引出线在粗线之右，表示向右观看；同理，引出线在粗线之下，表示向下观看，一般情况，水平剖切的观看方向相当于平面图，竖直剖切的相当于左侧面图。

三、楼梯详图

在楼层建筑物中，通常采用现浇或预制的钢筋混凝土楼梯，或者部分现浇、部分为预制构件相结合的楼梯。该招待所的楼梯梯段是采用现浇钢筋混凝土，两个梯段之间的楼梯休息平台采用 120mm 厚的预制预应力钢筋混凝土多孔板。

楼梯详图主要表示楼梯的类型、结构形式以及梯段、栏杆扶手、防滑条、底层起步梯级等的详细构造方式、尺寸和用料。图 9-28 所示图形是楼梯局部剖面详图和踏步、扶手详图。

图 9-30 表示的是楼梯间的平面图，相关尺寸和标高。图 9-31 所示的剖面图是假想用一个铅垂剖切面，通过各层的一个梯段和门窗图，将楼梯剖开，向另一未被剖到的梯段方

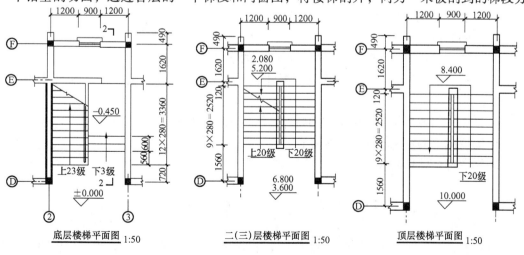

图 9-30　楼梯间平面图

向投影所得的剖面图,即为楼梯剖面图。剖面图应能完整地、清晰地表示出各梯段、平台、栏板等的构造及它们的相互关系。楼梯剖面图能表达出房屋的层数、楼梯梯段数、步级数以及楼梯的类型及其结构形式。如本例的三层楼房,分别有被剖切到和未被剖切到的楼梯段,被剖切段的步级数可直接看出,未剖梯段的步级,因被栏板遮挡而看不见,有时可画上虚线表示,但亦可在其高度尺寸上标出该段步级的数目。

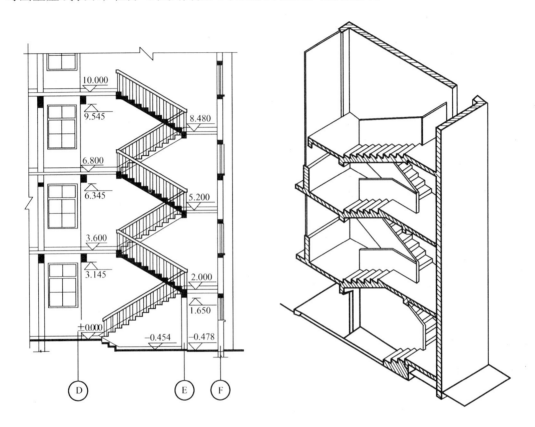

图 9-31 2—2 剖面图

四、建筑详图的主要内容

1. 详图名称、比例;
2. 详图符号及其编号以及再需另画详图时的索引符号;
3. 建筑构配件的形状以及与其他构配件的详细构造、层次、有关的详细尺寸和材料图例等;
4. 详细注明各部位和各层次的用料、做法、颜色以及施工要求等;
5. 需要画上的定位轴线及其编号;
6. 需要标注的标高等。

§9-7 绘制建筑平、立、剖面图的步骤和方法

建筑平、立、剖面图的绘制,除了应按制图的一般步骤和方法外,现按房屋图的特点补充说明如下。

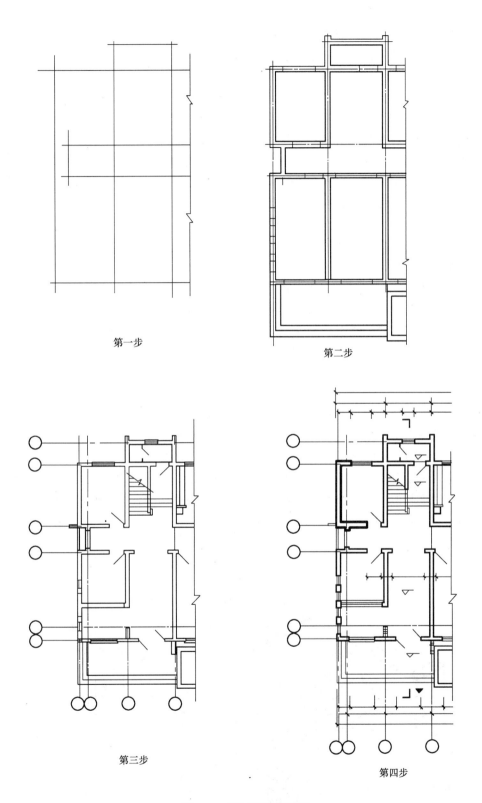

图 9-32 平面图绘制步骤

一、建筑平、立、剖面图之间的相互关系

绘制时一般先从平面开始，然后再画剖面、立面等。画时要从大到小，从整体到局部，逐步深入。

绘制建筑平、立、剖面图必须注意它们的完整性和统一性。例如立面图上的外墙面的门、窗布置和门、窗宽度应与平面图上相应的门、窗布置和门、窗宽度相一致。剖面图上外墙面的门、窗布置和门、窗高度应与平面图上相应的门、窗布置和门、窗宽度相一致。同时，立面图上各部位的高度尺寸，除了根据使用功能和立面的造型外，是从剖面图中构配件的构造关系来确定的，因此在设计和绘图中，立面图和剖面图相应的高度关系必须一致，立面图和平面图相应的宽度关系也必须一致。

对于小型的房屋，当平、立、剖面图能够画在同一张图纸上时，则利用它们相应部分的一致性来绘制，就更为方便。

二、建筑平、立、剖面图的绘图步骤

如图9-32所示，表明了平面图的绘图步骤。不论是平面图，还是立面图、剖面图，他们都是先画定位轴线；然后画出建筑构配件的形状和大小；再画出各个建筑细部；画上尺寸线、标高符号、详图索引符号等，最后注写尺寸、标高数字和有关说明等。

§9-8 楼梯图画法

现仍以某招待所的楼梯为例，来说明楼梯图的内容及画法。

一、楼梯平面图

1. 楼梯平面图的图示内容

楼梯平面图实际上是水平剖切平面位于各层窗台上方的剖面图，见图9-34、图9-36、图9-38。它表明梯段的水平长度和宽度、各级踏面的宽度、平台的宽度和栏杆扶手的位置以及其他一些平面的形状。

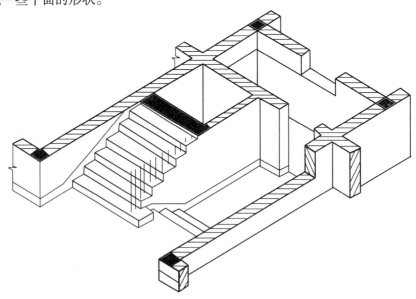

图9-33 底层楼梯平面图的剖切位置

楼梯梯段被水平面剖切后，其剖切交线主要是正平线，而各级踏步也是正平线，为了避免混淆，剖切处应按《建筑制图标准》规定，在平面图中用倾斜折断线表示。

楼梯平面图中，除注出楼梯间的开间和进深尺寸、楼地面和平台面的尺寸及标高外，还需注出各细部的详细尺寸。通常用踏面数与踏面宽度的乘积来表达梯段的长度尺寸。

(1) 底层楼梯平面图（图 9-33、图 9-34）

在底层楼梯平面图中，除表明梯段的布置情况和栏杆位置外，还应用箭头表明梯段向上或向下的走向，同时标出楼梯的踏级总数。如图 9-34 中注写"上 23 级"，即从底层往上走 23 级到达第二层；"下 3 级"，即从底层往下 3 级到达女厕所门外地面。

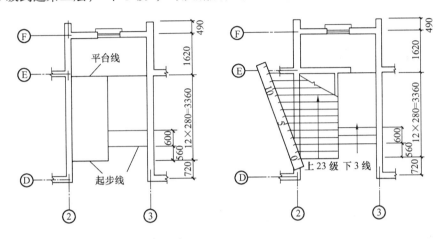

图 9-34 底层楼梯平面

(2) 二、三层楼梯平面图（图 9-35、图 9-36）

当各层的楼梯位置及梯段数、踏级数及其断面大小都相同时，通常把相同的几层合画成一个标准层楼梯平面图，其图示方法与前述完全相同。图 9-36 所示的二（三）层楼梯平面图，即为该招待所的标准层楼梯平面图。

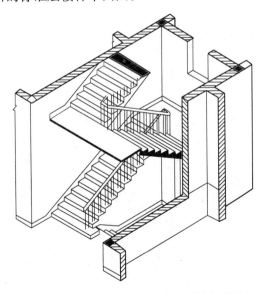

图 9-35 二（三）层楼梯平面图的剖切位置

从图 9-35 中可以看出，二、三层楼梯段经剖切后，不但看到本层上行梯段的部分踏级，也看到下一层的下行梯段的部分踏级，图 9-36 中用箭头分别标出"上 20 级"及"下 20 级"，即从二层（或三层）往上走 20 级到达三层（或四层）；往下走 20 级到达底层。

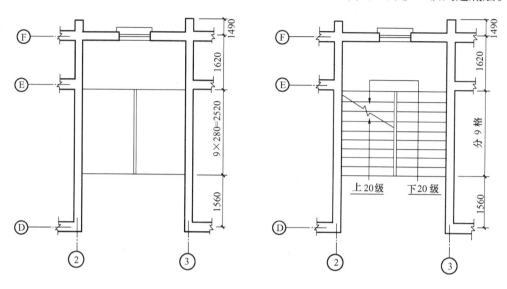

图 9-36　二（三）层楼梯平面

(3) 四层楼梯平面图（图 9-37、图 9-38）

四层楼梯梯段经剖切后，能看到下行梯段的全部梯级以及四层楼面上的楼梯栏杆（或栏板）、扶手等，因此，图中仅画下行箭头方向。

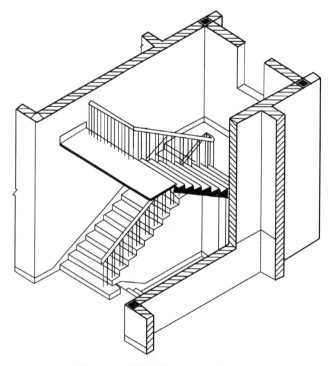

图 9-37　顶层楼梯平面图的剖切位置

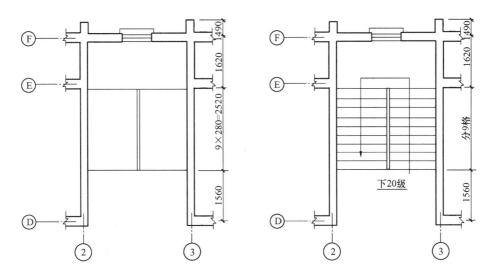

图 9-38　顶层楼梯平面

2. 楼梯平面图的画法

各层楼梯平面图可采用画平行格线的方法，较为简便和准确，所画的每一分格，表示梯段的一级踏面。由于梯段端头一级的踏面与平台面或楼面重合，所以平面图中每一梯段画出的踏面格数比该梯段的级数少一，即楼梯梯段长度 = 每一级踏面宽 ×（梯段级数 – 1）。

现以顶层楼梯平面图（图 9-37）为例，说明其具体作图步骤。

第一步　根据楼梯平台宽度，先定出平台线；再由平台线以踏级数减一乘以踏面宽度，得出梯段另一端的梯级起步线。本例梯段踏级数为 10、踏面宽度 280mm，则平台线至梯段另一端起步线的水平距离为（10 – 1）× 280 = 2520mm。

第二步　采用第 1 章图 1-19 等分两已知平行线间距离的方法来分格。

二、楼梯剖面图的内容及画法

楼梯剖面图的内容：

楼梯剖面图可清晰地表示出和梯段的踏级数、踏级的高度和宽度、楼梯的构造、各层平台面及楼面的高度以及它们之间的相互关系，见图 9-21。

图 9-21 是按底层建筑平面图中 1—1 剖切线的位置及其剖视方向来画出的，每层楼梯的上行第二梯段被剖切到，可以看到每层楼梯的上行第一梯段。

楼梯剖面图中应标注每层地面、平台面、楼面等的标高以及梯段、梯杆（或栏板）的高度尺寸。

楼梯的高度尺寸可以踏级数与踏级高度尺寸的乘积来标注，例如底层第一梯段的楼梯高度为 $13 \times 154 \approx 2000$ mm。

各层楼梯剖面图也是利用画平行格线的方法来绘制的，所画的水平方向的每一分格表示梯段的一级踏面宽度；竖向的每一分格表示一个踏级的高度，竖向格数与梯段级数相同。具体作法如图 9-39 所示。实际上只要画出靠近梯段的分格线即可。

第一步　画出各层楼面和平台及楼板的断面；

第二步　根据各层梯段的踏级数、竖向分成五个 10 格及一个 13 格、一个 3 格；水平方向中的分格数，应是级数减一，例如底层 13 级的梯段分成 12 格。

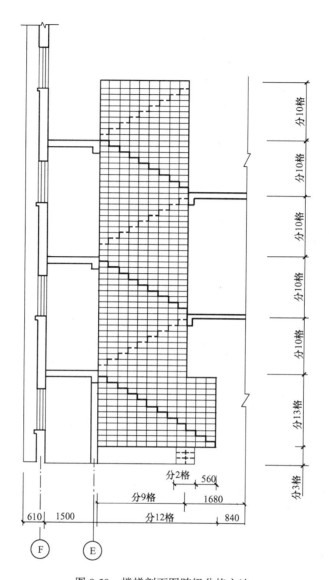

图 9-39 楼梯剖面图踏级分格方法

第10章 结构施工图

§10-1 概 述

房屋的建筑施工图表达了房屋的外部造型、内部布置、建筑构造和内外装修等内容，而房屋和各承重构件（如基础、梁、板、柱以及其他构件等）的布置、结构构造等内容都没有表达出来。因此，在房屋设计中，除了进行建筑设计，画出建筑施工图外，还要进行结构设计，绘制出结构施工图。即根据建筑各方面的要求，进行结构选型和构件布置，再通过力学计算，决定房屋各承重构件（如图10-1的梁、板、柱及基础等）的材料、形状、大小以及内部构造等，以指导施工，这种图样称为结构施工图，简称"结施"。

一、结构施工图的内容和用途

结构施工图主要表达结构设计的内容，它是表示建筑物各承重构件（如基础、承重墙、柱、梁、板、屋架等）的布置、形状、大小、材料、构造及其相互关系的图样。它还要反映出其他专业（如建筑、给排水、暖通、电气等）对结构的要求。结构施工图主要用来作为施工放线、挖基槽、支模板、绑扎钢筋、设置预埋件和预留孔洞、浇捣混凝土，安装梁、板、柱等构件，以及编制预算和施工组织设计等的依据。

结构施工图一般有结构详图、结构布置图和基础图等。

二、钢筋混凝土结构的基本知识和图示方法

混凝土是由水泥、砂、石子和水按一定比例配合搅拌而成，把它灌入定型模板，经振捣密实和养护凝固后就形成坚硬如石的混凝土构件。混凝土的抗压强度较高，但抗拉强度较低，容易因受拉而断裂。为了提高混凝土构件的抗拉能力，常在混凝土构件的受拉区内配置一定数量的钢筋。由混凝土和钢筋两种材料构成整体的构件，叫做钢筋混凝土构件。图10-2是梁的示意图其中图10-2（a）表示素混凝土梁，全部由混凝土制成的梁在荷载 F 的作用下成一受弯构件，即表现为下部受拉，上部受压。由于混凝土的抗拉强度很低，当荷载还不太大时，在梁下部受拉区对混凝土产生的拉力就会超过这部分混凝土的抗拉强度极限，梁就会断裂。图10-2（b）表示在受拉区配有适当钢筋的梁，在荷载作用下，受拉区混凝土达到其抗拉极限时，钢筋继续承担拉力，使梁正常工作。

钢筋混凝土构件有现场现浇的，也有工厂（或现场）预制的，分别叫做现浇钢筋混凝土构件和预制钢筋混凝土构件。此外，有的构件在制作时通过张拉钢筋对混凝土施加一定压力，以提高构件的抗拉和抗裂性能，叫做预应力钢筋混凝土构件。

1. 混凝土强度等级和钢筋等级

混凝土按其抗压强度的不同分为不同的强度等级。常用的混凝土强度等级有 C7.5，C10，C15，C20，C25，C30，C40 等。

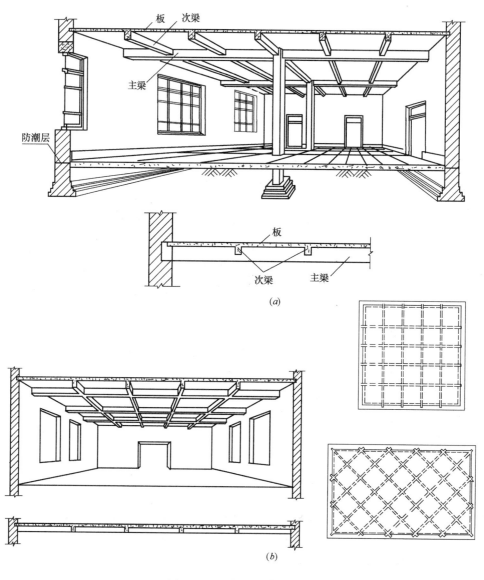

图 10-1 钢筋混凝土结构示意图
(a)结构示意图;(b)井式楼板布筋结构示意图

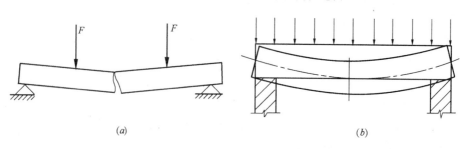

图 10-2 钢筋混凝土梁的受力示意图
(a)素混凝土梁;(b)钢筋混凝土梁

钢筋按其强度和品种分成不同的等级,并分别用不同的直径符号表示:

HPB235 级钢筋（即 3 号光圆钢筋）——Φ

HRB335 级钢筋（如 16 锰人字型钢筋）——Φ

HRB400 级钢筋（如 25 锰硅人字型钢筋）——Φ

RRB400 级钢筋（圆和螺纹钢筋）——Φ^R

冷拉 HPB235 级钢筋（螺纹钢筋）——Φ^L

冷拔低碳钢丝——Φ^b

2. 钢筋的名称和作用

如图 10-3 所示,按钢筋在构件中所起的不同作用,可分为:

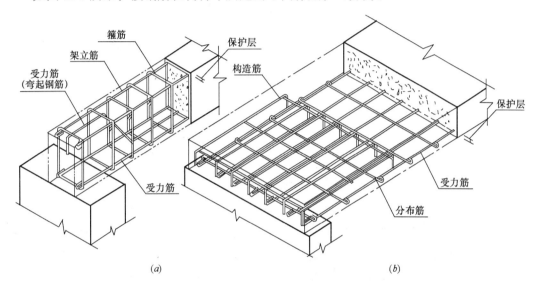

图 10-3 钢筋混凝土梁、板配筋构造
（a）钢筋混凝土梁；(b) 钢筋混凝土板

受力筋——是构件中主要的受力钢筋。承受构件中拉力的钢筋,叫做受拉筋。在梁、柱等构件中有时还需要配置承受压力的钢筋,叫做受压筋。

（1）箍筋——是构件中承受剪力和部分斜拉应力的钢筋,同时用来固定纵向钢筋的位置,一般用于梁和柱中。

（2）架立筋——它与梁内的受力筋、箍筋一起构成钢筋的骨架。

（3）分布筋——它与板内的受力筋一起构成钢筋的骨架。

（4）构造筋——因构件的构造要求和施工安装需要配置的钢筋,如腰筋、吊环等,架立筋和分布筋也属于构造筋。

构件中若采用 HPB235 级钢筋（表面光圆钢筋）,为了加强钢筋与混凝土的粘结力,钢筋的两端都要做成弯钩,如梁内上部架立钢筋端部的半圆形弯钩、箍筋端部的 45°斜弯钩和板内上部构造筋端部的直角弯钩等；钢筋端部的弯钩常用的几种形式见图 10-4（a）、(b)、(c),其分别为带有平直部分的半圆弯钩、直弯钩和斜弯钩。若采用 HRB335 级或 HRB335 级以上的钢筋（表面带凹凸纹的钢筋）,则钢筋的两端不必做弯钩。有些构件受力钢筋做成弯起式,如图 10-5 所示,图 10-6 为箍筋的形式。

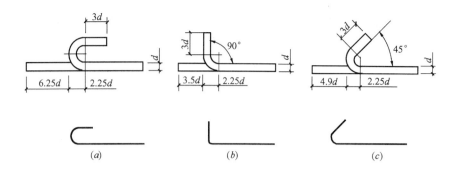

图 10-4 钢筋端部的弯钩
(a) 半圆弯钩；(b) 直角弯钩；(c) 斜弯钩

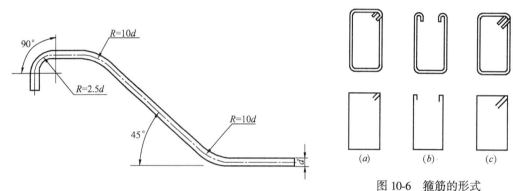

图 10-5 钢筋弯起形式

图 10-6 箍筋的形式
(a) 封闭箍筋；(b) 开口箍筋；(c) 抗扭箍筋

为了保护钢筋（防蚀、防火）和保证钢筋与混凝土的粘结力，钢筋的外边缘至构件表面应保持一定的厚度，叫做保护层。按规定保护层的最小厚度如表 10-1 所示。

钢筋混凝土构件的保护层最小厚度　单位：(mm)　　表 10-1

钢　筋	构件名称		保护层厚度
受力筋	墙、板和环形构件		15
	梁　和　柱		25
	基　础	有垫层	35
		无垫层	70
箍　筋	梁　和　柱		15
分布筋	板　和　墙		10

3. 钢筋的图例

构件中的钢筋有直的、弯的、带钩的、不带钩的等，这都需要在图中表达清楚。表 10-2 中列出了常用钢筋的图例。

常用钢筋的图例　　表 10-2

序号	名　　称	图　　例	说　　明
1	钢筋横断面	●	

续表

序号	名称	图例	说明
2	无弯钩的钢筋端部		下图表示长短钢筋投影重叠时可在短筋端部用45°短划线表示
3	带半圆形弯钩的钢筋端部		
4	带直钩的钢筋端部		
5	带丝扣的钢筋端部		
6	无弯钩的钢筋搭接		
7	带半圆形弯钩的钢筋搭接		
8	带直钩的钢筋搭接		
9	套管接头（花篮螺丝）		
10	花篮螺丝钢筋接头		

4．图示的方法

从钢筋混凝土构件的外观只能看到混凝土表面和它的外形，而内部钢筋的形状和布置是看不见的。为了表达构件内部钢筋的配置情况，可假定混凝土为透明体。主要表示构件内部钢筋配置的图样，叫做配筋图。配筋图通常由立面图和断面图组成。立面图中构件的轮廓线用中粗实线画出；钢筋简化为单线，用粗实线表示。断面图中剖到的钢筋圆截面画成黑圆点，其余未剖到的钢筋仍画成粗实线，并规定不画材料图例。对于外形比较复杂或设有预埋件（因构件安装或与其他构件连接需要，在构件表面预埋钢板吊钩或螺栓等）的构件，还要另画出表示构件外形和预埋件位置的图样，叫做模板图。在模板图中，应标出构件的外形尺寸（也称模板尺寸）和预埋件型号及其定位尺寸，它是制作构件模板和安放预埋件的依据。对于外形比较简单、又无预埋件的构件，因在配筋图中已标注出构件的外形尺寸，就不需要再画出模板图（如图10-7中圈梁、构造柱、过梁）。

5．钢筋的尺寸注法

钢筋的直径、根数或相邻钢筋中心距一般采用引出线方式标注，其尺寸标注有下面形式：

201

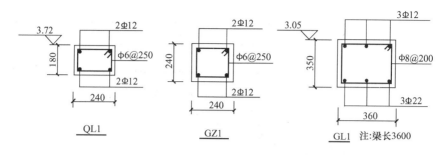

图 10-7 圈梁、构造柱、过梁的配筋详图

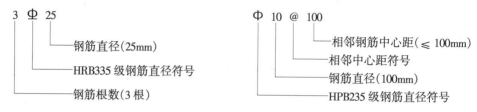

钢筋的长度在配筋图中一般不予标注,常列入构件的钢筋材料表中,而钢筋材料表通常由施工单位编制。

§10-2 结构平面图

表示房屋结构布置的图样,叫做结构布置图。表示了墙、梁、板、柱等承重构件在平面图中的布置,是施工中布置各层承重构件的依据。楼层结构平面图是假想用一个紧贴楼面的水平面剖切楼层后所得的水平剖面图。

以砖混结构结构平面图为例,介绍结构布置图的内容及图示画法。二层结构平面图是采用在二层楼面上方的一个水平剖面图来表示的。为了画图方便,习惯上可把楼板下的不可见墙身线和门窗洞位置线(应画虚线)改画成细实线。各种梁(如楼面梁、雨篷梁、阳台梁、圈梁和门窗过梁等)用粗点划线表示它们的中心线位置。预制楼板的布置不必按实际投影分块画出,而简化为一条对角线(细实线)来表示楼板的布置范围,并沿着对角线方向注写出预制楼板的块数和型号。现浇板的表示方法类同(如图 10-8 所示)。图 10-8 是招待所二层结构平面图,此图显示板、梁、墙等的布置情况,包括板的选型、排列,梁的设置,板、梁、墙的连接或搭接关系等。部分楼面的平面分隔比较规则,根据各个房间的开间和进深不同,布置了不同数量和不同型号的预应力多孔板,用直接正投影法表示了部分房间预应力多孔板的铺设情况,并分别以对角线表示铺设各块楼板的总范围,对角线的一侧注明了预应力多孔板的块数和型号。有些部位因要安装管道,需预留管道孔洞。为了防止漏水,就与相邻的布置不规则的部分一起采用现浇楼板。

结构平面图中还反映了圈梁(QL)、过梁(GL)、雨篷(YP)等的布置情况,若与楼板做在一起时,可以与楼盖的结构平面图画在一起,若图线过多,构造情况又比较复杂时,也可以单独画。招待所二层结构平面图中,走廊板搁置在轴线 C,D 的纵墙和纵梁 L4,L5 上。轴线①~⑤间的宿舍、男厕、盥洗室以及楼梯间楼面部分的楼板都搁置在相

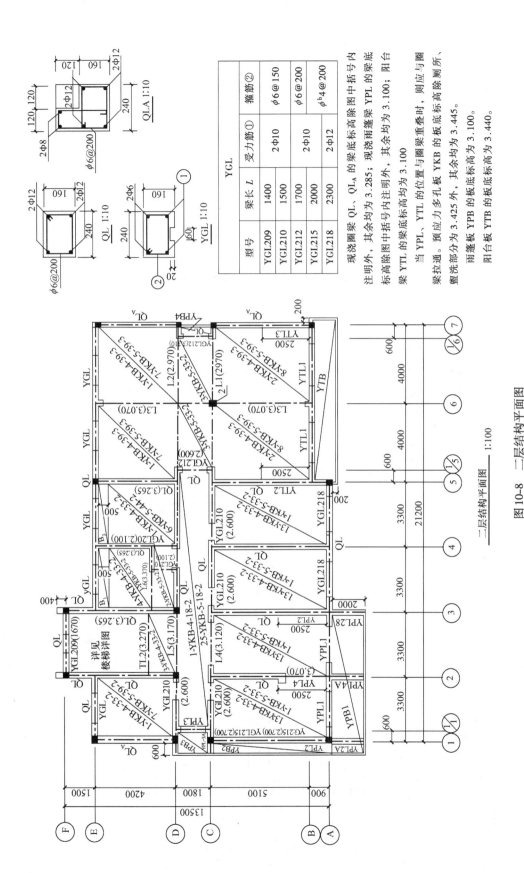

图 10-8 二层结构平面图

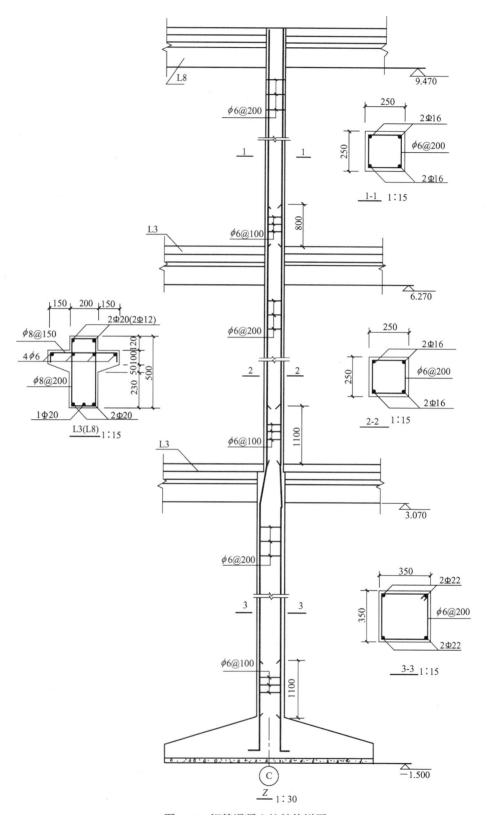

图 10-9 钢筋混凝土柱结构详图

邻的横墙上。轴线⑤~⑦间的底层平面是开间较大的活动室、阅览室（见图 9-12），中间设一钢筋混凝土承重柱，并在纵、横方向布置楼面梁 L_1 和 L_3，楼板则搁置在横墙和横梁 L_3 上。轴线⑤~⑦之间的二层平面用砖墙分隔成宿舍、走廊和会议室，砖墙砌筑在梁的顶面上。为了承受二层会议室与走廊间的半砖隔墙的重量，在轴线 D 上再加设纵梁 L_2。出入口雨篷由外挑雨篷梁 YPL_{2A}，YPL_{4A}，YPL_{2B} 和雨篷板 YPB_1 组成，阳台由阳台梁 YTL_1 和外挑阳台板 YTB 组成。此外，为了加强房屋的整体刚度，在各层楼板和屋面板下的砖墙中均需设置一道钢筋混凝土圈梁（QL，QL_A）以及门窗洞上过梁 YGL（YGL209，YGL215 等）。楼板有预制板和现浇板两种。预制楼板 YKB 采用上海地区定型的预应力多孔板；为厕所、盥洗室上下水管道留孔的需要，在靠近轴线 E 处有一块宽 500mm 的现浇楼板 B_1。

楼层结构平面图的定位轴线及其编号，必须与相应的建筑平面图一致。为了进一步了解二层结构平面图，现把该层楼面的各种梁、板及柱的名称、代号和规格说明如下：

L——现浇梁（L_1，L_2 为矩形断面 240×600；L_3 为十字形断面，与其连接的柱的断面形状详见图 10-9；L_4 为矩形截面 240×350；L_5 为矩形截面 240×300；L_6 为矩形截面 240×200）。

TL——现浇楼梯梁（TL_2 为矩形截面 200×300）。

YPL——现浇雨篷梁（YPL_1，YPL_{2B}，YPL_{3A} 为矩形断面 240×300；YPL_2、YPL_3 为矩形断面 240×370；YPL_4 为矩形断面 240×400；YPL_{2A}，YPL_{4A} 为矩形变截面梁 240×200~300）。

YTL——现浇阳台梁（YTL_1 为矩形断面 240×450；YTL_2，YTL_3 为矩形断面 240×370）。

QL，QL_A——现浇圈梁（QL 为矩形断面 240×160；QL_A 为山墙缺口圈梁，呈 L 形断面）。当圈梁与其他梁（如雨篷梁、阳台梁等）的平面位置重叠时，则它们应互相连接拉通。

YGL——预制门窗过梁，梁底有一宽 60mm 的凹槽。

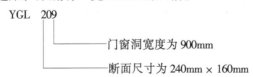

YKB——预制预应力多孔板。

如

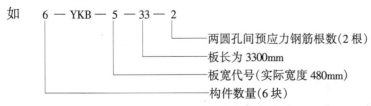

§10-3 基 础 图

基础是房屋的地下承重结构部分，它把房屋的各种荷载传递到地基，起到了承上传下的作用。基础图是表示建筑物室内地面以下基础部分的平面图布置和详细构造的图样，它是施工时在地面上放灰线（用石灰粉线定出房屋的定位轴线、墙身线、基础底面长宽线）、开挖基坑和施工基础的依据。基础图通常包括基础平面图和基础详图。

基础的形式一般取决于上部承重结构的形式。如本章实例某招待所的上部结构是砖墙和钢筋混凝土柱承重，因而它们的基础相应地设计成墙下的条形基础和柱下的独立基础。基础的形式众多，不仅与上部结构形式有关，而且因房屋的荷载大小和地基承载能力的不同，还有其他不同的基础形式，这里不作细述。

一、基础平面图

基础平面图是表示基槽未回填土时基础平面布置的图样。如图 10-10 所示，它是采用剖切在房屋室内地面下方的一个水平剖面图来表示的。

1. 图示内容和要求

在基础平面图中，只要画出基础墙、构造柱、承重柱的断面以及基础底面的轮廓线，至于基础的细部投影都可省略不画。这些细部的形状，将具体反映在基础详图中。基础墙和柱的外形线是剖到的轮廓线，应画成粗实线。由于基础平面图常采用 1:100 的比例绘制，故材料图例的表示方法与建筑平面图相同，即剖到的基础墙可不画砖墙图例（也可在透明描图纸的背面涂成淡红色）、钢筋混凝土柱涂成黑色。条形基础和独立基础的底面外形线是可见轮廓线，则画成中粗实线。

同时为了满足抗震设防的要求，在基础平面图中设置基础圈梁 JQL，并用粗点划线表示基础梁或基础圈梁的中心线位置。构造柱可从基础梁（或基础圈梁）的顶面开始设置。

2. 尺寸注法

基础平面图中必须注明基础的大小尺寸和定位尺寸。基础的大小尺寸即基础墙宽度、柱外形尺寸以及它们基础的底面尺寸，这些尺寸可直接标注在基础平面图上，也可以用文字加以说明（如基础墙宽均为 240，构造柱横截面均为 240×240）和用基础代号 J_1，J_2 等形式标注。基础代号注写在基础剖切线的一侧，以便在相应的基础断面图（即基础详图）中查到基础底面的宽度。基础的定位尺寸也就是基础墙、柱的轴线尺寸（应注意它们的定位轴线及其编号必须与建筑平面图相一致）。图 10-10 中，定位轴线都在墙身或柱的中心位置。

二、基础平面图的主要内容

基础平面图的主要内容概括如下：

1. 图名、比例；

2. 纵横定位轴线及其编号；

3. 基础的平面布置，即基础墙、构造柱、承重柱以及基础底面的形状、大小及其与轴线的关系；

4. 基础梁（圈梁）的位置和代号；

5. 断面图的剖切线及其编号（或注写基础代号）；

6. 轴线尺寸、基础大小尺寸和定位尺寸；

7. 施工说明。

当基础底面标高有变化时，应在基础平面图对应部位的附近画出一段基础垫层的垂直剖面图，来表示基底标高的变化，并标注相应基底的标高，见图 10-10。

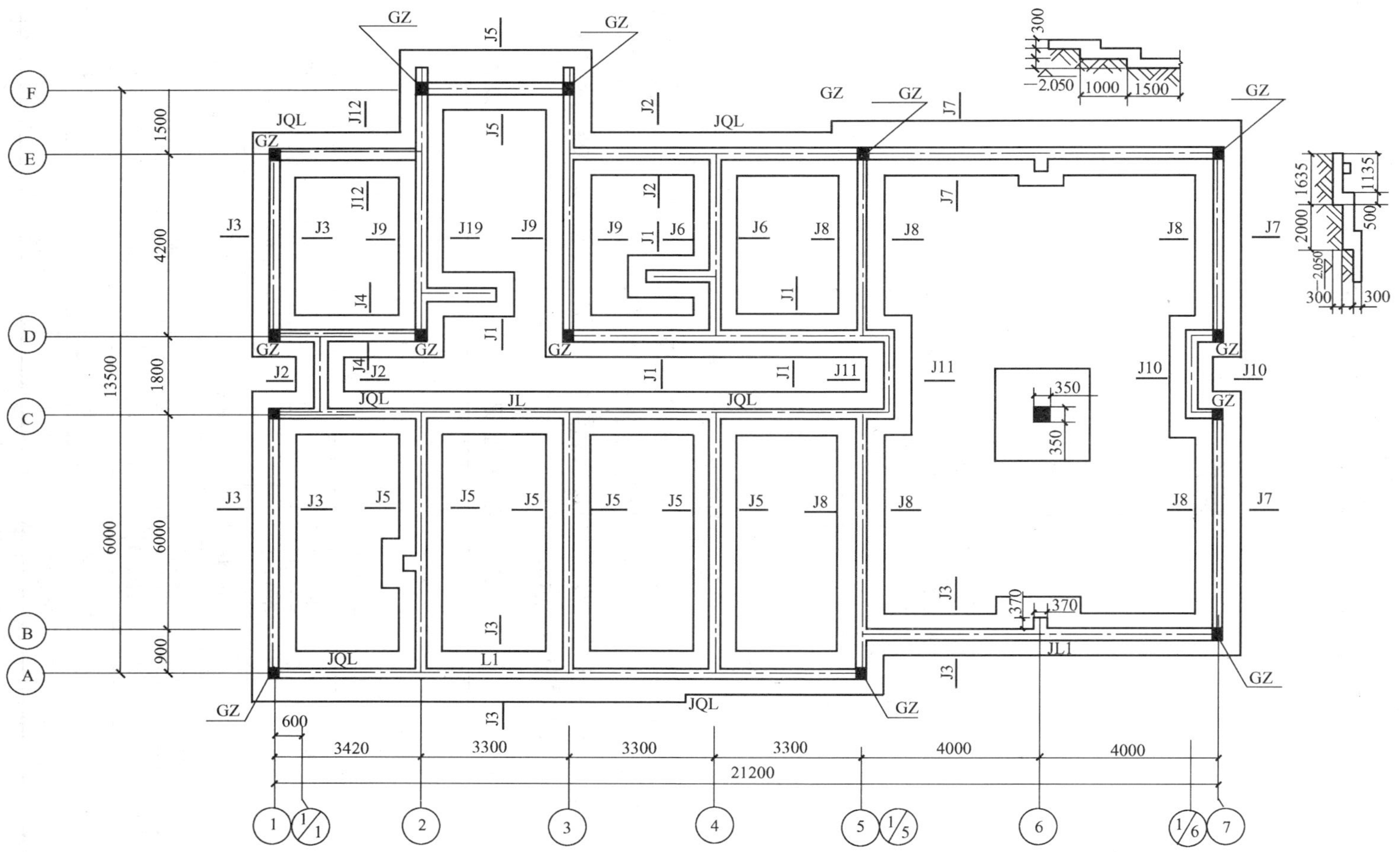

图 10-10 基础平面图

三、基础详图

基础平面图只表明了基础的平面布置，而基础各部分的形状、大小、材料、构造以及基础的埋置深度等都没有表达出来，这就需要画出各部分的基础详图。

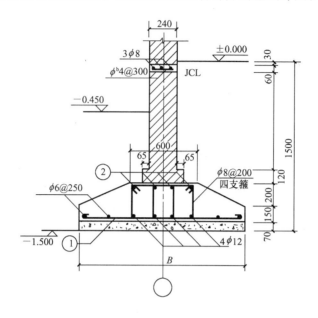

图 10-11　钢筋混凝土条形基础

基础详图一般采用垂直断面图来表示。图 10-11 为承重墙的基础详图。该承重墙基础是钢筋混凝土条形基础。由于各条形基础的断面形状和配筋形式是类似的，因此只要画出一个通用断面图，再附上表 10-3，列出基础底面宽度 B 和基础受力筋①，就能把各个条形基础的形状、大小、构造和配筋表达清楚了。

基 础 与 基 础 梁　　　　　　　表 10-3

基础	宽度 B	受力筋①	J	J	
			J_9	2300	$\phi 14@180$
J_1	800	素混凝土	J_{10}	2400	$\phi 14@170$
J_2	1000	$\phi 8@200$	J_{11}	2800	$\phi 16@180$
J_3	1300	$\phi 8@150$	JL		
J_4	1400	$\phi 10@200$	基础梁	梁长 l	受力筋②
J_5	1500	$\phi 10@170$	JL_1	2800	$4\phi 18$
J_6	1600	$\phi 12@200$	JL_2	3500	$4\phi 22$
J_7	1800	$\phi 12@180$	JL_3	2040	$4\phi 14$
J_8	2200	$\phi 12@150$	JL_4	8240	$4\phi 25$

四、基础详图的主要内容

基础详图的主要内容概括如下：

1. 图名（或基础代号），比例；
2. 基础断面图中轴线及其编号（若为通用断面图，则轴线圆圈内不予编号）；
3. 基础断面形状、大小、材料以及配筋；
4. 基础梁和基础圈梁的截面尺寸及配筋；
5. 基础圈梁与构造柱的连接做法；
6. 基础断面的详细尺寸和室内外地面、基础垫层底面的标高；
7. 防潮层的位置和做法；
8. 施工说明等。

§10-4 钢筋混凝土构件结构详图

结构布置图只表示出建筑物各承重构件的布置情况，至于它们的形状、大小、材料、构造和连接情况等则需要分别画出各承重构件的结构详图来表达。

一、钢筋混凝土梁

图 10-12 所示是一根现浇梁 L 的结构详图。从该图可知，该梁跨度为 4500mm，支承在轴线号为 B C 的承重墙体上，由于该梁的两端在轴线外尚各有 120mm 的长度，故该梁的全长为 4740mm。又从该梁的断面图可知，该梁为 240mm×400mm 的矩形梁，在梁的底部总共配置了三条受力筋（据 1—1 断面图），但在 2—2 断面图中，中间的②筋到了顶部，于是结合立面图的钢筋详图可得出结论：

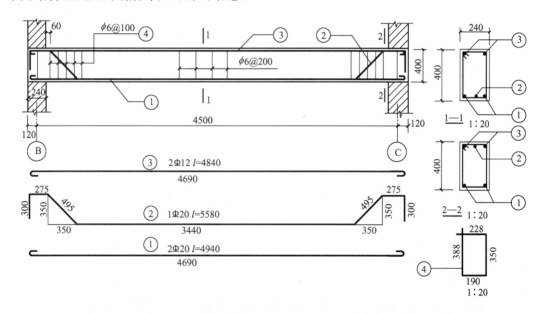

图 10-12 钢筋混凝土梁结构详图

（1）①号筋为两条位于底部的直径 20mm HRB335 级钢筋。

（2）②号筋位于两条①号筋的中部，亦为直径 20mm 的 HRB335 级弯起筋。弯起后在离内墙面 60mm 处又折平伸入墙体，而后再在离外墙面一个保护层厚度（一般为 25mm）处折向梁的底部。

(3) 在梁的顶部配置有两条直径 12mm 的架立筋。它们与受力筋一起，两端用每隔 100mm，中部用每隔 200mm 配置一条直径 6mm 的箍筋捆绑成钢筋骨架。这两条架立筋和箍筋皆为 HPB235 级的钢筋。

在该图中用于钢筋编号的小圆，直径宜为 6mm。在立面图下方画出了该构件的钢筋详图。图 10-12 钢筋详图中给出了下料尺寸。计算时，构造配筋图中的箍筋的下料尺寸应指它的里皮尺寸；弯起钢筋的高度尺寸应指它的外皮尺寸。

图中除了详细注出梁的外形尺寸和钢筋尺寸外，还应注明梁底的结构标高。

二、钢筋混凝土板

钢筋混凝土板有预制板和现浇板两种。钢筋混凝土预制板多为工厂的定型产品，不必绘制结构详图，只需在图中注明钢筋混凝土预制板的型号以及选用的图集号。图 10-13 是民用建筑中的预应力多孔预制板（YKB-5-X X-2）轴测图，选自结构构件通用图集《预应力空心板》TG-301，TG-301 为图集的编号，该图集中的板宽分 600mm、900mm、1200mm 三种，分别用 6、9、12 表示。轴跨为 2.7～4.2m，板厚 125mm。钢筋混凝土现浇板的结构详图一般可采用断面图

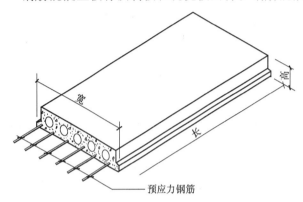

图 10-13 预应力多孔板轴测图

表示，如图 10-14 所示。图 10-15 为天沟现浇板的配筋图。板的配筋形式有两种，分离式和弯起式。若板中的上、下部受力筋分别单独配置（无弯起钢筋），则称为分离式配筋，上部钢筋是由下部的受力钢筋直接弯起的，则称为弯起式，如图 10-16 所示。

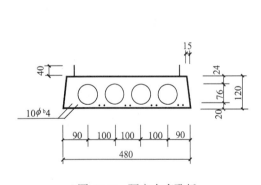

图 10-14 预应力多孔板

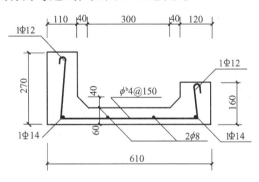

图 10-15 天沟板

图 10-17 是现浇雨篷板（YPB）的结构详图，它是采用一个剖面图来表示的，它是一块悬挑板支承在雨篷梁（YPL）上。板的断面采用变截面，板的端部厚 80mm，根部厚 100mm 梁顶标高 2.7m。受力筋 $\phi10@150$ 放在板的上部，分布筋为 $\phi6@200$ 置于受力筋之下。板的挑出宽度为 1200mm，雨篷梁为矩形等截面梁，梁宽 24mm，梁高为 300mm。

三、钢筋混凝土柱

1. 简单柱。断面形状为矩形或圆形的等截面柱，称为简单柱、简单柱可以不画立面

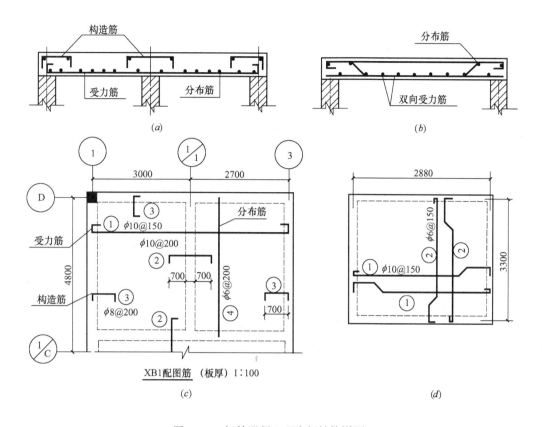

图 10-16 钢筋混凝土现浇板结构详图
(a) 分离式配筋（剖面画法）；(b) 弯起式配筋（剖面画法）
(c) 分离式配筋（平面画法）；(d) 弯起式配筋（平面画法）

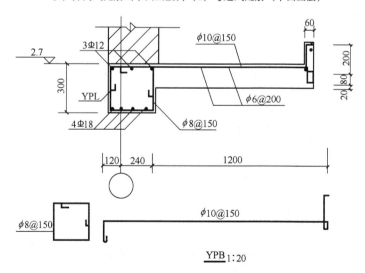

图 10-17 雨篷板结构详图

图和模板图，只画断面图即可，如图 10-18。

2. 复杂柱。复杂柱一般要用模板图、立面图和断面图来表示。如图 10-19 所示，这是某单层厂房中的预制钢筋混凝土柱。该柱分上层柱和下层柱两部分，上层柱顶支承屋架，

211

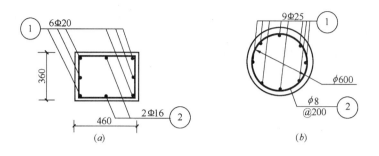

图 10-18 简单柱的表达
（a）矩形柱；（b）圆形柱

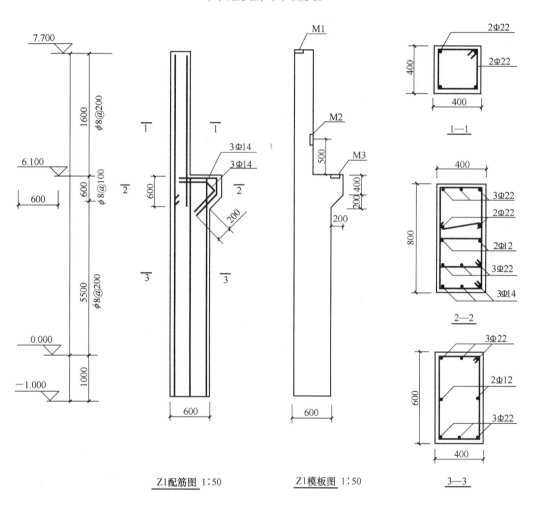

图 10-19 钢筋混凝土柱配筋图

柱中间凸出部分叫做牛腿，用来支承吊车梁；柱的下端插入杯形基础、为了固定屋架、吊车梁、外墙和连续梁等，在钢筋混凝土柱表面设有预埋件，以便这些构件的连接。图 10-19 画出了该柱的模板图和配筋图。模板图表明了柱的外形、大小以及预埋件的位置和代号等，作为制作和安装模板以及埋设预埋件的依据。配筋图主要表示钢筋的配置情况。由立面图和断面图组成。其图示方法与梁基本相同。牛腿部分配件比较复杂。它有两种弯筋，其弯曲形状和各段长度如图中所示。牛腿变截面部分的箍筋尺寸要随着截面变化逐个计算、牛腿处还有上、下柱受力钢筋的搭接部分，因而图中的2—2断面图的配筋是比较复杂的。

四、钢筋混凝土构件结构详图的主要内容

钢筋混凝土构件结构详图的主要内容概括如下：

1．构件代号，比例；
2．构件定位轴线及其编号；
3．构件的形状、大小和预埋件代号及布置（模板图），当构件的外形比较简单、又无预埋件时，可只画配筋图来表示构件的形状和钢筋配置；
4．梁、柱的结构详图通常由立面图和断面图组成，板的结构详图一般只画它的断面图或剖面图，也可把板的配筋直接画在结构平面图中；
5．构件外形尺寸、钢筋尺寸和构造尺寸以及构件底面的结构标高；
6．各结构构件之间的连接详图；
7．施工说明等。

§10-5 钢 结 构 图

一、基本知识

钢结构是由各种型钢和钢板连接而成的承重结构。它广泛应用于房屋建筑、地下建筑、桥梁、塔桅、海洋平台、港口建筑、矿山建筑、水工建筑、囤仓囤斗、气柜球罐和容器管道中。在房屋建筑中，主要用于厂房、高层建筑和大跨度建筑。常见的钢结构构件有屋架、檩条、支撑、梁、柱等。此外，刚架、大跨度的网架和悬索结构以及高耸的塔桅结构等也常采用钢结构。

（一）钢材及其性能

建筑结构中常用的钢材有碳素结构钢和低合金结构钢两个种类。碳素结构钢分为Q_{195}、Q_{215}、Q_{235}、Q_{255}及Q_{275}等5种牌号，钢号愈大，含碳量愈高，强度也随之增高，但塑性和韧性却随之降低。按质量等级分为A、B、C、D四级，根据脱氧程度不同，钢材分为镇静钢、半镇静钢、沸腾钢和特殊镇静钢。并用汉字拼音字首分别表示为Z、b、F和TZ。常用的碳素结构钢，如Q_{235Bb}为B级半镇静钢。低合金结构钢分为Q_{295}、Q_{345}、Q_{390}、Q_{420}、Q_{460}等5种牌号。按质量等级分为A、B、C、D、E五级，根据脱氧程度不同，钢材分为镇静钢和特殊镇静钢，如Q_{345B}为B级镇静钢。钢结构用的型钢是由轧钢厂按标准规格和截面形状轧制而成。常用的型钢及其标注方法见表10-4。

常用的型钢及其标注方法　　　表10-4

名　称	立体示意图	截面代号	标注方法	
等边角钢		∟	∟$b×d$	∟$50×5$ / 2000

续表

名 称	立体示意图	截面代号	标注方法	
不等边角钢		∟	∟$B \times b \times d$ / 1	∟$90 \times 56 \times 6$ / 2000
槽钢		⊏	⊏N / 1	⊏100 / 2000
工字钢		I	IN / 1	I100 / 2000
扁钢		—	—$b \times 1$ / 1	—100 / 2000
钢板		—	—1 / 1	—8 或 —$8 \times 580 \times 960$ / 2000
钢管		◎	◎ $\phi d \times t$ / l	$\phi 60 \times 5$ / 2000

(二) 钢结构的连接

钢结构的构件通常采用焊接和螺栓连接，铆接较少采用。

1. 焊接

焊接是目前钢结构中主要的连接方法，它的优点是不削弱杆件截面，构造简单和施工方便。焊接方法有很多种。一般钢结构中主要采用电弧焊。电弧焊是利用电弧热在焊缝处使焊件和焊条熔化，并使其熔合成整体的一种焊接方法。

焊条型号的表示方法为 EXXXX。E 表示焊条代号，后面的两个数字表示焊条熔敷金属的最小抗拉强度，后两位数字表示不同的焊接位置、焊接电流种类、药皮类型和熔敷金属化学成分代号等。如 E432，其中 43 表示焊条熔敷金属的抗拉强度为 $43N/mm^2$，末尾的 2 表示药皮类型为钛钙型，焊接电源为直流或交流。

由于钢结构构件连接方式的不同，于是产生不同的焊缝形式。在钢结构焊接图中，是用焊缝代号来标注焊缝的位置、形式和尺寸的。如图 10-20 所示，焊缝代号是由基本符号、辅助符号、引出线及

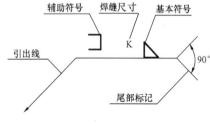

图 10-20 焊缝代号

焊缝尺寸组成。

基本符号：基本符号是表示焊缝横断面形状的符号，近似于焊接横断面的形状。基本符号要用粗实线绘制。基本符号、图示法及标注法示例，见表10-5。

焊 接 代 号 表10-5

基本符号			辅助符号			
焊缝名称	焊缝形式基本	符号	名称	形式	符号	说明
Ⅰ型焊缝		‖	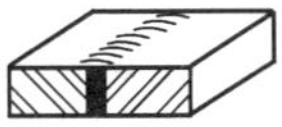 平面符号		—	要求焊缝表面平齐
V型焊缝		V	三边焊符号	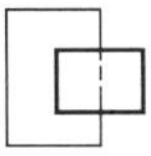	⊏	要求三边焊，符号的开口方向与焊缝实际方向基本一致
角焊缝	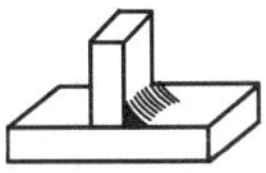	⊿	周围焊符号	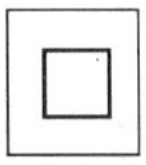	○	焊缝首尾相连
单喇叭焊缝	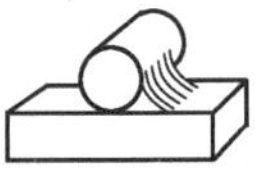	⎿	带垫板焊符号		▭	在焊缝背面加垫板并焊为一体
双喇叭焊缝		⋎	现场焊符号		▶	在现场或工地进行焊接

辅助符号：辅助符号是对焊缝的辅助要求的符号，如三面焊缝、周围焊缝、现场安装焊缝等。也采用粗实线绘制。常用的辅助符号列于表10-6中。

辅 助 符 号 表10-6

序号	名称	符号	示意图	应用示例
1	平面符号	—		
2	凹面符号	⌣	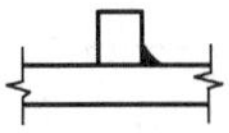	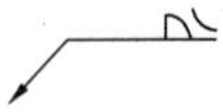
3	凸面符号	⌢	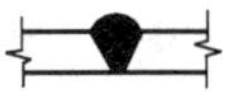	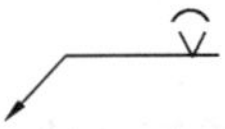
4	三面焊缝符号	⊏	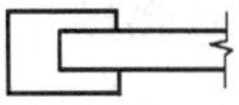	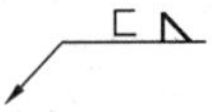

续表

序号	名 称	符 号	示意图	应用示例
5	周围焊缝符号	○	 ▭	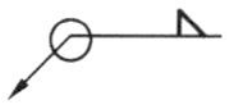
6	现场焊缝符号	 ▜		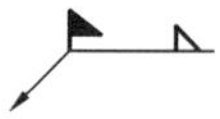

引出线；引出线采用细实线绘制，一般以带箭头的指引线表示。焊缝的尺寸：表示焊缝的尺寸大小。当焊缝分布比较复杂时，在标注焊缝代号的同时，也可以在焊缝处加画加粗线表示可见焊缝。用栅线表示不可见焊缝，如图 10-21 所示。

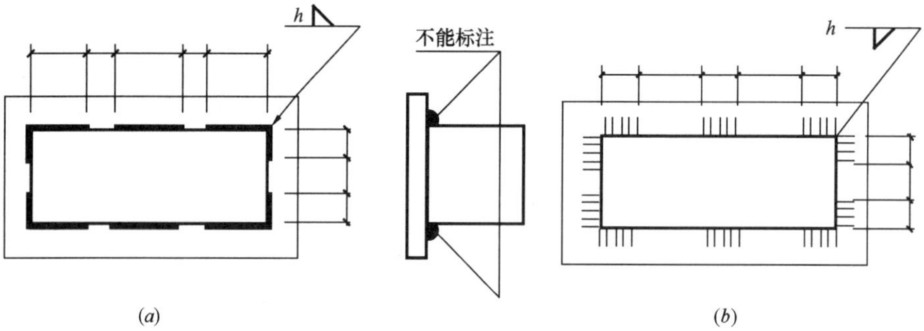

图 10-21 可见焊缝与不可见焊缝的画法
（a）可见焊缝；（b）不可见焊缝

有关焊缝标注的一些规定（录自 GB/T105—1987）如下：

(1) 单面焊缝的标注

当指引线的箭头指向焊缝所在的一面时，应将图形符号和尺寸标注在横线的上方，见图 10-22（a），当箭头指在焊缝所在的另一面（相对应的那边）时应将图形符号和尺寸标注在横线的下方，见图 10-22（b）。

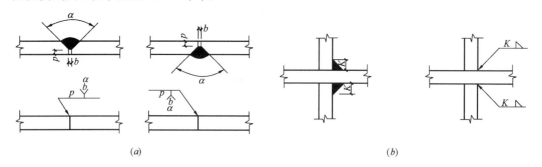

图 10-22 单面焊缝的标注

(2) 双面焊缝的标注，应在横线的上下方都标注符号和尺寸，上方表示箭头所在面的符号和尺寸。下方表示另一面的符号和尺寸，见图 10-23（a）。当页两面尺寸相同时，只需在横线上方标注尺寸，见图 10-23（b）。

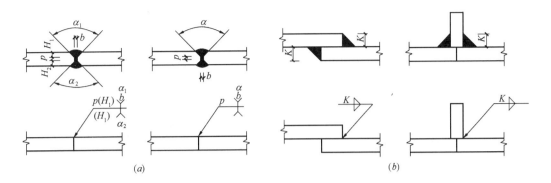

图 10-23 双面焊缝的标注

2. 螺栓连接

螺栓连接主要用于钢结构的安装和拼接部分的连接以及可拆装的结构中，它的优点是拆装和操作简便。螺栓连接采用的螺栓有普通螺栓和高强度螺栓之分。普通螺栓一般采用 Q235 钢制成。螺栓连接件是由螺栓（带螺纹的螺杆）螺母和垫圈组成，由于钢结构图的比例较小，螺栓连接和螺栓孔可用简化的图例表示。

钢结构的结构形式很多，现以比较有代表性的屋架和网架两种不同结构形式来说明钢结构图的图示特点和要求。

二、钢屋架结构图

钢屋架是在较大跨度建筑物的屋盖中常用的结构形式。屋架的外形与屋面材料和房屋使用要求有关，常用的钢屋架有三角形屋架和梯形屋架。屋架由杆件组合连接而成。屋架上面斜杆件称为上弦杆，下面水平杆件称为下弦杆，中间杆件统称为腹杆，但有竖杆和斜杆之分。各杆件交接的部位称为节点，如支座节点和屋脊节点，上弦节点和下弦节点等，图 10-24 是跨度为 15m 的梯形钢屋架结构详图，它由屋架简图和屋架详图组成。钢屋架简图是用较小比例（如 1:100）画出杆件轴线的单线图，用来表示屋架的结构、形式、跨度、高度和各杆件的几何轴线长度，是屋架设计时杆件内力分析和制作时放样的依据。屋架简图的左半部分，沿着杆件方向直接注出各杆件轴线的几何尺寸，右半部分也可标注出各杆件的内力性质和大小，"+"号表示承受拉力，"-"号表示承受压力，内力的单位为 kN。

钢屋架详图主要表明屋架各杆件（型钢）规格、组成、连接方式、节点构造以及详细尺寸等。由于该钢架是对称的，故可采用对称画法。为了表明屋脊节点和下弦中间节点的连接和拼装情况，书中为了使图样及尺寸清楚，所以画出了局部屋架图。钢屋架详图以立面图为主，围绕立面图分别画出了屋架端部侧面的局部视图、屋架跨中侧面的局部视图、屋架上弦的斜视图、假想拆卸后的下弦平面图以及必要的剖面图等。此外，还要画出节点板、支撑连接板、加劲肋板，垫板等的形状和大小（图中只画了一部分），钢屋架的跨度和高度尺寸较大，而杆件（型钢）的断面尺寸较小，若采用同一比例必然会出现杆件和节点的图形过小而表达不清楚。因此，通常在同一个图中采用两种不同的比例，即屋架杆件轴线方向采用较小的比例如（1:50）；杆件和节点则采用较大的比例（如 1:20）。

钢屋架的各个零件按一定顺序编号，在钢屋架图施工图中一般应附上材料表（略），材料表按零件号编制，并注明零件的截面规格尺寸、长度、数量和重量等内容，它是制作钢屋架时备料的依据。因而在钢屋架图中一般只要注明各零件号，可以不必标注各零件的

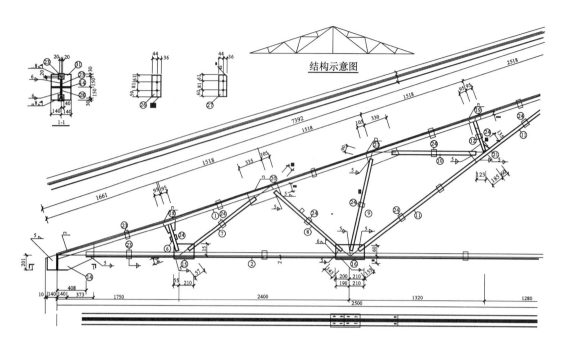

图 10-24 屋架结构局部图

截面和长度尺寸。钢屋架图中要详细注明各零件和螺栓孔的定位尺寸以及连接焊缝代号、对于单独画出的节点板、连接板等的视图中，则必须详细注出定形尺寸。

三、网架结构图

网架是由许多杆件按照一定规律组成的空间网状结构，网架结构的各杆件之间互相起支撑作用，它的整体性强、稳定性好、空间刚度大、自重轻、用钢量省，是一种良好的抗震结构，尤其是对大跨度建筑其优越性更为显著，因此它常应用于大跨度公共建筑（如体

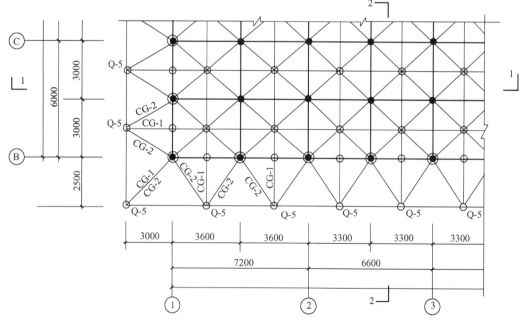

图 10-25 网架平面图

218

育馆，展览厅等》屋盖中。

网架结构按外形可分为平板型网架和曲面网壳，平板型网架都是双层的，曲回网壳有单层、双层、单曲、双曲等各种形状。近年来我国平板型钢网架发展较快，应用越来越广泛。图10-25是平板型网架的一种常见结构形式。

网架结构图一般由网架结构平面布置图、剖面图及节点详图来表示，为了使结构布置图和结构剖面图简单明了，可采用图中的规定图例分别表示上弦节点、下弦节点、上弦杆、下弦杆和腹杆，图10-26是网架的节点图，图10-27是网架的支座节点图，由于该网架结构具有对称性，故在结构布置图中以对称轴线为界分别表示出网架平面图、上弦、下弦和腹杆的平面布置，并注明杆件代号、各杆件是采用圆钢管制作，在杆件表中可查到各杆件的截面尺寸。

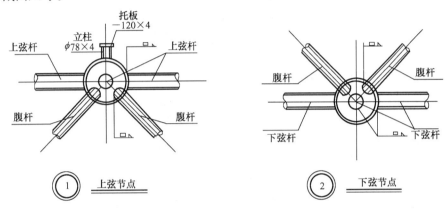

图 10-26 网架节点图

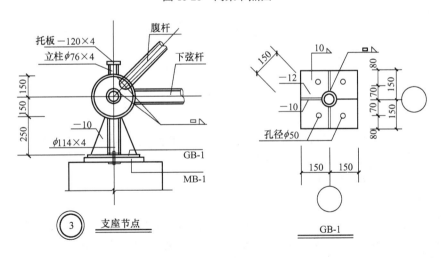

图 10-27 支座节点图

第11章 建筑给水排水工程图

给水排水工程包括给水工程和排水工程两个方面。给水工程是为了满足城乡居民及工农业生产用水需要而建造的工程设施,排水工程是指与给水工程相对应的、用来收集、输送、处理污废水的工程设施。建筑给水排水工程图是表示建筑物内部各卫生器具、设备、管道及其附件的类型、大小,在建筑物内的位置及安装方式的图样。它一般由管道总平面图、管道平面图、管道系统图、安装详图、图例及施工说明等组成。

给水排水工程通常包括给水工程和排水工程两个方面。

给水排水工程的设计图样。按其工程内容的性质可分为下列3类图样:

1. 室内给水排水工程图

表达一幢建筑物内需要用水的房间(橱房、厕所、浴室、实验室、锅炉房等)管道布置情况及卫生设备的安装情况。此类设计图样一般画有管道平面布置图、管路系统轴测图、卫生设备或用水设备等安装详图。

2. 室外管道及附属设备图

主要表示敷设在室外地下的各种管道的平面及高程布置。此类设计图样一般包括室外管网平面布置图、小区(或城市)管网平面布置图、管道纵剖面图,此外还有管道上附属设备如泵站、消火栓、闸门井、排放口等设计图样。

3. 净水构筑物工艺图

主要指自来水厂和污水处理厂的设计图样。例如给水厂、污水处理厂的各种水处理设备及构筑物,如沉淀池、过滤池、曝气池等全套图样。

§11-1 管 道 平 面 图

管道平面图是建筑给水排水施工图中最基本的图样,它主要反映卫生器具、管道及其附件相对于房屋的平面位置(如图11-5)。

一、管道平面图的图示特点

1. 图例

在整个给水排水工艺流程中,除了净水构筑物的结构由土建人员来设计和施工外,其他的供水、排水的器具、仪表、管道、阀门、水泵等绝大部分都是工业部门的定型系列产品,一般均有标准规格,极少需要设计施工人员自己加工制造,一般只须按需要情况选用相应的规格产品即可,常用的给排水工程制图图例详见表11-1。

2. 比例

给水排水专业制图选用的比例,参见表11-2。

3. 图线

新建各种给水排水管道线均采用粗线。习惯采用粗实线表示给水管道,粗虚线表示排水管道。如果图中管道类型种类多，仅依靠设置不同线型不能清楚说明管道布置情况时，则亦可按照表 11-3 定义给水排水管道。

常用给排水工程制图图例　　　　　表 11-1

名　称	图　例	名　称	图　例
给水管		雨水口	
排水管		阀门井	
洗脸盆		圆形地漏	
淋浴喷头		自动排气阀	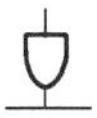
浴盆	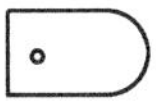	清扫口	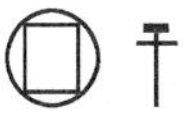
蹲式大便器	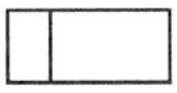	污水池	
坐式大便器		流量表	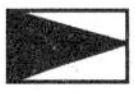
挂式小便器		多孔管	
小便槽		截止阀	
立式小便器	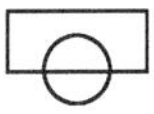	止回阀	
室内消火栓		压力表	
检查口		通气帽	
存水弯		水龙头	
浮球阀		冲洗水箱	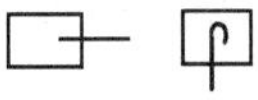
水表		交叉管	
三通连接	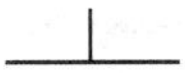	坡向	
四通连接	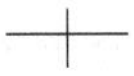	斜三通	

给水排水专业制图比例　　　　　　　表 11-2

名　称	比　例
区域规划、位置图	1:50000、1:10000、1:5000、1:2000、1:1000
厂区（小区）平面图	1:2000、1:1000、1:500、1:200
管道纵断面图	横向 1:1000、纵向 1:50、1:100
室内给排水平面图	1:300、1:200、1:100
给水排水系统图	1:200、1:100、1:50 或不按比例
剖面图	1:100、1:50、1:30、1:10
详　图	1:50、1:20、1:10、1:5、1:2

管　道　图　例　　　　　　　　　表 11-3

图　例	——J——	——P——	——F——	——W——	——Y——
说　明	表示给水管道	表示排水管道	表示废水管道	表示污水管道	表示雨水管道

管道平、剖面图中被剖切的建筑构造的可见轮廓线，以及厂区（小区）给水排水平面图中原有建筑物、构筑物的可见轮廓线均采用细实线。

4. 标高

标高应以 m 为单位，宜注写到小数点后第 3 位。在总图中可注写到小数点后第 2 位。

标注位置：沟道、管道应标注起迄点、转角点、连接点、变坡点、交叉点的标高；

标高种类：室内管道应标注相对标高；室外管道宜标注绝对标高，当无绝对标高资料时，可标注相对标高，但应与专业总图一致，并在施工说明中加以解释。

标注方法：平面图、系统图中，管道标高按图 11-1（a）的方式标注；剖面图中，管道标高按图 11-1（b）的方式标注。

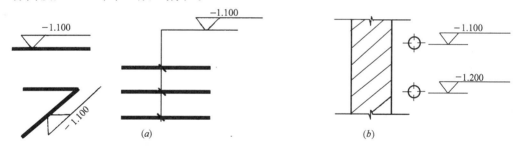

图 11-1　管道标高标注方式

5. 管径

管径尺寸通常以毫米为单位。表示方法：低压流体输送用镀锌焊接钢管、不镀锌焊接钢管、铸铁管、硬聚氯乙烯管、聚丙烯管等，管径应以公称直径 DN 表示（如 DN15，DN50）；焊接钢管、无缝钢管等，管径应以外径×壁厚表示（如 $D108 \times 4$，$D159 \times 4.5$

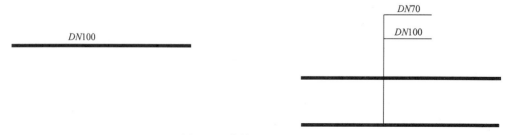

图 11-2　单管及多管管径标注

等）；耐酸陶瓷管、混凝土管、钢筋混凝土管、陶土管等，管径应以内径 d 表示（如 $d380$、$d230$ 等）。标注方式：单管及多管管径标注如图11-2所示。

6. 编号

为了便于读图，在底层管道平面图中各种管道要按系统予以编号。系统的划分视具体情况而异，一般给水管可以通过引入管（即从室外给水干管引入室内给水管网的水平进户管）为一系统，污、废水管道以每一个承接排水管的检查井为一系统。系统索引符号的形式如图11-3所示，用细线的单圆圈表示，圆圈直径以10mm为宜；圆圈上面的文字代表管道系统的类别，以汉语拼音的第一个字母表示，如"J"代表给水管系统，"W"代表污水系统，"F"代表废水系统，圆圈下面的文字代表编号，宜用阿拉伯数字编号。建筑物内穿过一层及多于一层楼层的立管，其数量多于一个时，也宜用阿拉伯数字编号，编号如图11-4所示。

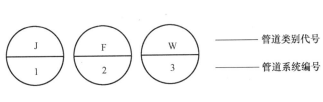

图 11-3　管道系统索引符号　　　　　　　　图 11-4　给水管编号

7. 管道平面图的数量和表达范围

多层及高层房屋的管道平面图原则上应分层绘制。若楼层平面图的管道布置相同时，可绘制一个管道平面图。但要说明的是：底层管道平面图均应单独绘制，屋面上的管道系统可附画在顶层管道平面图中或另画一个屋顶管道平面图。

二、室内给水系统的组成

民用建筑室内给水系统按供水对象可分为生活用水系统和消防用水系统。对于一般的民用建筑，如宿舍、住宅、办公楼等，两系统可合并设置，其组成部分如下：

1. 引入管　引入管是指室外给水系统引入室内给水系统的一段水平管道，所以又称进户管。

2. 水表节点　对于需要单独统计用水量的房屋，其进户管上应设置水表。为便于查修，水表前后均应设置阀门，必要时还应有泄水装置。水表节点就是上述装置的总称。所有装置应设置在水表井。

3. 管道系统　管道系统包括干管（水平横管和立管）及支管。

4. 给水附件及设备　给水附件及设备包括各种阀门、管接头、放水龙头和分户水表等。

5. 升压设备　当用水量大，水压不足时，应设置水箱和水泵等设备。

6. 消防水管及消火栓。

三、室内排水系统的组成

民用建筑室内排水系统通常是排除生活污水。有时排雨水管单独设置，不与生活污水合流。室内排水系统的组成部分如：

1. 排水横管　排水横管是指连接各卫生器具的水平管道，应有一定的坡度（2%左右）指向排水立管。当卫生器具较多时，应设置清扫口。

2．排水立管　排水立管是指连接排水横管和排出管的竖向管道。立管在底层和顶层应设置检查口，多层房屋则应每隔一层设置一个检查口，检查口距楼、地面高度为1m。

3．排出管　排出管是指连接排水立管将污水排出室外检查井的水平管道。排出管向检查井方向应有一定的坡度（1%～2%）。

4．通气管　在顶层检查口以上的一段立管称为通气管，用来排出臭气、平衡气压，以利存水弯存水。通气管应高出屋面0.3m左右。

5．检查井或化粪池　生活污水由排出管引向室外的排水系统之间应设置检查井或化粪池，以便将污水进行初步处理。

四、室内给排水施工图

1．给水平面图主要表示给水管道（包括引入管、给水干管、支管）、卫生器具、管道附件等的平面布置。给水平面图应分层绘制。若各楼层管道等的平面布置相同，则可只画出底层平面图和标准层平面图。给水平面图和排水平面图可合并画出，也可分别表示。以细实线画出用水房间的简化平面图，用细实线以图例的形式画出各种卫生器具的平面布置。如图11-5（a），（b）中，左侧房间为女厕所，设有三个蹲式大便器、一个洗手池；右侧房间为男厕所，设有三个蹲式大便器、一个小便池和一个洗手池。以粗实线表示水平

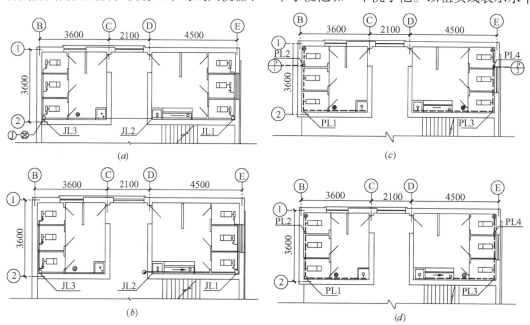

图11-5　管网平面图
（a）底层给水管网平面图；（b）二、三层给水管网平面图；
（c）底层排水管网平面图；（d）二、三层排水管网平面图

管道（包括引入管和水平横管），以小圆圈表示立管。底层平面图应画出引入管。室外引入管通过②轴线相交处的墙角进入室内。通过水平横管分三路送水：第一路通过立管JL-1和支管送入男厕所的高位水箱、洗手池和小便池的多孔冲洗管，第二路通过立管JL-2送入各层室内设置的消火栓，第三路通过立管JL-3送入女厕所的高位水箱和洗手池。

2.排水平面图 排水平面图主要表示排水管道（包括排水横管、排水立管、排出管等）、地漏、卫生器具的平面布置。平面图应分层绘制，若楼层排水管道等的平面布置相同，则可只画出底层平面图和标准层平面图［图 11-5（c）（d）］。

§11-2 管 道 系 统 图

管道平面图主要显示室内给水排水设备的水平安排和布置，而连接各管路的管道系统因其在空间转折较多，上下交叉重叠，往往在平面图中无法完整且清楚地表达，因此，需要有一个同时能反映空间三个方向的图来表达。这种图被称为管道系统图（或称管系轴测图）。管道系统图能反映各管道系统的管道空间走向和各种附件在管道上的位置（如图11-6、图 11-7）。

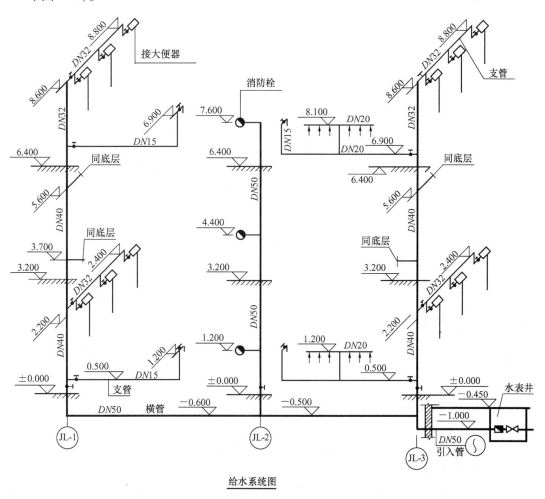

图 11-6 给水管道系统图

管道系统图的图示特点
1. 系统表示
根据已绘制的给排水平面图，采用正面斜等测投影绘制，即 OX 轴为水平，OZ 轴垂直，OY 轴与水平线成一个夹角，三轴变形系数都为 1；与轴向平行的管道绘制应与实长成比例。通常系统图与对应的平面图采用统一比例，有时系统图也可不按比例绘制。

2. 给水系统图

为了清楚地表明给水管道的空间布置和连接情况，用 45°正面斜等轴测图绘制给水系统图（图 11-6），给水系统图和排水系统图应分别绘制。一般将房屋的高度方向作为 OZ 轴，以房屋的横向作为 OX 轴，房屋的纵向作为 OY 轴。绘图比例与给水平面图相同。当局部管道按比例不易表示清楚时，可不按比例绘制。系统图中水平方向的长度尺寸可直接在平面图中量取，高度方向的尺寸可根据建筑物的层高和卫生器具的安装高度确定。如洗手池的水龙头安装高度一般为 1.2m，大便器的高位水箱高度为 2.4m，其上球形阀高度一般为 2.4m。用细实线以图例形式画出各种卫生器具。

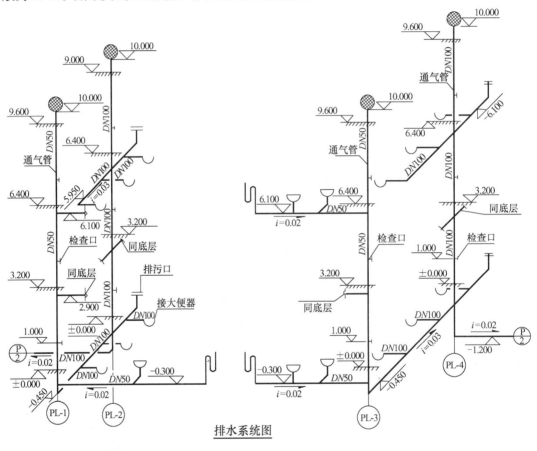

图 11-7 污水管道系统图

3. 排水系统图

排水系统图的画法、比例、线形与给水系统图相同。由于污水分两边排出室外（通过排出管 ①/① 和 ②/② ），所以要分别绘制其轴测图。从图 11-7 中可以看出，排水立管 PL-1 和 PL-3 的污水分别通过标高为 -0.450 的排水横管汇入排水立管 PL-2 和 PL-4，最后分别通过标高为 -1.200 的排出管 ①/① 和 ②/② 排出室外。在卫生器具连接处，设置有存水弯（水封），以阻止室外下水道中所产生的臭气倒灌入室内，影响卫生。在距底层和顶层地面 1m 高处，设有检查口，在距屋面 0.4m 处，设有通气口。

给水系统的管路因为是压力流，当不设置坡度时，可不标注坡度。排水系统的管路一般都是重力流，所以在排水横管的旁边都要标注坡度，坡度可注在管段旁边或引出线上，在坡度数字前须加代号"i"，数字下边再以箭头以示坡向（指向下游），如 $i = 0.05$。管道穿楼板时，楼板可用带斜细线的短中实线表示，如图 11-8 所示。

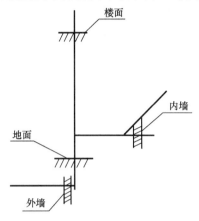

图 11-8 管道穿楼板的表示方法

§11-3 室外给水排水平面图

室外给排水平面图主要根据建筑总平面、道路交通布置和原有管网与设施布置情况和建筑首层给排水平面图，进行管网的重新设置或管道的补充。

室外给排水平面图中，依据建筑首层给排水平面图中的给水进户管、排水排出管的位置和室外已有的市政给排水管道或小区给排水管道的具体情况进行连接。在图中以细实线表示建筑物外墙轮廓线，用粗实线表示给水管道，用粗虚线表示排水管道。

室内进户管上应标注阀门井或水表井，阀门井或水表井采用图例细实线表示。

室内排出管与室外排水管道连接和雨水口与雨水干管连接用检查井相接；在排水管道的方向改变、坡度改变、管径改变、支管接入处和一定直线段长度处均须设排水检查井连接，以利于管道检修或清通。捡查井用 2~3mm 的细线小圆表示。

图中应标注建筑物的室外消火栓和它的平面位置和室外消防管道的管径和所在的平面位置；给水管道的管径和平面位置，检查井的标高和污（废）水管道的管径、流向、坡度、管道长度和平面位置。

排水管道可采用耐酸陶瓷管、混凝土管、钢筋混凝土管、陶土管等管材。给排水管道通常布置在道路两旁，雨水管道布置在道路中央。室外给水排水平面图中，如果给水管与排水管交叉，应断开排水管。

室外给水排水管网根据涉及的范围不同可分为：建筑室外给水排水管道平面布置图，表明某建筑物室外给水、排水管道布置情况，如图 11-9（a）所示，地区室外给水排水管网平面布置图，表示某小区或城区的室外给水、排水管道的综合布置情况，如图 11-9（b）所示。

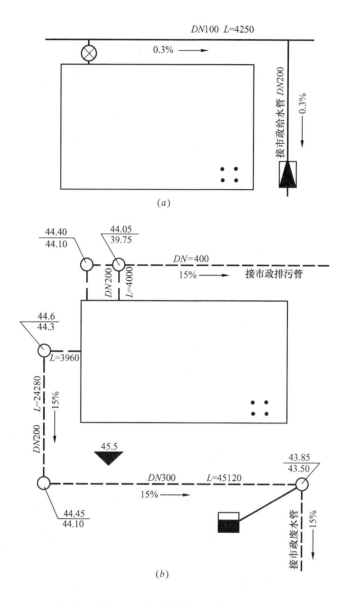

图 11-9 室外管网平面布置图
（a）给水管网；（b）排水管网

第12章 桥梁、涵洞、隧道工程图

桥梁、涵洞、隧道是交通、城建、水利、地下工程中常见的工程结构物。这些构筑物由于其自身结构及功能上的特点，它们各自有一套常规的表达方法。本章仅选择一些典型例子，讲述这类建筑物的图示方法及特点，所选例图多采用行业制图标准或习惯画法。

§12-1 桥 墩 图

道路跨越河流、峡谷或者道路需立体交叉时要修建桥梁。桥梁的结构形式很多，但一般主要由梁、桥台、桥墩组成，如图12-1所示。梁支撑着道路的延续，桥台是桥梁在两岸的支撑平台，桥墩是桥梁的中间支柱。梁的自重及梁所承受的荷载，通过桥台、桥墩传给地基。

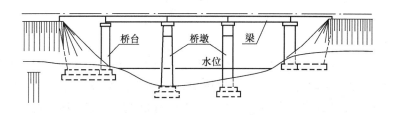

图 12-1 桥梁示意图

一、桥墩的构造

图12-2所示桥墩，由基础、墩身和墩帽组成。基础在桥墩的底部，一般埋在地面以下。根据地质情况，基础可以采用扩大基础、桩基础或沉井基础。图12-2所示为两层的扩大基础，每一层的几何形状都是长方体，由上向下逐层扩大。扩大基础的材料多为浆砌片石或混凝土。墩身是桥墩的主体，一般是上面小，下面大。墩身有实心的和空心的，实心桥墩常以墩身的横断面形状来区分类型，例如圆形墩、矩形墩、圆端形墩、端形墩等。墩身的材料多为浆砌片石或混凝土，通常在墩身顶部40cm高的范围内为放少量钢筋混凝土，以加强与墩帽的连接。墩帽位于墩身的上部，用钢筋混凝土材料制成，它一般由顶帽和托盘两部分组成。直接与墩身连接的是托盘，下面小，上面大，顶帽位于托盘之上，在其上面设置垫石以便安装桥梁支座。图12-2（a）为铁路桥的矩形桥墩，顶帽上垫石的四周设有排水坡；图12-2（b）为公路桥的圆端形桥墩，顶帽上一边高一边低，高的一边安装固定支座，低的一边安装活动支座。

二、桥墩的表达

表示桥墩的图样有桥墩图、墩帽图和墩帽钢筋布置图。

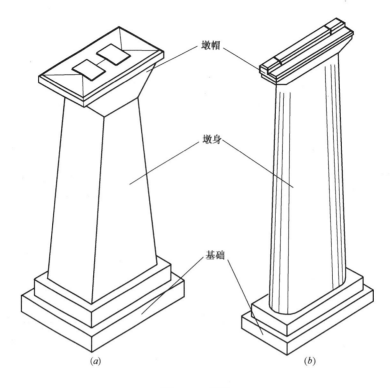

图 12-2 桥墩

1. 桥墩图

桥墩图用来表达桥墩的整体情况，包括墩帽、墩身、基础的形状、尺寸和材料。构造比较简单的桥墩，例如图 12-3 所示圆端形桥墩，用三个基本视图即可表达清楚，其中正面图为按照线路方向投射桥墩所得的视图。对于构造较为复杂的桥墩，可以综合采用基本视图和剖面（剖视）、断面等手法来表达。图 12-4 所示圆形墩的桥墩图上，正面图是半正面与半 3—3 剖面的合成视图，作 3—3 半剖面的目的是为了表示桥墩各部分的材料，不同的建筑材料使用了不同方向和间隔的剖面线，并加注了材料说明。相邻部位为不同的材料时，画出虚线作为材料分界线。半正面图上的点画线，是托盘上的斜圆柱面的轴线和顶帽上的直圆柱面的轴线。平面图画成了基顶平面，它是沿基础顶面剖切后向下投射得到的剖面（剖视）图。为了表明墩身顶端和托盘上部的形状和尺寸，图上画出了 1—1、2—2 断面图。

2. 墩帽图

在桥墩图中，由于画图的比例较小，墩帽部分的形状、大小不易表示清楚，为此还需用较大的比例单独画出墩帽图。

图 12-5 为图 12-4 所示圆形桥墩的墩帽图，它仍由三个基本视图组成。正面图和侧面图中的虚线为材料分界线，点画线为柱面的轴线。墩帽形状很简单时，也可省去墩帽图不画。

3. 墩帽钢筋布置图

墩帽钢筋布置图提供墩帽部分的钢筋布置情况，钢筋图的画法已在第 10 章中讲述过了，不再重复。墩帽形状和配筋情况不太复杂时也可将墩帽钢筋布置图与墩帽图合画在一起，不必单独绘制。

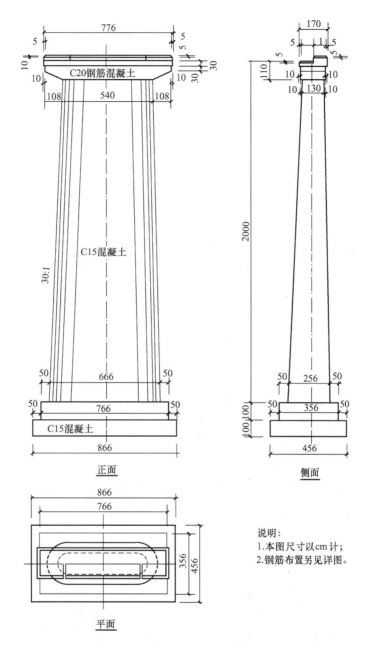

图 12-3 圆端形桥墩图

三、桥墩图的阅读

阅读桥墩图的方法和步骤如下：

1.阅读标题栏和附注（说明），了解桥墩的名称、尺寸单位以及有关施工、材料等方面的技术要求。

2.阅读各视图的名称，弄清获得各视图的投射方向以及各视图间的对应关系。

3.找出桥墩各组成部分的投影，弄清它们的形状和大小。

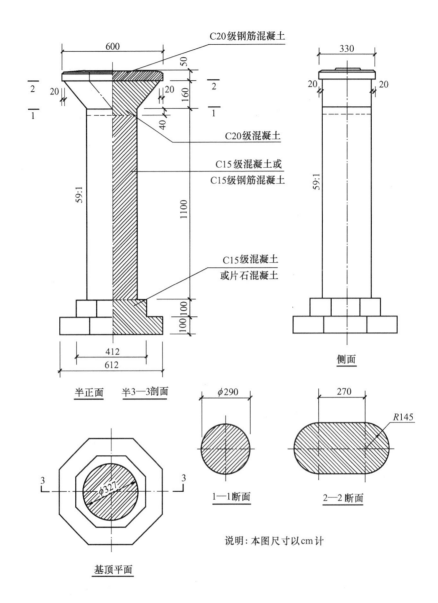

图 12-4 圆形桥墩图

可根据桥墩的构造，由下到上，先基础后墩身，最后墩帽逐次进行阅读。比如在图 12-4 所示的圆形桥墩图中，找出托盘的正面投影和侧面投影后，结合 1—1、2—2 断面图可判定托盘是由三个部分组成：左、右各为斜圆柱的一半，它的上下底面为相等的半圆，半径为 145cm；中部为前后放置的三棱柱，其前后端面为正平面，棱柱前后端面与斜圆柱面光滑过渡，没有交线。

4．综合各部分的形状和大小，以及它们之间的相对位置，可以想象出桥墩的总体形状和大小。

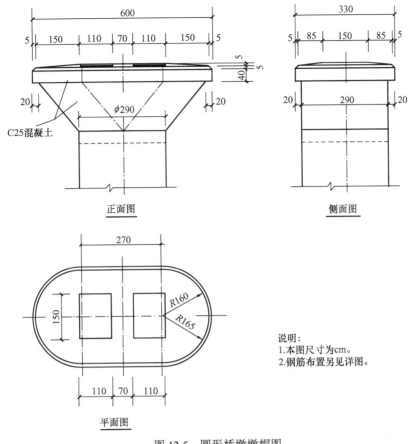

图 12-5 圆形桥墩墩帽图

§12-2 桥 台 图

桥台位于桥梁的两端,是桥梁与路基连接处的支柱。它一方面支撑着上部桥跨,另一方面支档着桥头路基的填土。

一、桥台的构造

桥台的形式很多,图 12-6 为铁路上常用的 T 形桥台,现以它为例介绍桥台的构造。

桥台主要由基础、台身和台顶三部分组成。基础位于桥台的下部,一般情况使用的都是扩大基础,图 12-6 所示桥台的基础是由两层 T 形棱柱叠置而成的。扩大基础使用的材料多为浆砌片石或混凝土。基础以上、顶帽以下的部分是台身,T 形桥台的台身,其水平断面的形状是 T 形。从桥台的桥跨一侧顺着线路方向观看桥台,称为桥台的正面,台身上贴近河床的一端叫前墙。前墙上向上扩大的部分叫托盘。从桥

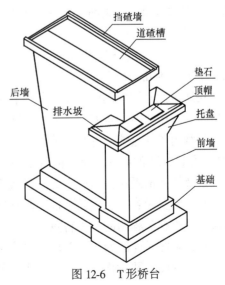

图 12-6 T 形桥台

台的路基一侧顺着线路方向观看桥台，称为桥台的背面，台身上与路基衔接的一端叫后墙。台身使用的材料多为浆砌片石或混凝土。台身以上的部分称为台顶，台顶包括了顶帽和道碴槽。顶帽位于托盘上，上部有排水坡，周边有抹角。前面的排水坡上有两块垫石用于安放支座。道碴槽位于后墙的上部，形状如图 12-7 所示，它是由挡碴墙和端墙围成的一个中间高两边低的凹槽。两侧的挡碴墙比较高，前后的端墙比较低。挡碴墙和端墙的内表面均设有凹进去的防水层槽，如图 12-8 所示。道碴槽的底部表面是用混凝土垫成的中间高、两边低的排水坡，坡面上铺设有防水层，防水层四周嵌入挡碴墙和端墙上的防水层槽内。在挡碴墙的下部设有泄水管，用以排除道碴槽内的积水。道碴槽和顶帽使用的材料均为钢筋混凝土。桥台常依据台身的水平断面形状来取名，除T形桥台外，常见的还有U形桥台、十字形桥台、矩形桥台等。

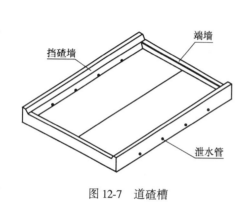

图 12-7　道碴槽　　　　　　　　图 12-8　端墙与挡碴墙连接部

二、桥台的表达

表示一个桥台总是先画出它的总图，用以表示桥台的整体形状、大小以及桥台与线路的相对位置关系。对于铁路桥台，由于其顶部部分构造比较复杂，而总图的绘图比例较小，因此台顶的某些细部构造的形状和大小在总图中无法表示清楚，所以除桥台总图外，还要用较大的比例画出台顶构造图。另外还要表明顶帽和道碴槽内钢筋的布置情况，需要画出顶帽和道碴槽的钢筋布置图。现以图 12-6 所示的T形桥台为例介绍桥台的表达方法。

1. 桥台总图

图 12-9 是T形桥台的总图，它上面画出了桥台的侧面、半平面及半基顶剖面、半正面及半背面等几个视图。

在通常画正面图的位置画的是桥台的侧面，用以表示垂直于线路方向观察桥台所看到的情况。图中将桥台本身全部画成是可见的，路基、锥体护坡及河床地面均未完整表示出，只画出了轨迹线、部分路肩线（图中长度为 75cm 的水平线）、锥体护坡的轮廓线（图中 1∶1 及 1∶1.25 的斜线）及台前台后的部分地面线，这些线及有关尺寸反映了桥台与线路的关系及桥台的埋深。前墙上距托盘底部 40cm 处的水平虚线是材料分界线。图上还注出了基础、台身及台顶在侧面上能反映出来的尺寸，有许多尺寸是重复标注的。大量出现重复尺寸是土建工程图的一个特点。

在通常画平面图的位置画出的是半平面及半基顶平面，这是分别由半剖面图和半平面图合成的视图；即对称轴线上方一半画的是桥台本身的平面图；对称轴线下方一半画的是

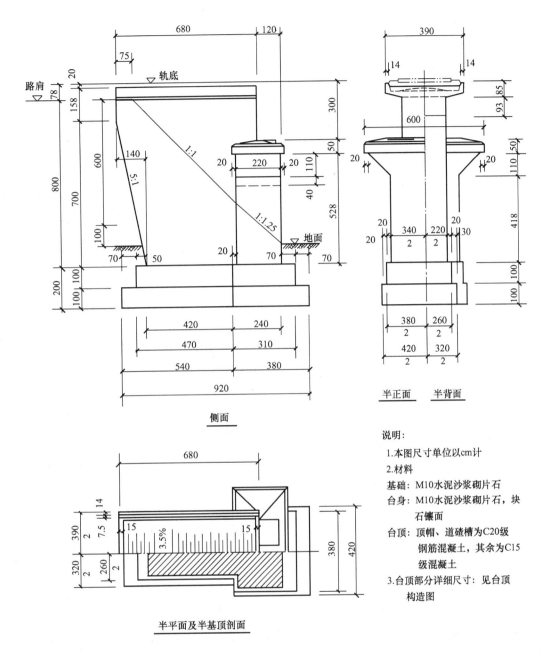

图 12-9 T形桥台总图

沿着基顶剖切得到的水平剖面（剖视）图。由于剖切位置已经明确，所以未再对剖切位置作标注。虽然基础埋在地下，但仍画成了实线。半平面及半基顶平面反映了台顶、台身、基础的平面形状及大小，按照习惯，合成视图上对称部位的尺寸常注写成全长一半的形式，例如写成 $\frac{320}{2}$ 或 320/2 的样子。

在通常画侧面图的位置画的是桥台的半正面及半背面合成的视图，用以表示桥台正面和背面的形状和大小。图中的双点画线画出的是轨枕和道床，虚线是材料分界线。图上重复标注了有关尺寸，只标出了一半的对称部位并标注成全长一半的形式。

2. 台顶构造图

图12-10为图12-9所示T形桥台的台顶构造图,它主要用来表示顶帽和道碴槽的形状、构造和大小。台顶构造图由几个基本视图和若干详图组成。

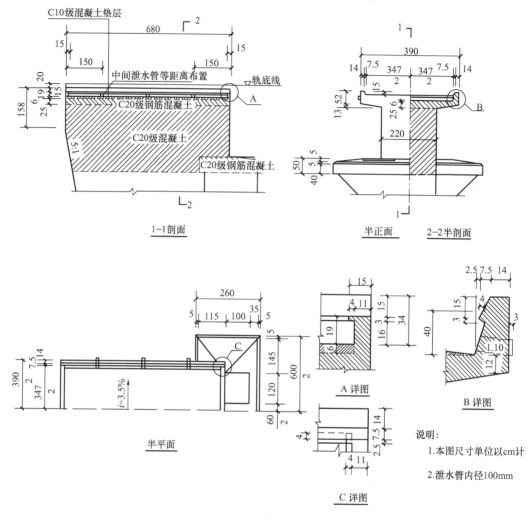

图12-10 T形桥台台顶构造图

1—1剖面图的剖切位置和投射方向在半正面和2—2半剖面图中表示出,它是沿桥台对称面剖切得到的全剖视。1—1剖面图用来表示道碴槽的构造及台顶各部分所使用的材料。受图比例的限制,道碴槽上局部未能表示清楚的地方,如圆圈A处,则另用较大的比例画出它的详图作为补充。平面图上只画出了一半,称为半平面,它是台顶部分的外形视图,表明了道碴槽、顶帽的平面形状和大小。道碴槽上未能表示清楚的C部位,亦通过C详图作进一步的表达。半正面和2—2半剖面是台顶从正面观察和从2—2处剖切后观察得到的合成视图,图中未能表示清楚的B部位,另用B详图表示。

对于公路桥台,一般来说其形状、构造都比较简单,通常只需一个总图就可以将其形状和尺寸表达清楚。图12-11为公路上常用的U形桥台的总图,它包括了纵剖面图、平面图和台前、台后合成视图。纵剖面图是沿桥台对称面剖切得到的全剖视,主要用来表明桥台内部的形状和尺寸，以及各组成部分所使用的材料。平面图是一个外形图，主要用以表明桥台的平面形状和尺寸。台前、台后合成视图是由桥台的半正面、半背面组合而成的，用以表明桥台的正面和背面的形状和大小。

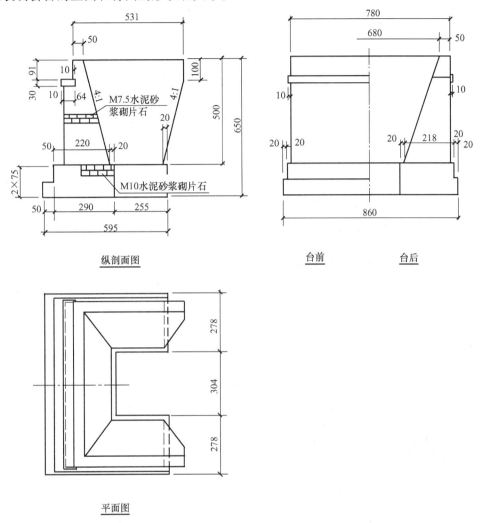

图 12-11 U形桥台总图

三、桥台图的阅读

阅读桥台图时应同时阅读桥台总图和台顶构造图，并按从整体到局部的顺序进行。首先要了解桥台的类型，它在线路中的位置及与路基、地面、轨道的关系；进而弄清各主体部分的形状、材料、尺寸等；再进一步看懂台顶各部分的形状、构造和细部尺寸。若要知道顶帽和道砟槽的钢筋布置情况，还要再阅读这些部分的钢筋布置图。

§12-3 涵洞的构造

涵洞是埋设在路基下的建筑物，其轴线与线路方向正交或斜交，用来从道路一侧向另一侧排水或作为行人、车辆穿越道路的横向通道。

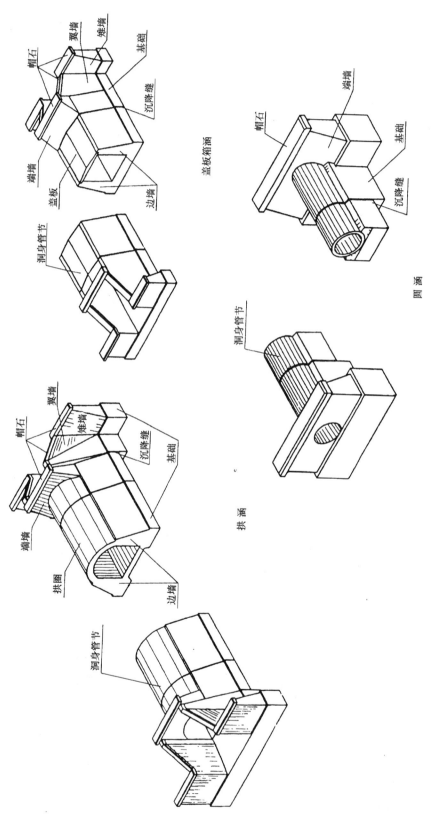

图 12-12 涵洞

涵洞沿其轴线方向依次有入口、洞身、出口三个组成部分。涵洞的结构形式很多，根据洞身的断面形状常将涵洞分为圆涵、拱涵、箱涵等，如图 12-12 所示。涵洞的出入口，结构形式也不一样，只有端墙的叫端墙式；既有端墙又有翼墙的叫翼墙式。出入口由基础、端墙、帽石或者加翼墙、雉墙组成。端墙、翼墙、雉墙的作用是支挡路堤的填土。洞身的形状比较简单，上部为管节，下部为基础。圆涵的管节为圆管，拱涵的管节由边墙和拱圈组成，箱涵的管节由边墙和盖板组成。洞身是分节的，相邻两节之间在施工时留出 3cm 的沉降缝。接缝处要铺设一定宽度的防水层，整个洞身上面要覆盖一定厚度的粘土隔水层。

§12-4 隧道洞门图

山岭隧道是为铁路、公路穿越山岭修建的建筑物，它由洞身衬砌和洞门组成，此外，还包括一些附属设施。洞身衬砌形状比较单一，通常只用断面图即可表示清楚，如图 12-13 所示。洞门的形状、构造都很复杂，需要许多视图才能将其充分表达。

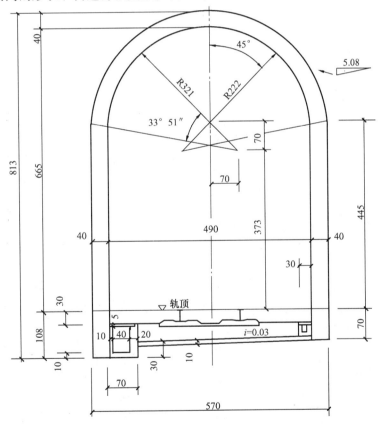

图 12-13 衬砌断面图

一、洞门的类型及构造

因洞口地段的地形、地质条件而异，洞门有许多结构形式。

1. 洞口环框

这是最简单的洞口处理方案，当洞口石质坚硬、稳定时，不修筑支护挡墙，仅设洞口环框以起到加固作用，如图 12-14 所示。

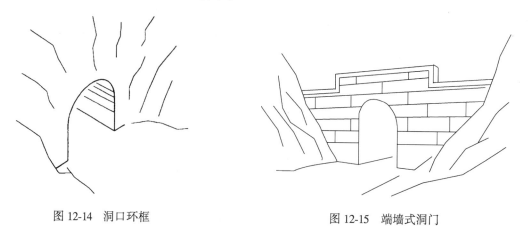

图 12-14 洞口环框　　　　　　　　图 12-15 端墙式洞门

2．端墙式洞门

当洞外地形开阔，洞口围岩比较稳定时，在洞口处修建端墙以支护洞顶仰坡，成为端墙式洞门，如图 12-15 所示。

3．翼墙式洞门

当洞口地段岩石破碎时，需在洞门端墙前面线路的一侧或两侧再修建支护挡墙，称为翼墙，构成翼墙式洞门，如图 12-16 所示。

4．柱式洞门

洞口地质条件较差，修筑翼墙又受地形、地质条件限制时可采用柱式洞门，如图 12-17 所示。柱式洞门造型美观，适用于靠近城市、风景区或长大隧道的洞口。

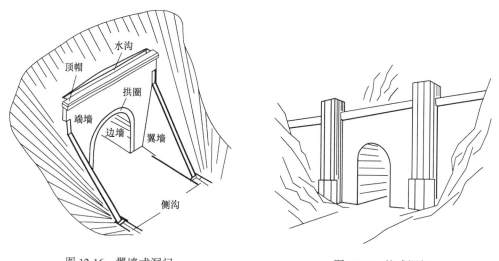

图 12-16 翼墙式洞门　　　　　　　　图 12-17 柱式洞门

除洞口环框外，洞门的主体部分是端墙，端墙顶上设有水沟以排除山体仰坡上的流水。隧道的衬砌嵌入端墙内，衬砌由拱圈和边墙组成，根据地质条件边墙有直边墙和曲边墙两种，地质条件很差时衬砌底部还要修筑仰拱。洞内排水修有侧沟，在洞门外洞内侧沟与洞外侧沟连接起来。翼墙式洞门和柱式洞门是在端墙外加设了翼墙或立柱。翼墙顶上设有水沟，它和端墙顶上的水沟连通，仰坡上下来的水经过端墙水沟到翼墙水沟，最后流入洞外侧沟排走。

二、隧道洞门的表达

表示隧道洞门，要画出隧道洞门的正面、平面、中心纵剖面及若干断面等视图，对于排水系统还应另外画出洞外侧沟及其与洞内侧沟连接的详图。

图 12-18 所示是单线铁路隧道翼墙式洞门图。正面图是面对洞门端墙观看得到的视图，路堑边坡及地面是按切断后画出的。衬砌与端墙结合成整体后本不应再有分界线，但

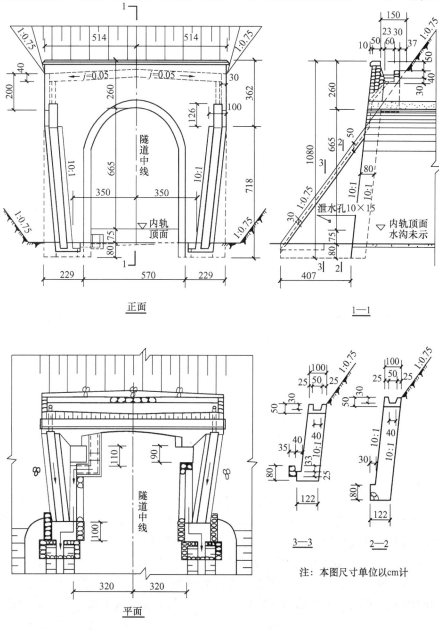

图 12-18 翼墙式隧道洞门图

为了能看出衬砌,习惯上仍画出衬砌的外边缘。平面图与正面图保持投影关系,只表示洞门的可见部分及洞外排水系统。1—1是沿隧道中线竖直剖切后向左投射得到的中心纵剖视图,图上只画出了洞口范围内的一段。2—2、3—3是剖切翼墙得到的两个断面图。

图12-19、图12-20是洞内外侧沟连接情况及洞外侧沟的详图。

三、隧道洞门图的阅读

阅读隧道工程图,仍然是按照从全局到局部,从粗到细的顺序进行,下面以图12-13、图12-18、图12-19、图12-20所表示的隧道洞门为例,说明综合阅读该洞门工程图的方法与步骤。

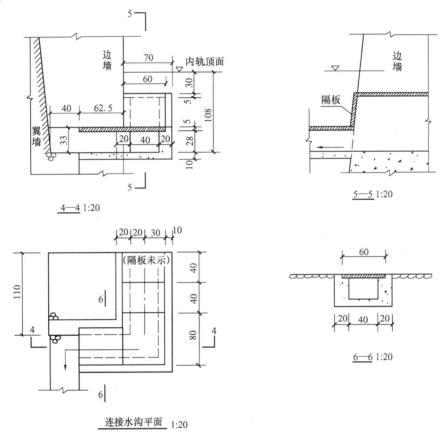

图12-19 隧道内外侧沟连接图

1. 端墙

从正面、平面和1—1剖面可以看出,端墙是一堵靠着山坡的斜墙,倾斜坡度为10∶1,墙的水平厚度为80cm,总宽1028cm。墙顶有帽石,墙底埋入地下80cm。墙顶的背后有水沟,从正面图中的虚线可知,墙顶水沟是从墙的中间向两侧低处倾斜,流水坡度为0.05。结合平面图可以看出,墙顶水沟的两端有厚30cm、高200cm的挡水短墙,在1—1剖面图上这一部分是用虚线画出的。水沟两端,埋在墙内各有一根水管,沟内流水通过它们流到墙面上的凹槽里,然后流入翼墙顶部的排水沟内。墙顶水沟靠山坡一侧,其顶面是向左、向右倾斜的两个正垂面,它们的交线为正垂线,两正垂面与仰坡相交为两条一般倾斜直线,平面图上靠近仰坡的示坡线处有两条斜线,即一般倾斜直线的水平投影。

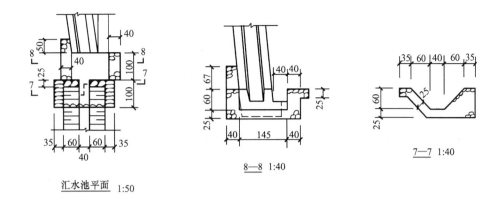

图 12-20 洞外侧沟

2. 翼墙

由正面、平面及 1—1 剖面可以看出,翼墙在端墙的前面,线路两侧各有一面。它们分别向路堑两边倾斜,坡度为 10:1。翼墙的形状大体上是个三棱柱,下部有基础,顶部有水沟。2—2、3—3 断面图详细表示出了翼墙各部位的构造及尺寸。翼墙上有泄水孔,用以排放翼墙背后的积水。

3. 侧沟

图 12-19 表示了洞内外侧沟的连接情况。图 12-20 表示了洞外侧沟的详细构造。结合洞门图的平面图可知,洞内流水沿洞内侧沟流至洞门端墙外,经两次直角转弯到了翼墙脚处的边沟内,继续往前,与翼墙顶上水沟内下来的水在汇水池内汇合,最后排至路基边沟流走。洞内侧沟流水断面深度为 108 − 30 − 5 = 73cm,洞外连接水沟的流水断面深度为 28cm,水沟上部铺有钢筋混凝土盖板,在洞内外水沟流水断面发生变化的地方用隔板封住,以防道碴落入沟中。汇水池为 60cm 深的矩形水坑,由浆砌片石砌成,路基边沟深 60cm,断面呈梯形,见图 12-20。

第 13 章 AutoCAD2006 绘图基本方法与技能

计算机绘图是指利用计算机的硬、软件和图形功能，用键盘、鼠标、数字化仪等输入图形信息，经过计算机处理后，在显示器、绘图仪或打印机等设备上输出图形的一项技术。是目前科学研究、工程设计中普遍采用的计算机应用技术。目前计算机绘图多数是借助绘图软件实现的，这些软件可分为代替仪器绘图的软件和三维实体造型的软件。

在众多的计算机绘图软件中，AutoCAD 是最具代表性的一个。AutoCAD 的推出，真正将工程设计人员从手工设计绘图的低效、烦琐和重复中解脱出来。

AutoCAD2006 是 Autodesk 公司推出的最新版本，它继承了以前 AutoCAD 的优点，并且在用户界面、图形管理、用户定制、性能、互联网等方面进一步得到了加强，AutoCAD2006 简体中文版更为中国的用户提供了直观、高效的设计环境。由于篇幅所限，本章仅对 AutoCAD2006 中最常用和最基本的绘图和编辑命令进行介绍。

§13-1 AutoCAD 基础知识

一、概述

AutoCAD 是 "Automatic Computer Aid Design" 的英文缩写，意思是 "自动计算机辅助设计"，是美国 Autodesk 公司的产品。它提供了丰富的绘图功能，操作方便，绘图准确。它具有强大的编辑功能，可以对已绘图形进行各种编辑操作，如缩放、移动、拷贝、镜像、旋转等等，这是手工绘图所无法实现的。它可以交互性绘图，利用人—机对话直观方便地绘出图形。同时，它还提供了多种辅助绘图功能，使绘图工作变得简单。因此，近年来，在机械、电子、土木、建筑、航空、轻工、纺织等各个行业得到了广泛应用。

AutoCAD 的主要功能：

1. 绘制二维图形。提供了如点、直线、圆、圆弧、矩形、椭圆、正多边形等多种基本图元的绘制功能。

2. 具有对图形进行修改、删除、移动、旋转、复制、偏移、修剪、打断、延伸、圆角等多种强大的编辑功能。

3. 提供了对图形的显示控制功能，例如视图缩放、视窗平移、鸟瞰视图等。

4. 提供了栅格、正交、极轴、对象捕捉及追踪等辅助绘图功能，以确保绘图精度。

5. 可对绘好的图形进行尺寸标注及文本注释，并能定义尺寸标注样式。

6. 提供在三维空间中的各种绘图和编辑功能，具备三维实体和三维曲面的造型功能。

同时，AutoCAD2006 还留有接口，以便用户修改软件，扩充功能，以满足自己的工作需要。这就是二次开发，AutoCAD2006 提供了以下二次开发功能：

1. 具备强大的用户定制功能，用户可以方便地将软件按照自己的需求进行改造。

2. 良好的二次开发性。AutoCAD2006 开放的平台使用户能够利用内部的 AutoLISP 或

Visual LISP 等语言开发适合特定行业的 CAD 产品。

二、AutoCAD2006 启动

当 AutoCAD2006 在计算机上安装完毕以后，在桌面上通常会出现一个快捷启动图标。我们要启动 AutoCAD2006，有下面两种方法：

1. 直接用鼠标双击桌面上的快捷启动图标"AutoCAD2006 Simplified Chinese"。

2. 执行"开始"/"程序"/"Autodesk"/"AutoCAD2006 – Simplified Chinese"/"AutoCAD2006"选项来启动 AutoCAD2006。

启动 AutoCAD2006 以后，直接进入 AutoCAD 的工作界面，如图 13-1 所示。

三、AutoCAD2006 的工作界面

AutoCAD2006 默认的工作界面主要包括：标题栏、菜单栏、工具栏、绘图区、十字光标、视区标签、坐标系、状态栏、命令行和滚动条等。

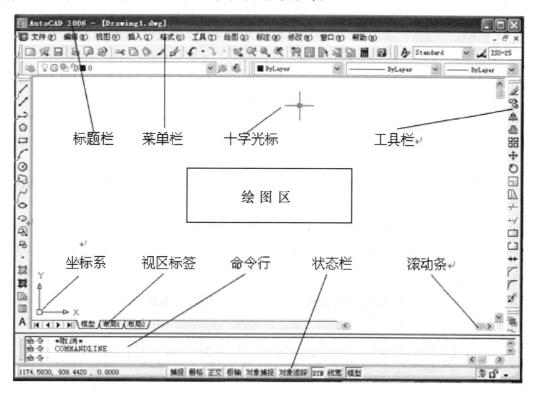

图 13-1　AutoCAD2006 的工作界面

1．标题栏

如同 Windows 等典型应用软件一样，AutoCAD2006 工作界面的最上面一条是文件的标题栏，用于显示 AutoCAD2006 的程序图标和当前打开的图形文件名，最右侧为最小化、还原和关闭按钮。

2．菜单栏

标题栏下面一行是菜单栏，通过逐层选择相应的菜单项，可以激活相应的命令或者弹出对话框，如图 13-2 所示。

3．工具栏

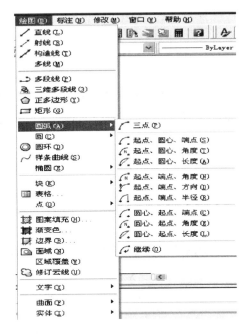

图 13-2　激活菜单选项

工具栏是应用程序调用命令的另一种方式，它是当前各种应用软件为用户提供的一种简捷实用的访问方式。在工具栏中，各种命令以图标按钮的形式出现，当光标指向按钮时，将会出现命令提示名称，单击按钮，即可执行相应的命令。

在 AutoCAD2006 中，系统共提供了 20 多个已命名的工具栏。在默认情况下，"绘图"、"修改"、"标准"和"图层"等工具栏是处于打开状态，如图 13-3 所示为处于浮动状态的"绘图"和"标注"工具栏。

如果要打开其他工具栏，可以执行"视图"／"工具栏"选项，打开"自定义"对话框，如图 13-4 所示。在打开的对话框中"工具栏"选项列表里勾选要打开的工具栏复选框，即可在绘图窗口显示相应的工具栏。或者也可以在任意的一个工具栏上单击鼠标右键，即可弹出所有工具栏的选项卡进行选择。

4．绘图窗口

工作界面面积最大的空白处称为绘图窗口，如图 13-5 所示。它的默认颜色为黑色，用户可以执行"工具"／"选项"／"显示"／"颜色"选项来改变绘图窗口的颜色。绘图窗口相当于手工绘图的图纸，所有的绘图和编辑工作都在这里进行。绘图窗口左下角是 AutoCAD 的直角坐标系统标志，窗口底部有一个"模型"标签和两个"布局"标签。"模型"代表模型空间，"布局"代表图纸空间，利用这两种标签可以在两种空间之间切换。

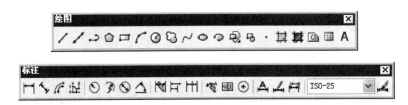

图 13-3　"绘图"和"标注"工具栏

5．命令行

在绘图窗口的下方是命令行，用户可以在这里输入操作命令。AutoCAD 的所有命令都可以在命令行实现，命令开始执行后，命令提示区将会逐步进行提示，用户可以按照提示来进行下一步操作。同时，命令行还可以实时记录 AutoCAD 的命令执行过程。

6．状态栏

状态栏位于 AutoCAD2006 工作界面的最底端，包括捕捉、栅格、正交、极轴、对象捕捉、对象追踪、线宽和模型等状态选项。

图 13-4 "自定义"对话框

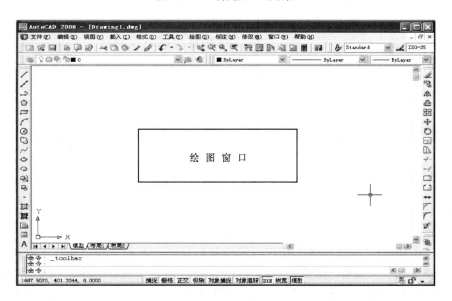

图 13-5 绘图窗口

四、AutoCAD2006 的退出

如果要退出 AutoCAD2006 系统,有以下三种方式可供选择:

1. 命令行

在命令行中输入"Quit"命令，按回车键确认，系统会提示是否保存所做的改动，进行相应选择后确定即可退出。

2．菜单

选择"文件"/"退出"选项来执行退出 AutoCAD2006 的功能。

3．利用视窗控制按钮

直接点击工作界面右上角的视窗关闭按钮。

§13-2 设置绘图环境

在系统进入 AutoCAD 绘图状态后，首先要对绘图环境进行初步的设置，以及对一些辅助绘图工具的了解，这样能够帮助用户准确、迅速地绘制图形。

一、绘图环境的初步设置

1．设置绘图单位

在绘制一张工程图之前，首先要进行图幅、单位、图框、标题栏等绘图环境的设置。选择"格式"/"单位"选项，使用打开的"图形单位"对话框来设置绘图时用的长度单位、角度单位和比例问题。如图 13-6 所示。

图 13-6 "图形单位"对话框

（1）长度

选择"图形单位"/"长度"选项组来设置图形的长度类型和精度。可以从"类型"下拉列表框选择一个适当的长度类型，例如"小数"，在"精度"下拉列表框中选择长度单位的显示精度。默认情况下，长度单位的类型为"小数"，精度为小数点后 4 位。在"精度"下拉列表框中提供了五种测量单位：

小数	例如：15.5000
工程	例如：1′-3.5000″
建筑	例如：1′-3 1/2″
分数	例如：15 1/2
科学	例如：1.5500E+01

可以从中选择所需的尺寸单位。

（2）角度

选择"图形单位"/"角度"选项组来设置图形的角度类型和精度。可以从"类型"下拉列表框选择一个适当的角度类型，例如"十进制度数"，在"精度"下拉列表框中选择长度单位的显示精度。角度的类型包括"百分度"、"度/分/秒"、"弧度"、"勘测单位"和"十进制度数"5 种。默认情况下，角度以逆时针方向为正方向。

（3）插入比例

在"插入比例"选项区域的"用于缩放插入内容的单位"下拉列表框中，可以选择设计中心块的图形单位，默认为"毫米"。

2．设置绘图范围（即图幅）

在 AutoCAD 2006 中，为了使绘图更规范并且易于检查，无论使用真实尺寸绘图，还是使用变化后的数据绘图，都可以在模型空间中设置一个想象的矩形绘图区域，称为图形界限。设置绘图图限的命令为 LIMITS，也可从"格式"/"图形界限"菜单中激活此命令，此时，用户可以使用在状态栏中"栅格"按钮 栅格 来显示图限区域，如图 13-7 所示。

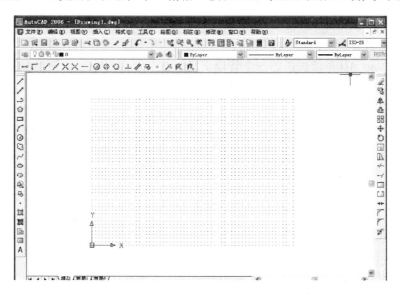

图 13-7　使用栅格来显示图纸范围

在世界坐标系下，界限由一对二维点确定，即左下角点和右上角点，选择"格式"/"图形界限"选项，或在命令行输入 LIMITS 命令，将显示如下提示信息：

```
命令: '_limits
重新设置模型空间界限:
指定左下角点或 [开(ON)/关(OFF)] <0.0000,0.0000>:
指定右上角点 <594.0000,420.0000>:
```

"开 [ON]"和"关 [OFF]"选项决定能否在图限之外指定一点。如果选择"开"，将打开界限检查，此时不能在图限之外结束一个对象，也不能使用"移动"或"复制"等命令将图形移动到图限之外，但是可以指定两个点 [中心和圆周上的点] 来画圆，圆的一部分可以在图限之外。如果选择"关"[默认值]，AutoCAD 将禁止界限检查，用户可以在图限之外绘制对象或指定点。

3．绘制图框线和标题栏

图幅和绘图单位设置完成以后，回到绘图窗口，在绘图窗口显示栅格区域（即图形界限）。此时可根据国家制图标准绘制图框线和标题栏。

图框线和标题栏绘好以后，可以使用图形显示控制命令来让整个图幅显示在屏幕上，具体操作方法如下：

(1) 命令格式

1) 菜单栏："视图"/"缩放"/"全部"

2) 命令行：Zoom

(2) 操作步骤

1) 在命令行中输入"Zoom"命令,按回车键确定,将显示如下提示信息:

```
命令: zoom
指定窗口的角点,输入比例因子 (nX 或 nXP), 或者
[全部(A)/中心(C)/动态(D)/范围(E)/上一个(P)/比例(S)/窗口(W)/对象(O)]<实时>:
```

2) 在上提示行中输入"A",回车确定后,整个图幅就会显示在绘图窗口。

二、设置图层

图层是 AutoCAD 系统提供的一个管理工具,在 AutoCAD 中一个图层只默认一种线型,因此 AutoCAD 中的图形就好象是由多张透明的图纸重叠在一起而组成的,用户可以通过图层来对图形中的对象进行归类处理。使用图层来管理各类线条,不仅能使图形的各种信息清晰、有序,便于观察,而且也会给图形的编辑、修改和输出带来很大的方便。

图层具有以下特点:

(1) 在一幅图中可以创建任意数量的图层,并且在每一图层上的图形对象数也没有任何限制。

(2) 每个图层都有一个名称。当开始绘制新图时,系统自动创建层名为 0 的图层,这是系统的默认图层,其余图层需由用户创建。

(3) 只能在当前图层上绘图。

(4) 各图层具有相同的坐标系、绘图界限及显示缩放比例。

(5) 可以对位于不同图层上的图形对象同时进行编辑操作。

1) 对于每一个图层,可以设置其对应的线型、颜色等特性。

2) 可以对各图层进行打开、关闭、冻结、解冻、锁定与解锁等操作。

(6) 可以把图层设定成为打印或不打印图层。

(一) 创建新图层

启动 AutoCAD2006 以后,系统会自动创建一个层名为"0"的图层,这也是系统的默认图层。如果用户绘制一张新图时,需要通过图层来组织图形,就必须创建新图层。

1. 创建图层命令

可以采用以下三种方式之一来激活"图层特性管理器"对话框:

(1) 命令行:Layer

(2) 菜单栏:"格式"/"图层"

(3) 工具栏:单击图层特性管理器按钮

2. 操作

激活创建图层命令以后,出现图层特性管理器对话框,如图 13-8 所示。单击"新建图层"按钮,在图层列表中出现一个名称为"图层 1"的新图层,默认情况下,新建图层与当前图层的状态、颜色、线型及线宽等设置相同。创建了图层以后,可以单击图层名,然后输入一个新的有意义的图层名称并确认。

(二) 设置图层线型

图层线型是指图层上图形对象的线型,如实线、虚线、点划线等。在使用 AutoCAD 系统进行工程制图时,可以使用不同的线型来绘制不同的图形对象,还可以对各图层上的线型进行不同的设置。

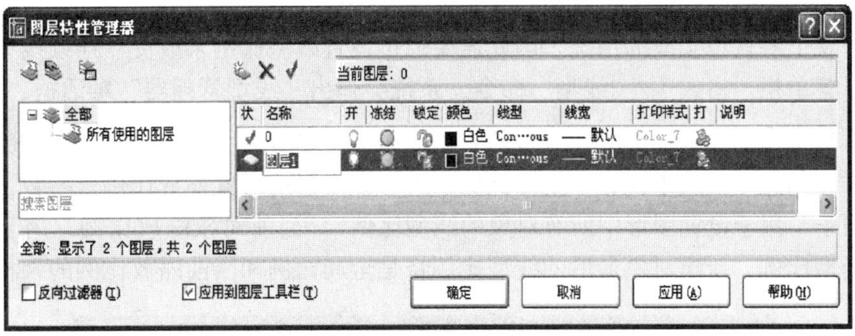

图 13-8 "图层特性管理器"对话框

1. 设置已加载线型

在默认状态下,图层的线型为实线(Continuous),要改变线型,可在相应图层中单击线型选项,弹出"选择线型"对话框,如图 13-9 所示,在已加载的线型列表中选择一种线型,然后单击确定,即完成了线型的设置。

2. 加载线型

如果"已加载线型"列表中没有用户需要的线型,则可进行线型"加载"操作,将新线型添加到"已加载线型"列表框中。此时,单击"选择线型"对话框中 [加载(L)...] 按钮,系统弹出如图 13-10 所示"加载或重载线型"对话框,从"可用线型"列表框中选择需要加载的

图 13-9 "选择线型"对话框

线型,然后单击确定,就可以将选择的线型添加到"选择线型"列表框中。

3. 设置线型比例

对于实线、虚线、点划线等非连续线型,由于其受图形尺寸的影响较大,图形的尺寸

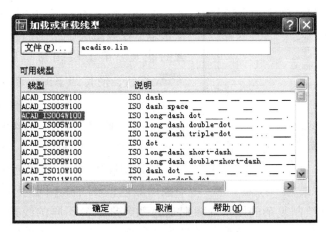

图 13-10 "加载或重载线型"对话框

不同，在图形中绘制的非连续线型的外观也会不一样，有时甚至会出现虚线命令画出来的图形从外观上看就像实线的情况，因此需要通过设置线型比例来改变非连续线型的外观。

选择菜单栏"格式"/"线型"命令，系统会弹出"线型管理器"对话框，如图13-11所示。可从中设置线型比例。在线型列表中选择某一线型后，单击 显示细节(D) 按钮，就可以在"详细信息"区域来设置"全局比例因子"和"当前对象缩放比例"参数，其中"全局比例因子"用于设置图形中所有对象的线型比例，"当前对象缩放比例"用于设置新建对象的线型比例，新建对象最后的线型比例将是全局比例和当前缩放比例的乘积。

图 13-11 "线型管理器"对话框

（三）设置图层线宽

在 AutoCAD 系统中，用户可以使用不同的线宽来表现不同的图形对象，还可以设置图层的线宽。在"图层特性管理器"对话框中单击某一图层的线宽选项，就会弹出"线宽"对话框，如图 13-12 所示，可以从中选择所需要的线宽。

另外还可以选择"格式"/"线宽"命令，系统会弹出"线宽设置"对话框，如图 13-13所示。在该对话框中可以选择当前要使用的线宽，还可以设置线宽的单位、显示比例等参数。如果在设置了线宽的图层中绘制对象，则默认状态下在该图层中绘制的图形都具有层中所设置的线宽。单击绘图窗口中底部状态栏里的 线宽 按钮，使其凹下时，图形对象的线宽立即在绘图窗口中显示出来，如果再次单击按钮，使其凸起时，则绘图窗口中的线宽将不再显示。

图 13-12 "线宽"对话框

（四）设置图层颜色

所谓图层的颜色，是指绘制在该图层上图形对象的颜色。可以将不同的图层设置成不同的颜色，这样就可以在绘制复杂的图形对象时通过颜色来区分不同的线条。在 AutoCAD 系统中，默认状态下，新创建的图层颜色被设为 7 号颜色，即白色或黑色（如果背景色为白色，则图层颜色为黑色；如果背景色为黑色，则图层颜色为白色）。

如果要改变图层的颜色，可以单击"图层特性管理器"对话框中"颜色"选项，弹出"选择颜色"对话框，如图 13-14 所示。可以在该对话框中为图层选择相应的颜色。

（五）设置图层状态

在"图层特性管理器"对话框中，还可以设置图层的各种状态，例如开/关、冻结/解冻、锁定/解锁、是否打印等，如上图 13-8 所示。

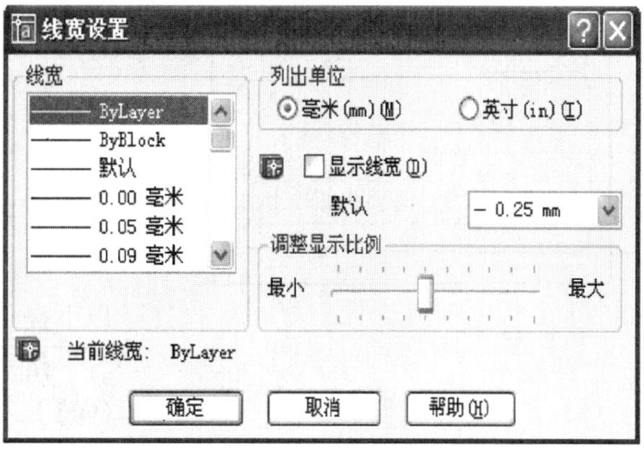

图 13-13 "线宽设置"对话框

1．开/关状态

图层处于"打开"状态下，该图层上的图形可以在绘图窗口显示，也可以打印；而在关闭状态下，图层上的图形既不能显示，也不能打印输出。在"图层特性管理器"对话框中图层列表里，单击小灯泡图标可以在"打开"与"关闭"图层之间切换。

2．冻结/解冻状态

图 13-14 "选择颜色"对话框

"冻结"图层，就是使该图层上的图形既不能在绘图窗口显示及打印输出，也不能编辑或修改；"解冻"则使该图层恢复显示、打印和编辑状态。单击"图层特性管理器"对话框中图层列表里的太阳图标可以在"冻结"与"解冻"图层之间进行切换。

3．锁定/解锁状态

锁定图层就是使该图层上的图形对象不能被编辑，但并不影响该图层上的图形对象的显示，还可以在锁定的图层上绘制新的图形对象以及使用查询命令和捕捉功能。单击"图层特性管理器"对话框中图层列表里的锁图标，可以在"锁定"与"解锁"之间进行切换。

4．打印状态

单击"图层特性管理器"对话框中图层列表里的打印机图标，可以设置图层是否能够被打印。打印功能只对没有冻结和没有关闭的图层起作用。

三、设置辅助绘图工具

在 AutoCAD2006 中提供了一些类似手工绘图中的绘图工具和仪器的绘图命令，例如栅格显示命令、栅格捕捉命令及目标捕捉命令等，这些命令称为辅助绘图命令。使用这些命令，可以提供一个方便、高效的绘图环境，并能提高绘图质量，保证绘图的精度。

（一）栅格显示

1．功能

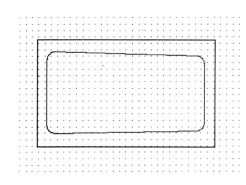

图 13-15　栅格显示

该命令控制是否在绘图窗口显示栅格,并能设置栅格间的间距。栅格如图 13-15 所示。

2. 栅格显示命令

1) 在状态栏直接单击按钮 栅格

2) 命令行输入：Grid

3. 操作

当在命令行输入"Grid"命令以后,出现以下提示行：

指定栅格间距（X）或［开（ON）/关（OFF）/捕捉（S）/纵横向间距（A）］＜当前值＞：输入间距或选项↙

各选项含义如下：

1) "ON"选项：打开栅格功能,同时接受默认的栅格间距值。

2) "OFF"选项：关闭栅格功能（也可用〈F7〉功能键或状态栏"Grid"模式开关或按〈Ctrl〉+〈G〉组合键进行切换）。

3) "S"选项：设置栅格显示与当前捕捉栅格的分辨率相同。

4) "A"选项：可分别设置栅格显示 X 方向和 Y 方向的间距。当输入"A"以后,出现以下提示行：

指定水平间距（X）〈当前值〉：输入 X 方向间距↙

指定垂直间距（Y）〈当前值〉：输入 Y 方向间距↙

(二) 栅格捕捉

1. 功能

栅格捕捉是和栅格显示配套使用的。打开栅格捕捉将使鼠标所指定的点都落在栅格捕捉间距所确定的点上,此功能还可以将栅格旋转任意角度。

2. 栅格捕捉命令

在命令提示行输入：Snap

出现以下提示行：

```
命令：snap
指定捕捉间距或 [开(ON)/关(OFF)/纵横向间距(A)/旋转(R)/样式(S)/类型(T)] <10.0000>:
```

指定捕捉间距：输入捕捉间距或选择其他选项↙

各选项含义如下：

1) "ON"选项：打开栅格捕捉,同时接受当前捕捉间距值。

2) "OFF"选项：关闭栅格捕捉（也可用〈F9〉功能键或状态栏"Snap"模式开关或按〈Ctrl〉+〈B〉组合键进行切换）。

3) "A"选项：可分别设置栅格捕捉 X 方向和 Y 方向的间距。

4) "R"选项：将栅格显示及捕捉方向同时旋转

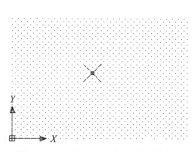

图 13-16　"Snap"命令中旋转 45°的栅格显示

一个指定的角度。执行该命令后，出现以下提示行：

指定基点〈当前值〉：指定旋转基点

指定旋转角度〈当前值〉：给出旋转角度↙

当旋转角度为45°时，其栅格显示如图13-16所示。

5)"S"选项：可以选择标准模式或正等轴测模式。

6)"T"选项：用于选择捕捉类型。

（三）对象捕捉

对象捕捉是绘图中保证绘图精度，提高绘图效率不可缺少的辅助绘图工具。对象捕捉方式可以把点精确定位到实体的特征点上，例如直线段的端点、中点，圆弧的圆心以及两条直线的交点、垂足等等。

AutoCAD2006提供了"对象捕捉"工具栏，如图13-17所示。该工具栏中共有十七个捕捉功能按钮，绘图时，当系统要求用户指定一个点时，可以选择以下四种方式之一来激活对象捕捉方式：

图13-17 "对象捕捉"工具栏

1. 使用对象捕捉工具栏命令按钮

当需要指定一点时，可以单击该工具栏中相应的特征点按钮，再把光标移到实体上要捕捉的特征点附近，系统即可捕捉到该特征点。

2. 使用捕捉快捷菜单命令

在绘图时，当系统要求用户指定一点时，可按Shift键（或Ctrl键）并同时在绘图区单击鼠标右键，系统弹出"对象捕捉"快捷菜单。在该菜单上选择相应的捕捉命令，再把光标移到要捕捉的实体上相应的特征点附近，即可以选中所需的特征点。

3. 使用捕捉字符命令

在绘图的过程中，当系统要求用户指定一点时，可输入所需的捕捉命令字符，再把光标移到实体上要捕捉的特征点附近，即可以选中相应的特征点。

4. 使用自动捕捉功能

设置自动捕捉模式后，当系统要求用户指定一个点时，把光标放在某对象上，系统便会自动捕捉到该对象上符合条件的特征点并显示出相应的标记，如果光标在特征点处多停留一会，还会显示该特征点的提示，这样用户在选点之前，只需先预览一下特征点的提示，然后再确认就可以了。

"对象捕捉"工具栏中各个常用按钮的捕捉功能列于表13-1中。

常 用 捕 捉 功 能　　　　　　　　　　　表13-1

按　　钮	捕捉类型	功　　能
	捕捉端点（End）	捕捉直线段或者圆弧等实体的端点
	捕捉交点（Int）	捕捉直线段、圆或圆弧等两实体的交点
	捕捉中点（Mid）	捕捉直线段、圆弧等实体的中点
	捕捉中心点（Cen）	捕捉圆或圆弧的圆心

续表

按　　钮	捕捉类型	功　　能
◇	捕捉四分点（Qua）	捕捉圆或圆弧上 0°、90°、180°、270°位置上的象限点
○	捕捉切点（Tan）	捕捉所画直线段与某圆或圆弧的相切点
⊥	捕捉垂直点（Per）	捕捉所画线段与某直线段、圆或圆弧的切点
⊶	捕捉插入点（Ins）	捕捉图块的插入点
⊿	捕捉最近点（Nea）	捕捉直线、圆或圆弧等实体上最靠近光标方框中心的点
⊠	捕捉外观交点	用于捕捉二维图形中看上去是交点，而在三维图形中并不相交的点
⌐	捕捉自下一点起为基准的相对点	捕捉相对点
n.		执行 Osnp（固定捕捉）命令

我们可以预先设置所需的对象捕捉方式，这样在需要捕捉特征点时 AutoCAD 可以自动捕捉到这些点。设置捕捉方式有以下三种方法：

（1）命令行：Osnap
（2）菜单栏："工具"/"草图设置"/"对象捕捉"
（3）工具栏：单击捕捉设置按钮 n。

输入命令后，AutoCAD 将弹出"草图设置"对话框，如图 13-18 所示。

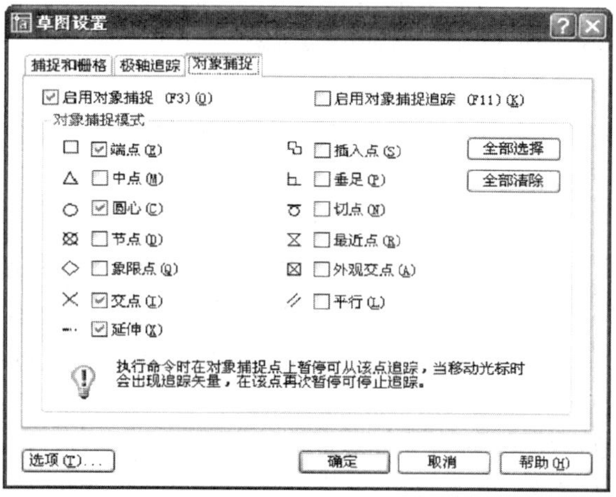

图 13-18　"对象捕捉"设置对话框

（四）正交模式

在绘图过程中，常常需要我们绘制水平线或垂直线。在这种情况下，就要用到正交模式。打开正交功能以后，AutoCAD 将只允许绘制水平或垂直方向的直线。单击状态栏中"正交"按钮或按〈F8〉键或按〈Ctrl〉+〈L〉组合键，可以让正交功能在打开与关闭之间切换。

四、控制图形显示

我们在绘图或编辑过程中，经常会遇到一个问题：显示器屏幕大小是一定的。而我们所绘的图形（图幅）可以用 LIMLTS 设定其范围，如果绘 A0 图幅（841×1189）的图，这么大的图幅要在显示屏窗口显示全图，显然看不清，更谈不上绘图和编辑了。

按一定的比例、观察位置和角度显示图形的区域称为视图。在 AutoCAD 中，可以通过缩放和平移视图来方便地观察图形，如同照相技术中的变焦及摇镜头、缩放镜等概念，来控制图形的显示范围，可以随意放大及缩小图形的显示，或者从图形一部分移至另一部分进行"取景"观察。对图形显示放大倍数高达十万亿倍，足够观察任意图形的细节。以便于在各种图幅上绘图和编辑。

（一）平移视图

平移视图就是移动图形的显示位置，以便清楚观察图形的各个部分。

1. 平移视图命令

可以通过以下三种方式之一来激活视图平移命令：

(1) 命令行：Pan

(2) 菜单栏："视图"/"平移"

(3) 工具栏：单击实时平移按钮

2. 操作

激活视图平移命令以后，绘图窗口的光标变成手的形状，此时按住鼠标左键并拖动视图可以将图形移到所需位置，松开左键则停止视图平移，再次按住鼠标左键可继续对图形进行移动。单击鼠标右键，在弹出的快捷菜单中选择"退出"或按〈Esc〉键则结束视图平移命令。

（二）视图缩放

缩放视图就是放大或缩小图形的显示比例，从而改变图形对象的外观尺寸，缩放视图并不改变图形的真实尺寸。

1. 视图缩放命令

(1) 命令行：Zoom

(2) 菜单栏："视图"/"缩放"

2. 操作

激活视图缩放命令以后，命令行出现以下提示：

指定窗口的角点，输入比例因子(nX 或 nXP)，或者[全部(A)/中心(C)/动态(D)/范围(E)/上一个(P)/比例(S)/窗口(W)/对象(O)]〈实时〉：选择对应的选项

各选项含义如下：

全部：输入"A"回车或单击标准工具栏中按钮 则在绘图窗口显示整个图形。

中心：按照给定的中心点及屏高显示图形。

动态：动态确定缩放图形的大小和位置。

范围：充满绘图区显示当前所绘图形。

上一个：输入"P"回车或单击标准工具栏中按钮 可以返回上一次显示的图形，并能依次返回前10屏。

比例：指定缩放系数，按比例缩放显示图形。

窗口：输入"W"回车或单击标准工具栏中按钮 可以直接指定窗口大小，AutoCAD会自动把窗口中的图形部分在绘图窗口充满显示。

对象：输入"O"回车后，命令行出现以下提示：

选择对象：指定缩放的图形对象

选择对象：继续指定缩放的图形对象或回车结束命令。

结果被选中的图形对象在绘图窗口满屏显示。

（三）鸟瞰视图

"鸟瞰视图"属于定位工具，它提供了一种可视化平移和缩放视图的方法。可以在一

个独立的窗口中显示整个图形视图，以便快速定位目的区域。在绘图时，如果鸟瞰视图处于打开状态，就可以直接缩放和平移图形，而无须选择菜单选项或输入命令。

1．鸟瞰视图命令

（1）命令行：DSVIEWER

（2）菜单栏："视图"／"鸟瞰视图"

2．操作

执行该命令后，则打开"鸟瞰视图"对话框，如图 13-19 所示。在视图框内单击，出现一个细实线的矩形框，该框中心如果出现"×"时，表示左键选定区域，只移动鼠标即可观察图形区域。拖动鼠标，则在框内出现箭头，随即调整矩形框的大小。鸟瞰视图主要是通过用图 13-19 中的宽线矩形与细线矩形框的相对位置和相对大小来实现图形缩放和平移功能。如果要放大图形，可缩小矩形框，如果要缩小图形，可放大矩形框。使用鸟瞰视图观察图形时，是在一个独立的窗口中进行的，其结果反映在绘图窗口的当前视口中。

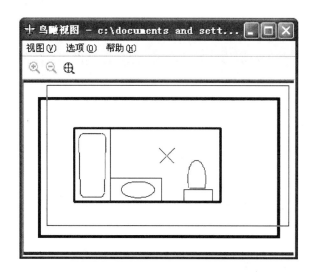

图 13-19　"鸟瞰视图"对话框

（四）视图的重新绘制

对图形进行编辑修改以后，可能会在绘图窗口留下一些痕迹。可用重新绘制命令将它们一一清除掉。

激活视图重新绘制命令有以下两种方式：

1）命令行：Redraw

2）菜单栏："视图"／"重画"

（五）视图的重新生成

执行视图重新生成命令以后，可以使图形中的有些图元，例如圆或圆弧，在视图缩放以后变得不光滑的部分恢复光滑。

激活视图重新生成命令有以下两种方式：

1）命令行：Regen

2）菜单栏："视图"／"重新生成"

使用视图显示控制命令，一方面可以实现对图形的平移和缩放，提高绘图效率；另一方面利用视图的重新绘制和生成命令，可以让所绘图形更加清晰、完美，提高图形的精确度。因此，必须熟练掌握视图的各种显示控制命令。

§13-3 绘制二维图形

二维图形是由一些基本的图形对象（亦称图元）组成的，AutoCAD 提供了多种绘制基本图元的命令，包括点、直线、多段线、圆弧、圆、椭圆、矩形、正多边形、圆环、样条曲线、文本、图案填充等。利用这些基本图元就可以创建比较复杂的二维图形。本节主要介绍 AutoCAD2006 里这些基本图形对象的绘制方法，读者应注意绘图中的技巧。

一、"绘图"下拉菜单及工具栏

用户在绘图时，通常利用"绘图"下拉列表、工具栏或从键盘输入绘图命令来激活绘图命令，下面简要介绍"绘图"下拉菜单及工具栏。

1．"绘图"下拉菜单

点取主菜单中的"绘图"菜单项，即可显示出"绘图"下拉列表，如图 13-20 所示。将光标移到绘图菜单的某一命令上，状态行内便显示出该命令的功能，或显示出下一级菜单。用鼠标单击某一命令，即可激活该命令。用户可根据命令提示行中的提示进行操作。

图 13-20 "绘图"的下拉菜单

2．"绘图"工具栏

"绘图"工具栏一般位于操作界面的最左段，图 13-3 显示了"绘图"工具栏。该工具栏上有 19 个按钮，利用这些按钮可执行主要的绘图功能。单击按钮，即可执行相应的操作。若将光标移到按钮上，停留片刻即可显示出按钮的功能。用户也可以拖拽工具栏，放在自己喜欢的位置上。

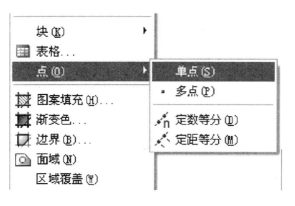

图 13-21 "点"的下拉列表

二、绘制点

点是组成图形元素的最基本对象。在 AutoCAD2006 中，点对象有单点、多点、定数等分和定距等分 4 种。如图 13-21 所示。

1．点的命令

可以按照以下三种方式之一来激活绘制点的命令：

（1）命令行：POINT

（2）菜单栏："绘图"/"点"

（3）工具栏：·

2．操作

使用以上任意一种方法激活该命令，系统将会提示：

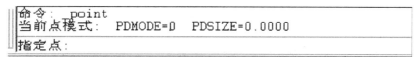

提示信息的第二行，说明当前所绘点的模式与大小。在第三行"指定点："提示下确定点的位置，如输入点的坐标（10.0000，5.0000）或在适当位置单击后，AutoCAD 就会在该位置绘出相应的点。

3．定义点样式

通常点的样式为"．"，AutoCAD 为适应用户多方面的需要，提供了除"．"以外的其他样式。可以通过以下方式之一弹出"点样式"对话框（如图 13-22 所示），设定点样式。

（1）命令行：POMODE

（2）菜单栏："格式"/"点样式"

"点样式"设置具体操作如下：

1）单击对话框中点的形状图例，设定点的形状。

2）在"点大小"编辑框中指定所画点的大小和形状。

3）选择"按绝对单位设置大小"或"相对于屏幕设置大小"选项确定点的尺寸方式。单击"确定"按钮完成点样式设置。

三、绘制直线

直线命令用来绘制一系列连续的直线段，

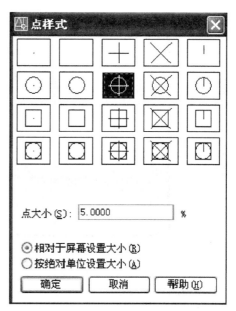

图 13-22 "点样式"对话框

每条直线段作为一个独立的图形处理对象存在。

1. 直线命令

可以按照以下三种方式之一来激活绘制直线的命令：

(1) 命令行：Line

(2) 菜单栏："绘图"/"直线"

(3) 工具栏：单击直线按钮✓

2. 操作

激活直线命令以后，命令行出现以下提示：

```
命令：_line 指定第一点：
指定下一点或 [放弃(U)]：
指定下一点或 [放弃(U)]：
```

-Line 指定第一点：输入直线段的起点

指定下一点或 [放弃 (U)]：输入直线段第二个端点或放弃

指定下一点或[闭合(C)/放弃(U)]：继续输入第三个端点或选择闭合或放弃

……

指定下一点或[闭合(C)/放弃(U)]：继续选择或回车结束命令

3. 说明

输入点的方法有以下几种：

(1) 直接用鼠标在绘图窗口单击拾取一点。

(2) 命令行输入点的坐标。

1) 在直角坐标系中输入绝对坐标，例如：

指定第一点：20，30✓

指定下一点或 [放弃 (U)]：80，90✓

结果如图 13-23 所示。

2) 在直角坐标系中输入相对坐标，例如：

可以在提示指定点时输入相对于前面一点的直角坐标，例如输入相对于前面一点在 X 轴方向偏移 60，在 Y 轴方向偏移 60 的点：

指定下一点或 [放弃 (U)]：@60，60

3) 在极坐标系中输入相对坐标，例如：

输入一点与前面一点的连线距离为 70，与 X 轴夹角为 60°的点：

指定下一点或 [放弃 (U)]：@70＜60

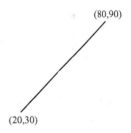

图 13-23　绘制直线

四、绘制射线

1. 射线命令

可以按照以下两种方式之一来激活绘制射线的命令：

(1) 命令行：RAY

(2) 菜单栏："绘图"/"射线"

2. 操作

使用以上任意一种方法激活该命令,命令行将会提示:

```
命令:
命令: _ray 指定起点:
指定通过点:
指定通过点:
指定通过点:
```

(1) 单击鼠标或从键盘输入起点的坐标,以指定射线的起点。

(2) 移动鼠标并单击,或输入点的坐标,即可指定射线的通过点,同时画出了一条射线。

(3) 指定起点后,可在"指定通过点:"提示下指定多个通过点,即可绘制出以起点为端点的多条射线,直到按 ESC 键或 ENTER 键结束命令。

五、绘制构造线

构造线是指在两个方向上无限延长的直线,没有起点和终点,可以放置在三维空间的任意地方。在 AutoCAD 中,构造线主要用作绘图时的辅助线。当绘制多视图时,为了保证投影联系,可先画出若干条构造线,再以构造线为基准画图。

1. 构造线命令

可以按照以下三种方式之一来激活绘制构造线的命令:

(1) 命令行:XLINERAY

(2) 菜单栏:"绘图"/"构造线"

(3) 工具栏:单击构造线按钮╱

2. 操作

使用以上任意一种方法激活该命令,命令行将会提示:

```
命令:
命令: _xline 指定点或 [水平(H)/垂直(V)/角度(A)/二等分(B)/偏移(O)]:
指定通过点:
指定通过点:
指定通过点:
```

可以通过两点来定义构造线,第一点(即根)为构造线上的中点。

(1) xline 指定点:给出起点

指定通过点:给出构造线的一个通过点。(通过起点和给定点画一无穷长直线)

指定通过点:给出构造线的一个通过点。(再通过起点和给定点画一无穷长直线)

……

指定通过点:回车结束该命令。

这样,可画一条或一组穿过起点和各通过点的无穷长直线。

(2) 在执行了 XLINE 命令后,命令行中显示出若干个选项,缺省选项是"指定点"。若执行括号内的选项,需输入选项的大写字符。各选项的含义如下:

● 水平(H):绘制通过指定点的水平构造线。

● 垂直(V):绘制通过指定点的垂直构造线。

● 角度(A):绘制与 X 轴正方向成指定角度的构造线。

● 二等分(B):绘制角的平分线。执行该选项后,用户输入角的顶点、角的起点和角的终点。输入三点后,即可画出过角顶点的角平分线。

● 偏移(O):绘制与指定直线平行的构造线。该选项的功能与"修改"菜单中的"偏移"功能相同。执行该选项后,给出偏移距离或指定通过点,即可画出与指定直线相平行的构造线。

六、绘制多线

所谓多线是指由多条并行线构成的直线，连续绘制的多线是一个图元。多线内的直线线型可以相同，也可以不同，而且平行线之间的间距和数目是可以调整的。图 13-24 给出了几种多线的形式。多线常用于建筑图的绘制。在绘制多线前应该对多线样式进行定义，然后用定义的样式绘制多线。

图 13-24 "多线"的形式

1. 多线命令

可以按照以下两种方式之一来激活绘制多线的命令：

(1) 命令行：MLINE

(2) 菜单栏："绘图"/"多线"

2. 操作

使用以上任意一种方法激活该命令，命令行将会提示：

```
命令: _mline
当前设置: 对正 = 上, 比例 = 20.00, 样式 = STANDARD
指定起点或 [对正(J)/比例(S)/样式(ST)]:
指定下一点或 [放弃(U)]:
指定下一点或 [闭合(C)/放弃(U)]:
```

(1) 在该系统提示中，第二行说明了当前多线绘图格式的对正方式、比例及多线样式。在默认情况下，需要指定多线的起始点，以当前的格式绘制多线，其方法与绘制直线相似。

(2) 在第三行中显示出若干个选项，缺省选项是"指定点"。其他各选项的含义如下：

● 对正（J）：该选项用于确定绘制多线时的对正方式，即多线上的那条线将随光标移动。执行该选项，命令行显示：

```
当前设置: 对正 = 上, 比例 = 20.00, 样式 = STANDARD
指定起点或 [对正(J)/比例(S)/样式(ST)]: J
输入对正类型 [上(T)/无(Z)/下(B)] <上>:
```

【上（T）】：表示当从左向右绘制多线时，多线上位于最顶端的线将随光标进行移动。

【无（Z）】：表示绘制多线时，多线的中心线将随着光标移动。

【下（B）】：表示当从左向右绘制多线时，多线上最底端的线将随着光标进行移动。

● 比例（S）：该选项用于确定所绘多线宽度相对于定义的多线宽度的比例因子，默认为 1.00。该比例不影响线型的比例。

● 样式（ST）：该选项用于确定绘制多线时所使用的多线样式，默认样式为 STANDARD。执行该选项后，根据系统提示，输入定义过的多线样式名称，或输入? 显示已有的多线的样式。

3. 定义多线样式

在 AutoCAD2006 中，可以根据需要定义多线的样式，设置其线条数目和线的拐角方式。定义多线样式的具体操作如下：

(1) 执行"格式"/"多线样式"命令，弹出一个"多线样式"对话框，如图 13-25 所示。

图 13-25 "多线样式"对话框

(2) "样式"列表框：显示了已经加载的多线样式。

(3) "置为当前"按钮：在"样式"列表框中选择了需要使用的多线样式后，单击该按钮，可以将其设置为当前样式。

(4) "新建"按钮：单击该按钮，打开"创建新的多线样式"对话框，可以创建新多线样式，如图 13-26 所示。

图 13-26 "创建新的多线样式"对话框

(5) "修改"按钮：单击该按钮，打开"修改多线样式"对话框，可以修改创建多线样式。

(6) "重命名"按钮：重新命名"样式"列表框中选中的多线样式名称，但不能重新命名 STANDARD 样式。

(7)"删除"按钮：用于删除"样式"列表框中选中的多线样式。

(8)"加载"按钮：单击该按钮，打开"加载多线样式"对话框，如图 13-27 所示。从中选取多线样式将其加载到当前图形中，也可以单击"文件"按钮，打开"从文件加载多线样式"对话框，选择多线样式文件。默认情况下，AutoCAD2006 提供的多线样式文件为 acad.mln。

(9)"保存"按钮：单击该按钮，打开"保存多线样式"对话框，将当前的多线样式保存为一个多线文件（＊.MLN）。

此外，当选中一种多线样式后，在对话框的"说明"和"预览"区中还将显示该多线样式的说明信息和样式预览。

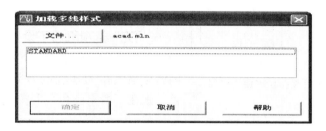

图 13-27　"加载多线样式"对话框

4．创建和修改多线样式

在"创建新的多线样式"对话框中，单击"继续"按钮，将打开"新建多线样式"对话框，可以创建新的多线样式的封口、填充、元素特性等内容，如图 13-28 所示。

图 13-28　"新建多线样式"对话框

(1) 添加说明

"说明"文本框用于输入多线样式的说明信息。当在"多线样式"列表中选中多线时，说明信息将显示在"说明"区域中。

(2) 设置封口模式

265

"封口"选项组用于控制多线起点和端点处的样式。可以为多线的每个端点选择一条直线或弧线,并输入角度。其中,"直线"穿过整个多线的端点,"外弧"连接最外层元素的端点,"内弧"连接成对元素,如果有奇数个元素,则中心线不相连,如图13-29所示。

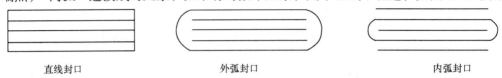

图13-29 多线的封口样式

如果选中对话框中的"显示连接"复选框,可以在多线的拐角处显示连接线,否则不显示,如图13-30所示。

图13-30 不显示连接与显示连接对比

(3) 设置填充颜色

"填充"选项组用于设置是否填充多线的背景。可以从"填充颜色"下拉列表框中选择所需的填充颜色作为多线的背景。如果不使用填充色,则在"填充颜色"下拉列表框中选择"无"即可。

(4) 设置组成元素的特性

"元素"选项组用于设置多线样式的元素特性,包括多线的线条数目、每条线的颜色和线型等特性。其中,"元素"列表框中列举了当前多线样式中各线条元素及其特性,包括线条元素相对于多线中心线的偏移量、线条颜色和线型。如果要增加多线中线条的数目,可单击"添加"按钮,这时在"元素"列表中将加入一个偏移量为0的新线条元素;通过"偏移"文本框设置线条元素的偏移量;在"颜色"下拉列表框设置当前线条的颜色;单击"线型"按钮,使用打开的"线型"对话框设置线元素的线型。

此外,如果要删除某一线条,可在"元素"列表框中选中该线条元素,然后单击"删除"按钮。

(5) 修改多线样式

在"多线样式"对话框中单击"修改"按钮,使用打开的"修改多线样式"对话框可以修改创建的多线样式。该对话框与"创建新多线样式"对话框中的内容完全相同。

5. 编辑多线

在主菜单中,选择"修改"/"对象"/"多线"命令,即可打开"多线编辑工具"对话框。该对话框中的各个图像按钮形象地说明了编辑多线的方法,如图13-31所示。

使用3个十字型工具 、 、 ,可以消除各种相交线,如图13-32所示。

图13-31 "多线编辑工具"对话框

当选择十字型中的某工具后,还需要选取两条多线,AutoCAD总是切断所选的第一条多线,并根据所选工具切断第二条多线。在使用"十字合并"工具时,可以生成配对元素的直角,如果没有配对元素,则多线将不被切断。

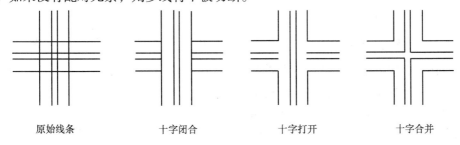

图 13-32　多线的十字型编辑效果

使用T字型工具 ⊤、⊥、⊢ 和角点结合工具 ⌐ 也可以消除相交线,如图13-33所示。此外,角点结合工具还可以消除多线一侧的延伸线,从而形成直角。使用该工具时,需要选取两条多线,只需在想保留的多线某部分上拾取点,AutoCAD就会将多线剪裁或延伸到它们的相交点。

用添加顶点工具 可以为多线增加若干顶点,使用删除顶点工具 则可以从包含三个或更多顶点的多线上删除顶点,若当前选取的多线只有两个顶点,那么该工具将无效。

使用剪切工具 、 可以切断多线。其中"单个剪切"工具用于切断多线中一条,只需简单地拾取要切断的多线某一元素(某一条)上的两点,则这两点中的连线即被删去(实际上是不显示);"全部剪切"工具用于切断整条多线。

此外,使用"全部接合"工具 以重新显示所选两点间的任何切断部分。

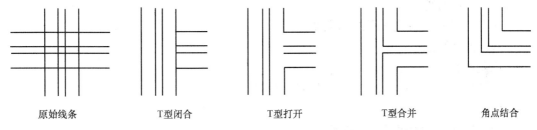

图 13-33　多线的T型编辑效果

七、绘制多段线

在AutoCAD中,多段线(PLINE线),是POLYLINE的简称,是一种非常有用的线段对象,它是由多段直线或圆弧组成的一个组合体,这些直线或圆弧既可以一起编辑,也可以分别编辑,还可以具有不同的宽度。

1. 多段线命令

可以按照以下三种方式之一来激活绘制多段线的命令:

(1) 命令行:PLINEArc

(2) 菜单栏:"绘图" / "多段线"

(3) 工具栏:单击多段线按钮 ⊃

2. 操作

使用以上任意一种方法激活该命令，系统将会提示：

```
命令： _pline
指定起点：
当前线宽为 0.0000
指定下一个点或 [圆弧(A)/半宽(H)/长度(L)/放弃(U)/宽度(W)]：
指定下一点或 [圆弧(A)/闭合(C)/半宽(H)/长度(L)/放弃(U)/宽度(W)]：
```

(1) 在该系统提示中，第二行中要求给出多段线的起点。

(2) 第三行的显示告知：当前的线宽为 0。

用 PLINE 命令绘图分直线方式和圆弧方式，初始化是直线方式，初始宽度为零。如果要绘制不带线宽的直线，可直接在提示行（默认项）输入直线下一点，给出后仍出现上面直线方式提示行，可继续给点画直线或按回车键结束命令（与 LINE 命令操作类同）。

(3) 在第四、五行中显示出若干个选项，默认选项是"指定点"。

其他各选项的含义如下：

● 圆弧（A）：该选项使 PLINE 命令由直线方式绘图变为圆弧方式绘图，并给出绘圆弧的提示。

● 闭合（C）：从当前点向多段线的起始点以当前宽度绘制多段线，即封闭所绘制的多段线，然后结束所执行的命令。

● 半宽（H）：确定多段线的半宽度，即多段线宽度等于输入值的两倍。其中，可以指定对象的起点半宽和端点半宽。

● 长度（L）：指定长度的多段线。AutoCAD 将以该长度沿着上一次所绘直线方向绘直线。如果前一段线对象是圆弧，所绘直线的方向为该圆弧端点的切线方向。

● 放弃（U）：删除最后绘制的直线或圆弧段，利用该选项可以及时修改在绘制多段线过程中出现的错误。

● 宽度（W）：确定多段线的宽度。

八、绘制圆弧

1. 圆弧命令

可以按照以下三种方式之一来激活绘制圆弧的命令：

(1) 命令行：Arc

(2) 菜单栏："绘图"/"圆弧"

(3) 工具栏：单击圆弧按钮

2. 操作

使用以上任意一种方法激活该命令，系统将会提示：

```
命令： _arc 指定圆弧的起点或 [圆心(C)]：
指定圆弧的第二个点或 [圆心(C)/端点(E)]：
指定圆弧的端点：
```

指定圆弧的起点或 [圆心（C）]：输入圆弧的起点 A

指定圆弧的第二个点或 [圆心（C）/端点（E）]：输入圆弧的第二个点 B

指定圆弧的端点：输入圆弧的端点 C 结果如图 13-34 所示。

其他绘制圆弧的方式读者可以从"绘图"/"圆弧"选项里找到，按照命令行提示进行相应操作。

九、绘制圆

1. 圆命令

可以按照以下三种方式之一来激活绘制圆的命令：

(1) 命令行：Circle

(2) 菜单栏："绘图" / "圆"

(3) 工具栏：单击圆按钮 ⊙

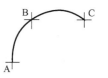

图 13-34 "三点"方式绘制圆弧

2. 操作

AutoCAD 提供了六种绘圆的方法：

(1) 以圆心、半径方式：以圆心、半径绘一圆，见图 13-35（a）。

(2) 以圆心、直径方式：以圆心、直径绘一圆，见图 13-35（b）。

(3) 三点方式：通过三点绘一圆，见图 13-35（c）。

(4) 两点方式：通过两点绘一圆，见图 13-35（d）。

(5) 相切、相切、半径方式：绘制与两已知实体（圆或直线）相切的圆，见图 13-35（e）。

(6) 相切、相切、相切方式：绘制与三已知实体（圆或直线）相切的圆，见图 13-35（f）。

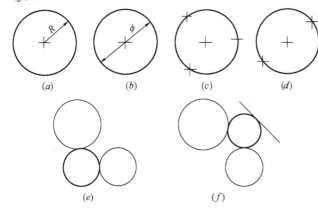

图 13-35 Circle 命令绘圆的各种方式

下面以"圆心、半径"方式来介绍绘制圆的操作步骤。输入圆命令以后，命令行出现以下提示：

_circle 指定圆的圆心或 [三点（3P）/两点（2P）/相切、相切、半径（T）]：给定圆心点

指定圆的半径或 [直径（D）]〈当前值〉：给定圆的半径值↙（绘出如图 13-35（a）所示的圆）

如果想以直径绘圆，可以在上提示行输入"D"↙，出现以下提示行：

指定圆的直径〈当前值〉：给定直径值↙（绘出一圆）

3. 说明

(1) 以"相切、相切、半径方式"绘圆时，输入的公切圆半径应该大于两切点距离的一半，否则，绘不出公切圆。

(2) 用光标指定相切实体位置时与所绘圆的位置有关，选择目标要落在实体上并靠近切点。

十、绘制椭圆

按照指定的方式绘制一个椭圆。

1. 椭圆命令

可以按照以下三种方式之一来激活绘制椭圆的命令：

（1）命令行：Ellipse
（2）菜单栏："绘图"/"椭圆"
（3）工具栏：单击椭圆按钮

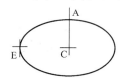

图13-36 用"圆心和轴长"绘制椭圆

2. 操作

绘制椭圆有以下三种方式
（1）给定两轴距离绘制椭圆。
（2）给定圆心和轴长方式绘制椭圆。
（3）给一轴长及绕轴转角绘制椭圆。

下面以"圆心和轴长"方式来介绍绘制椭圆的步骤。激活椭圆命令以后，命令行出现以下提示：

指定椭圆的轴端点或［圆弧（A）/中心点（C）］：输入 C↙

指定椭圆的中心点：输入中心点 C

指定轴的端点：输入轴的端点 E 方式

指定另一条半轴长度或［旋转（R）］：给出另一条半轴的长度↙

结果如图 13-36 所示。

十一、绘制圆环

1. 圆环命令

可以按照以下二种方式之一来激活绘制圆环的命令：
（1）命令行：DONUT
（2）菜单栏："绘图"/"圆环"

2. 操作

使用以上任意一种方法激活该命令，系统将会提示：

```
命令：_donut
指定圆环的内径 <0.0000>: 50
指定圆环的外径 <258.0698>: 100
指定圆环的中心点或 <退出>:
```

该提示中各选项的含义如下所示：

指定圆环的内径〈默认值〉：输入圆环的内径

指定圆环的外径〈默认值〉：输入圆环的外径

指定圆环的中心或〈退出〉：输入圆环的中心位置

此时系统会在指定位置，用指定的内、外径绘制圆环。根据命令提示，用户可继续输入中心点，绘制一系列圆环。

绘制圆环时应注意：

（1）当内径为 0 时，绘制的圆环便是填充圆。

（2）圆环是否填充，可以用 FILL 命令来控制，执行 FILL 命令，输入 off，即可取消填充方式。

（3）系统变量 Donuttid、Donuttod 分别控制圆环内、外半径的缺省值。

十二、绘制矩形

1. 矩形命令

按照以下三种方式之一来激活绘制正多边形命令：

(1) 命令行：RECTANG

(2) 菜单栏："绘图"/"矩形"

(3) 工具栏：单击矩形按钮

2. 操作

使用以上任意一种方法激活该命令，系统将会提示：

```
命令：_rectang
指定第一个角点或 [倒角(C)/标高(E)/圆角(F)/厚度(T)/宽度(W)]:
指定另一个角点或 [面积(A)/尺寸(D)/旋转(R)]:
```

该提示中各选项的含义如下所示：

(1) 指定第一个角点：在默认情况下，通过指定两个对角点来绘制矩形。当指定了矩形的第一个角后，在命令行的提示下，指定另一角点，即可直接绘制一个矩形。

(2) 倒角（C）：绘制一个带倒角的矩形，需要指定矩形的两个倒角距离。当设定了倒角距离后，仍返回系统提示中的第二行，完成矩形绘制。

指定第一角或［倒角（C）/标高（E）/圆角（F）/厚度（T）/宽度（W）］：C

指定矩形的第一个倒角距离〈0.00〉：给出第一倒角距离

指定矩形的第二个倒角距离〈0.00〉：给出第二倒角距离

指定第一角或［倒角（C）/标高（E）/圆角（F）/厚度（T）/宽度（W）］：给出矩形第一个对角点

指定另一角点：给出第二个对角点

按给定的倒角距离，画出一个倒角的矩形。

(3) 标高（E）：指定矩形所在的平面高度，在默认情况下，矩形在XY平面内。该选项一般用于三维绘图。

(4) 圆角（F）：绘制一个带圆角的矩形，需要指定矩形的圆角半径。

指定第一角或［倒角（C）/标高（E）/圆角（F）/厚度（T）/宽度（W）］：F

指定矩形的圆角半径〈0.00〉：给出圆角半径值

指定第一角或［倒角（C）/标高（E）/圆角（F）/厚度（T）/宽度（W）］：给出矩形第一个对角点

指定另一角点：给出第二个对角点

按给定的圆角半径，画出一个带圆角的矩形。

(5) 厚度（T）：按已设定的厚度绘制矩形，该选项一般用于三维绘图。

(6) 宽度（W）：按已设定的线宽绘制矩形，此时需要指定矩形的线宽。

指定第一角或［倒角（C）/标高（E）/圆角（F）/厚度（T）/宽度（W）］：W

指定矩形的线宽〈0〉：3（给线宽）

指定第一角或［倒角（C）/标高（E）/圆角（F）/厚度（T）/宽度（W）］：给出矩形第一个对角点

指定另一角点：给出第二个对角点

按给定的线宽，画出一个矩形。

(7) 面积（A）：通过指定矩形的面积和长度（或宽度）来绘制矩形。

(8) 尺寸（D）：通过指定矩形的长度、宽度和矩形另一角点的方向绘制矩形。

(9) 旋转（R）：通过指定旋转的角度和拾取两个参考点绘制矩形。

如图 13-37 所示的为使用"绘图/矩形"命令并选择相应选项所绘制的各种矩形。

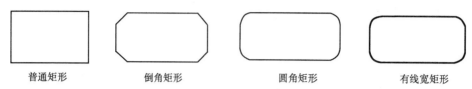

  普通矩形   倒角矩形   圆角矩形   有线宽矩形

图 13-37 利用"矩形"命令绘制的各种形状的矩形

绘制矩形时应注意：

● 在操作该命令时所设选项内容将作为当前设置，下一次画矩形仍按上次设置绘制，直至重新设置。

● 在绘制有倒角和圆角的矩形时，如果长度或宽度太小而无法使用当前设置创建矩形，那么绘制出来的矩形将不进行圆角或倒角。

十三、绘制正多边形

1. 正多边形命令

按照以下三种方式之一来激活绘制正多边形命令：

(1) 命令行：Polygon

(2) 菜单栏："绘图"／"正多边形"

(3) 工具栏：单击正多边形按钮 ◯

2. 操作

当激活绘制正多边形命令以后，系统将会提示：

```
命令：_polygon 输入边的数目 <6>:
指定正多边形的中心点或 [边(E)]:
输入选项 [内接于圆(I)/外切于圆(C)] <I>: I
指定圆的半径:
```

输入边的数目〈当前值〉：给定边数↙

指定正多边形的中心点或［边（E）］：给定正多边形的中心点（如果选择 E，则是按照边长方式绘制正多边形）

输入选项［内接于圆（I）／外切于圆（C）］〈I〉：选择 I 方式，则画的正多边形内接于圆，选择 C 方式，则画的正多边形外切于圆↙

指定圆的半径：给出内接圆或外切圆的半径值↙

十四、绘制样条曲线

1. 样条曲线命令

按照以下三种方式之一来激活绘制样条曲线命令：

(1) 命令行：SPLINE

(2) 菜单栏："绘图"／"样条曲线"

(3) 工具栏：单击样条曲线按钮 ～

2. 操作

使用以上任意一种方法激活该命令，系统将会提示：

```
命令：_spline
指定第一个点或 [对象(O)]：
指定下一点：
指定下一点或 [闭合(C)/拟合公差(F)] <起点切向>：
指定起点切向：
指定端点切向：
```

指定第一个点或［对象（O）］：给出第一点

指定下一个点：给出第二点

指定下一个点或［闭合（C）/拟合公差（F）］〈起点切向〉：给出第三点。（此选项可连续使用，依次给出若干个点）。

指定起点切向：给出起点的切线方向。

指定端点切向：给出终点的切线方向。

绘图结果如图 13-38 所示。

其他选项的含义：

图 13-38　使用"绘图/样条曲线"绘制的样条曲线

（1）若输入 C：即可使样条曲线闭合。

（2）若输入 F：系统继续提示如下：

指定拟合公差：输入拟合公差值。

指定下一个点或［闭合（C）/拟合公差（F）］〈起点切向〉：

拟合公差值决定了所画曲线与指定点的接近程度。拟合公差越大，离指定点越远，拟合公差为 0，将通过指定点。如图 13-38 所示是使用"绘图/样条曲线"绘制的样条曲线。

十五、图案填充

在 AutoCAD 系统中，图案填充是指用某个图案来填充图形中的某个封闭区域以表示该区域的特殊含义。例如在工程图中，图案填充用于表达一个剖切的区域，并且不同的图案填充表达不同的零部件或材料。

1. 图案填充命令

可以采用以下三种方式之一来激活图案填充命令：

（1）命令行：Bhatch

（2）菜单栏："绘图" / "图案填充"

（3）工具栏：单击图案填充按钮

2. 操作

激活图案填充命令以后，系统将会弹出"边界图案填充"对话框，如图 13-39 所示。下面以图 13-40 为例来介绍图案填充的操作过程：

（1）选择填充图案的类型

AutoCAD2006 提供了丰富的填充图案。在"边界图案填充"对话框中选中"图案填充"选项，从"类型"下拉列表框中选择"预定义"选项，采用系统预定义的图案。然后打开"图案"下拉列表框，选中所需的图案，本例中选择"ANSI31"图案，在样例中就会显示对应的图形。

（2）分别在"角度"和"比例"选项中设定填充图案的旋转角度和缩放比例。本例中

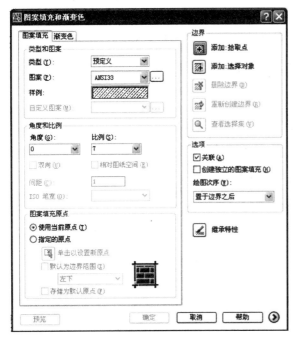

图 13-39 "边界图案填充"对话框

"角度"设为"0",比例设为"6"。

(3) 通过单击按钮来设定填充的图形区域。此时"边界图案填充"对话框暂时关闭,回到绘图窗口,在需要填充的封闭图形区域内的任意位置单击鼠标左键,系统将自动选中封闭的图形区域,如果区域不封闭,系统将会给出提示。或者单击按钮来依次选择需要填充的图形区域的边界,然后回车结束选择。

(4) 预览:通过预览功能可以观察图案填充的情况,如果填充有误,可以进行修改。

(5) 确定,完成图案填充。结果如图 13-40 所示。

3. 编辑图案填充

在创建图案填充以后,可以根据需要随时修改填充图案或修改图案区域的边界。

(1) 命令格式

命令行:Hatchedit

菜单栏:"修改"/"对象"/"图案填充"

(2) 操作

激活图案填充编辑命令以后,命令行出现以下提示:

选择关联填充对象:选择需要编辑的填充图案,AutoCAD 系统重新弹出"边界图案填充"对话框,可以在该对话框中对填充图案进行修改。

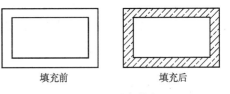

图 13-40 图案填充

§13-4 编辑二维图形

AutoCAD2006 提供了许多实用的图形编辑功能。利用这些功能,可以对图形进行移动、复制、旋转、删除、修剪等多种编辑操作,以提高绘图效率。在编辑操作之前,首先要选取所编辑的对象,而这些对象也就构成了选择集,选择集可以包含单个图形对象,也可以包含多个图形对象或更复杂的对象编组。

一、选择图形对象

AutoCAD2006 提供了多种选择图形对象的方式,下面分别进行介绍。

1. 鼠标单击选择

当命令行出现以下提示:

选择对象：

此时，直接将光标置于目标的上方，然后单击鼠标左键，该实体增亮显示，即表示被选中，如图13-41所示。

2. 窗口选择（W）

当命令行出现以下提示：

选择对象：W↙

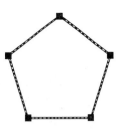

图13-41　鼠标单击选择图形对象

指定第一个角点：输入窗口对角线的第一点

指定对角点：输入窗口对角线的另一点，此时即可选中完全处于窗口中的图形对象，如图13-42所示。

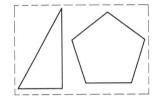 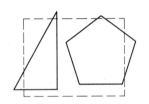

图13-42　窗口选择方式　　　　图13-43　窗口交叉选择方式

3. 窗口交叉选择（C）

当命令行出现以下提示：

选择对象：C↙

指定第一个角点：输入窗口对角线的第一点

指定对角点：输入窗口对角线的另一点，即可选中完全处于窗口中或与窗口相交的图形对象，如图13-43所示。

说明：

（1）窗口选择方式（W）与窗口交叉选择方式（C）的区别在于：当使用窗口选择方式时，被选择的图形对象要完全处于窗口内时才能被选中；而使用窗口交叉选择方式时，被选择的图形对象可以完全处于窗口内，也可以与窗口相交，均会被选中。

（2）窗口选择方式（W）与窗口交叉选择方式（C）分别有一个快捷操作，当出现"选择对象："提示时，如果先给出窗口的左上对角点，再给出窗口的右下对角点，系统默认为窗口选择方式（W）；如果先给出窗口的右上对角点，再给出窗口的左下对角点，系统默认为窗口交叉选择方式（C）。

4. 全部选择（All）

该方式能够选中绘图窗口中所有的图形对象。在出现"选择对象："提示时，输入"All"，回车确定后全部图形对象被选中。

二、删除图形对象

从已有的图形中删除指定的图形对象。

1. 删除命令

可以选择以下三种方式之一来激活图形删除命令：

（1）命令行：Erase

(2) 菜单栏:"修改"/"删除"
(3) 工具栏:单击删除对象按钮

2. 操作

当激活图形删除命令以后,命令行出现以下提示:

选择对象:选择需要删除的对象

选择对象:继续选择或回车结束选择集

所有被选中的对象即被删除。

三、复制图形对象

图形复制命令用于在不同的位置复制现存的对象,复制的对象完全独立于源对象,可以对它进行编辑或其他操作。

1. 复制命令

可以选择以下三种方式之一来激活图形复制命令:

(1) 命令行:Copy
(2) 菜单栏:"修改"/"复制"
(3) 工具栏:单击复制对象按钮

2. 操作

激活图形复制命令以后,命令行出现以下提示:

选择对象:在绘图窗口选择需要复制的图形对象

选择对象:继续选择需要复制的图形对象或回车结束选择

指定基点或位移:指定图形复制的基准点或给出位移

指定基点或位移:指定位移的第二点或〈用第一点作位移〉:指定位移的第二点

指定位移的第二点:继续指定位移的第二点或回车结束命令

四、打断图形对象

用于打断图形对象中的一部分或把对象分为两个实体。打断对象时,可以先在第一个断点处选择对象,然后指定第二个打断点。也可以预先选择对象,再指定两个打断点。打断图形如图 13-44 所示。

1. 打断命令

可以选择以下三种方式之一来激活图形打断命令:

(1) 命令行:Break
(2) 菜单栏:"修改"/"打断"
(3) 工具栏:单击打断对象按钮

2. 操作

当激活图形打断命令以后,命令行出现以下提示:

选择对象:选择需要打断的图形对象

指定第二个打断点或 [第一点 (F)]:指定第二个打断点

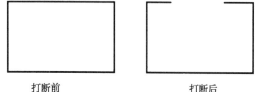

图 13-44 用"打断"命令绘制的图形

当我们用鼠标选择图形对象时,系统会默认为光标指示处为第一点,所以它请求输入第二点。而一般情况下选择图形对象时的光标指示点并不是我们所需要的第一个打断点，所以此时系统允许输入 F 来重新确定第一点，当输入 F 以后，出现以下提示：

指定第一个打断点：指定一点

指定第二个打断点：指定第二点

图形被打断，结束命令。如果在提示指定第二个打断点时输入"@"，AutoCAD 就会在指定的第一点处将图形断开为两部分。

五、倒角命令

倒角是连接两个非平行的图形对象，通过延伸或修剪使之相交或用斜线连接。

1. 倒角命令

可以选择以下三种方式之一来激活倒角命令：

(1) 命令行：Chamfer

(2) 菜单栏："修改"／"倒角"

(3) 工具栏：单击倒角按钮

2. 操作

当激活倒角命令以后，命令行出现以下提示：

("修剪"模式) 当前倒角距离 1 = 0.0000，距离 2 = 0.0000

选择第一条直线或 [多段线 (P) /距离 (D) /角度 (A) /修剪 (T) /方式 (M) 多个/ (U)]：D↙

指定第一个倒角距离〈0.0000〉：5（设置第一个倒角距离）↙

指定第二个倒角距离〈5.0000〉：5（设置第二个倒角距离）↙

选择第一条直线或 [多段线 (P) /距离 (D) /角度 (A) /修剪 (T) /方式 (M) 多个/ (U)]：选择第一条需要倒角的直线。

选择第二条直线：选择第二条需要倒角的直线。

结果如图 13-45 所示。

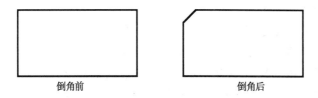

图 13-45 用"倒角"命令绘制的图形

六、修剪图形对象

修剪图形就是指沿着给定的剪切边界来断开对象，并删除该对象位于剪切边某一侧的部分。

1. 修剪命令

激活修剪命令有以下三种方式：

(1) 命令行：Trim

(2) 菜单栏："修改"／"修剪"

(3) 工具栏：单击修剪按钮

2. 操作

当执行图形修剪命令时，命令行出现以下提示：

```
命令: _trim
当前设置:投影=UCS, 边=无
选择剪切边...
选择对象或<全部选择>: 找到 1 个
选择对象: 找到 1 个, 总计 2 个
选择对象:
选择要修剪的对象, 或按住 Shift 键选择要延伸的对象, 或
[栏选(F)/窗交(C)/投影(P)/边(E)/删除(R)/放弃(U)]:
```

选择对象：选择作为剪切边界的图形对象。

选择对象：继续选择作为剪切边界的图形对象或回车结束选择

选择要修剪的对象，或按住 Shift 键选择要延伸的对象，或 [栏选（F）/窗交（C）/投影（P）/边（E）/删除（R）/放弃（U）]：选择要剪切的图形对象。此命令可选择多个对象。

结果如图 13-46 所示。

修剪前　　　　　　修剪后

图 13-46 用"修剪"命令绘制的图形

2. 操作

当激活延伸命令以后，命令行出现以下提示：

当前设置：投影 = UCS，边 = 无

选择对象：选择延伸边界

选择对象：继续选择延伸边界或回车结束选择

选择要延伸的对象，或按住 Shift 键选择要修剪的对象，或 [投影（P）/边（E）/放弃（U）]：选择需要延伸的对象，结束命令。此命令可选择多个对象。

结果如图 13-47 所示。

八、阵列图形对象

按照一定规则（间距或角度）复制多个对象并按环形或矩形排列。对于环形阵列可以控制复制对象的数目和决定是否旋转对象；对于矩形阵列可以控制复制对象的行数和列数以及它们之间的角度。

1. 阵列命令

可以选择以下三种方式之一来激活阵列命令：

（1）命令行：Array

七、延伸图形对象

延伸可以将图形对象精确地延伸到其他对象定义的边界。

1. 延伸命令

激活延伸命令的方法如下：

（1）命令行：Extend

（2）菜单栏："修改"/"延伸"

（3）修改工具栏：单击延伸按钮

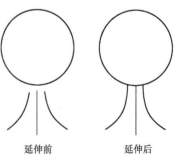

延伸前　　　　延伸后

图 13-47 用"延伸"
命令绘制的图形

(2) 菜单栏:"修改"/"阵列"
(3) 工具栏:单击阵列按钮

2. 操作

激活阵列命令以后,出现如图 13-48 所示的阵列对话框。在该对话框中可以进行矩形阵列或环形阵列的设置。

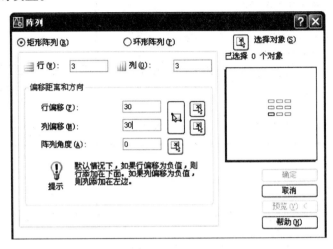

图 13-48 "矩形阵列"对话框

(1) 创建矩形阵列

矩形阵列的创建步骤如下:

1) 在"阵列"对话框中点取"矩形阵列"。

2) 点击"选择对象"按钮,选择需要阵列的图形对象,如图 13-49 (a) 中的矩形。

3) 设置"行"和"列"的参数,"行"文本框中输入 3,"列"文本框中输入 3。

4) 分别设置行偏移值和列偏移值以及阵列角度。本例中行偏移值和列偏移值均设为 30,阵列角度设为 0°。

5) 点击"确定"按钮,结果如图 13-49 (b) 所示。

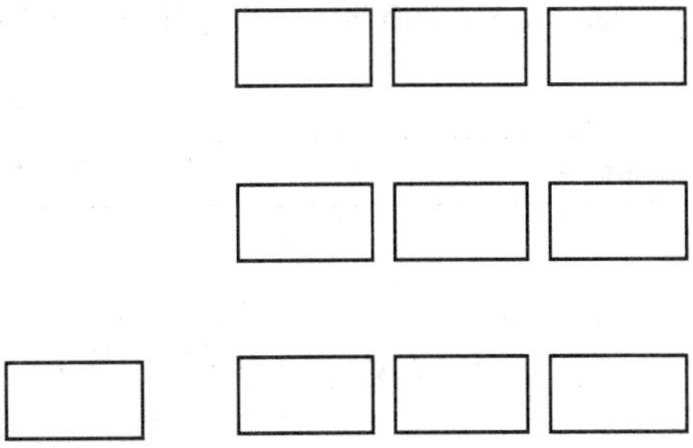

(2) 创建环形阵列

环形阵列的创建步骤如下:

1) 在"阵列"对话框中点取"环形阵列",如图 13-50 所示。

2) 点击"选择对象"按钮,选择需要阵列的图形对象,如图 13-51 (a) 中的小圆。

3) 指定环形阵列的中心点,如图 13-51 (a) 中大圆的圆心。

图 13-49 矩形阵列

4) 在"项目总数"文本框中输入阵列的项目总数 6,其中包含源对象。

5) 设置填充角度。本例中采用默认值 360°。

6) 确认"复制时旋转项目"选项。点击"确定"按钮,环形阵列结果如图 13-51 (b) 所示。

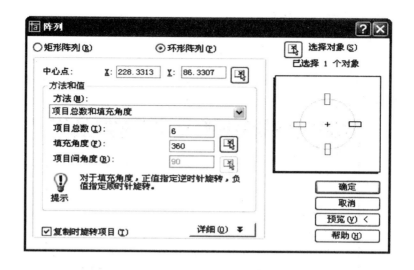

图 13-50 "环形阵列"对话框

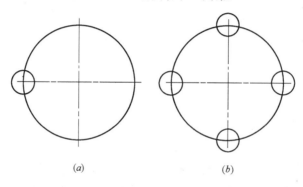

图 13-51 环形阵列

九、其他图形编辑命令

AutoCAD2006 的其他常用图形编辑命令，见表 13-2。

其他常用图形编辑命令　　　　　　　　　　　表 13-2

编辑命令	功　能	命令方式	命令行提示及各选项含义
Mirror	对称性复制	命令行：Mirror 菜单栏：【修改】/【镜像】 工具栏：	选择对象：指定要镜像的图形对象 选择对象：继续指定要镜像的图形对象或按回车键结束选择 指定镜像线的第一点：指定对称线上的一点 指定镜像线的第二点：指定对称线上的第二点 是否删除源对象？［是（Y）/否（N）］〈N〉：选择"Y"则删除源实体，选择"N"则保留源实体
Offset	对象的偏移	命令行：Offset 菜单栏：【修改】/【偏移】 工具栏：	指定偏移距离或［通过（T）]〈1.0000〉：设置偏移距离或指定通过点 选择要偏移的对象或〈退出〉：选择需要偏移的图形对象 指定点以确定偏移所在侧：指定一点来确定偏移的方向 选择要偏移的对象或〈退出〉：继续选择偏移对象或回车结束命令

续表

编辑命令	功 能	命令方式	命令行提示及各选项含义
Move	移动图形对象	命令行：Move 菜单栏：【修改】/【移动】 工具栏：	选择对象：选择要移动的图形实体 选择对象：继续选择要移动的图形实体或回车结束命令 指定基点或位移：指定一点作为移动的基点 指定位移的第二点或〈用第一点作位移〉：指定位移的第二点 将要移动的对象从当前位置按照指定的两点确定的位移矢量移到新位置
Rotate	旋转图形对象	命令行：Rotate 菜单栏：【修改】/【旋转】 工具栏：	选择对象：选择需要旋转的图形对象 选择对象：继续选择需要旋转的图形对象或回车结束选择 指定基点：指定旋转的基点 指定旋转角度或［参照（R）］：指定旋转角度
Fillet	生成圆角	命令行：Fillet 菜单栏：【修改】│【圆角】 修改工具栏：	选择第一个对象或［多段线（P）/半径（R）/修剪（T）/多个（U）］：选择倒圆角的第一个图形实体 选择第二个对象：选择第二个图形对象 其他常用选项含义： 多段线：用于对多段线进行倒圆角 半径：指定圆角的半径 修剪：选择修剪模式 多个：可以对多个图形实体进行倒圆角
Stretch	对图形实体进行拉伸	命令行：Stretch 菜单栏：【修改】│【拉伸】 修改工具栏：	命令行：Stretch 以交叉窗口或交叉多边形选择要拉伸的对象… 选择对象：以窗口交叉方式选择拉伸对象 选择对象：继续以窗口交叉方式选择拉伸对象或回车结束选择 指定基点或位移：指定拉伸的基点或位移 指定位移的第二个点或〈用第一个点作位移〉：指定第二点或用第一个点作位移
Scale	对象的缩放	命令行：Scale 菜单栏：【修改】│【缩放】 修改工具栏：	选择对象：选择需要缩放的图形实体 选择对象：继续选择需要缩放的图形实体或回车结束选择 指定基点：指定一点作为缩放的基点 指定比例因子或［参照（R）］：指定缩放的比例因子

§13-5 尺寸和文本的标注与编辑

一、尺寸的标注与编辑

在 AutoCAD 系统中，尺寸标注用于标明图元的大小或图元间的相互位置，以及为图形添加公差符号、注释等等，工程图中的尺寸标注必须正确、完整、清晰、合理。尺寸标注包括线性标注、角度标注、半径与直径标注和基线与连续标注等几种类型。

（一）尺寸标注的组成

一个完整的尺寸标注由尺寸线、尺寸界线、尺寸箭头、尺寸数字四部分组成，如图

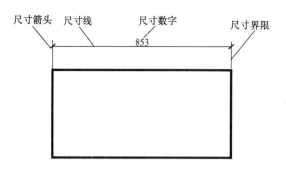

图 13-52 尺寸标注的组成

13-52 所示。

1. 尺寸线

尺寸线即标注尺寸线，一般是一条两端带有箭头的线段，用于标明尺寸标注的范围。

2. 尺寸界线

尺寸界线是标明标注范围的直线，可用于控制尺寸线的位置。

3. 尺寸箭头

尺寸箭头位于尺寸线的两端，用于指示测量的开始和结束位置。AutoCAD2006 系统提供了多种箭头样式可供选择。在建筑图纸中尺寸箭头的样式选择建筑标记。

4. 尺寸数字

用于标明图形大小的数值，除了包含一个基本的数值外，还可以包含前缀、后缀、公差或其他文字，在创建标注样式时，可以控制尺寸数字的字体以及大小和方向。

（二）新建尺寸标注样式

在 AutoCAD2006 中，如果没有预先定义尺寸标注样式，系统将会默认使用"Standard"标注样式。我们可以根据已经存在的标注样式来创建新的尺寸标注样式，尺寸标注样式主要控制尺寸的四要素：尺寸线、尺寸界线、尺寸箭头和尺寸数字的外观与方式。

1. 命令格式

可以采用以下两种方式之一来激活尺寸标注样式管理器对话框：

（1）命令行：Ddim

（2）菜单栏："格式" / "标注样式"

2. 操作

激活新建尺寸标注样式命令以后，绘图窗口出现尺寸标注样式管理器对话框，如图 13-53 所示。

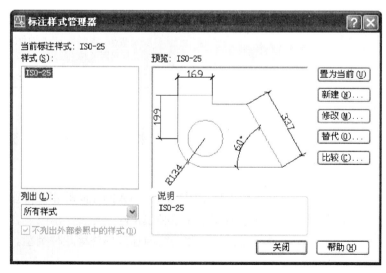

图 13-53 "标注样式管理器"对话框

其中各选项含义：
(1)"置为当前"：将"样式"列表中某个标注样式置为当前使用的尺寸标注样式。
(2)"新建"：创建一个新的尺寸标注样式。
(3)"修改"：修改已有的尺寸标注样式。
(4)"替代"：创建当前尺寸标注样式的替代样式。
(5)"比较"：比较两种不同的尺寸标注样式。

在标注样式管理器对话框中单击 新建(N)... 按钮，系统会弹出如图 13-54 所示的"创建标注样式"对话框。

图 13-54 "创建新标注样式"对话框

首先在"新样式名"中输入即将创建的标注样式的名称，然后在"基础样式"中选择一种已有的标注样式作为参照样式，接下来为新标注样式选择适用范围，设置完成后，单击 继续 按钮，系统会弹出如图 13-55 所示的"新建标注样式"对话框，在其中可以进行新标注样式的直线和箭头、文字、调整、主单位、换算单位以及公差等各要素的设置。

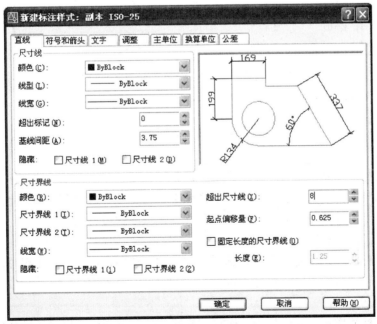

图 13-55 "新建标注样式"对话框

283

1. 直线和箭头

在"新建标注样式"对话框中,选择"直线和箭头"选项,可以设置尺寸标注的尺寸线、尺寸界线、箭头和圆心标记的格式和位置等。在"尺寸线"区,可以设置尺寸线的颜色和线宽、超出标记、基线间距以及尺寸线是否隐藏;在"尺寸界线"区,可以设置尺寸界线的颜色和线宽、超出尺寸线的距离、起点偏移量以及尺寸界线是否隐藏;在"箭头"区,可以设置第一个和第二个箭头的类型、引线的类型以及箭头的大小;在"圆心标记"区,可以设置圆心标记的类型和大小。

2. 文字

在"新建标注样式"对话框中,选择"文字"选项,可以设置尺寸数字的外观、位置和对齐方式等,如图 13-56 所示。在"文字外观"区,可以设置文字的样式、字体颜色和字高;在"文字位置"区,可以设置文字在垂直和水平方向上的位置,以及文字与尺寸线之间的距离;在"文字对齐"区,可以选择文字的对齐方式。

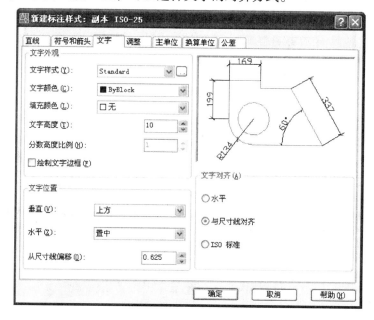

图 13-56 "文字"选项

3. 调整

在"新建标注样式"对话框中,选择"调整"选项,可以调整标注数字、尺寸线、尺寸界线以及尺寸箭头的位置。在 AutoCAD 系统中,当尺寸界线间有足够的空间时,文字和箭头将始终位于尺寸界线之间,否则按"调整"选项中的设置来放置。

4. 主单位

在"新建标注样式"对话框中,选择"主单位"选项,可以设置主单位的格式与精度等属性。

5. 换算单位

在"新建标注样式"对话框中,选择"换算单位"选项,可以显示换算单位及设置换算单位的格式,通常是显示英制标注的等效公制标注,或公制标注的等效英制标注。

6. 公差

在"新建标注样式"对话框中,选择"公差"选项,可以设置是否在尺寸标注中显示公差以及设置公差的格式等。

(三) 修改尺寸标注样式

在图 13-53 "标注样式管理器"对话框中,单击 修改(M)... 按钮,弹出"修改标注样式"对话框,如图 13-57 所示。

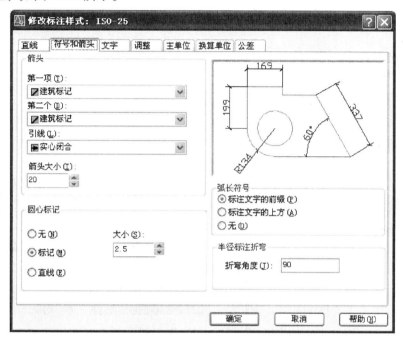

图 13-57 "修改标注样式"对话框

在"修改标注样式"对话框中,可以对尺寸标注样式的直线和箭头、文字、调整、主单位、换算单位及公差等要素进行修改,以满足不同行业制图标准对尺寸标注样式的要求。

(四) 尺寸标注

1. 线性尺寸标注

线性标注用于标注图形对象的线性距离或长度,如上图 13-52 所示。

(1) 命令格式

可以采用以下三种方式之一来激活线性尺寸标注命令:

1) 命令行:Dimlinear

2) 菜单栏:"标注"/"线性"

3) 工具栏:单击线性标注按钮 ⊢⊣

(2) 操作

激活线性标注命令以后,命令行出现以下提示:

指定第一条尺寸界线原点或〈选择对象〉:指定一点作为第一条尺寸界线的起点

指定第二条尺寸界线原点:指定第二条尺寸界线的起点

指定尺寸线位置或［多行文字（M）/文字（T）/角度（A）/水平（H）/垂直（V）/旋转（R）］：指定尺寸线的位置或选择相应选项

标注文字＝〈当前值〉

如果选定尺寸线位置后直接确定，则 AutoCAD 根据拾取到两点之间的准确投影距离而给出标注文字，进而进行尺寸标注。

其他各选项含义：

多行文字：输入"M"回车，则出现"文字格式"编辑器，可以输入和编辑多行文字。

文字：选择该项，则用单行文字来指定尺寸数字。

角度：指定尺寸数字的旋转角度。

水平：指定尺寸线呈水平方向，可用鼠标直接拖动标注水平尺寸。

垂直：指定尺寸线呈铅垂方向，可用鼠标直接拖动标注垂直尺寸。

旋转：指定尺寸线与水平线之间所夹的角度。

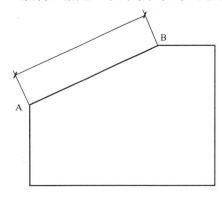

图 13-58　对齐标注示例

2. 对齐尺寸标注

对齐标注提供与拾取的标注点对齐的长度尺寸标注。

(1) 命令格式

可以采用以下三种方式之一来激活对齐尺寸标注命令：

1) 命令行：Dimaligned

2) 菜单栏："标注"/"对齐"

3) 工具栏：单击对齐标注按钮

(2) 操作

对齐标注与线性标注的使用方法基本相同，它可以标注出斜线的尺寸，如图 13-58 所示。激活对齐标注命令以后，命令行出现以下提示：

指定第一条尺寸界线原点或〈选择对象〉：指定第一条尺寸界线的起点，如图 13-58 中的"A"点。

指定第二条尺寸界线原点：指定第二条尺寸界线的起点，如图 13-58 中"B"点

指定尺寸线位置或［多行文字（M）/文字（T）/角度（A）］：指定尺寸线位置或选项

标注文字＝〈当前值〉

对齐尺寸标注结果如图 13-58 所示。

3. 角度尺寸标注

角度标注用于标注两条不平行直线间的夹角、圆弧包容的角度或部分圆周的角度，也可以标注不共线的三点之间的角度，标注数字为度数。AutoCAD 系统在标注角度时，会自动为标注值后加上"°"符号。

(1) 命令格式

执行角度标注命令有以下三种方式：

1) 命令行输入：Dimangular

2）菜单栏："标注"/"角度"

3）工具栏：单击角度标注按钮

（2）操作

1）标注两条不平行直线之间的夹角

激活角度标注命令以后，命令行出现以下提示：

选择圆弧、圆、直线或〈指定顶点〉：选择直线 L_1，如图 13-59 所示

选择第二条直线：选择直线 L_2

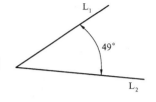

图 13-59　标注角度

指定标注弧线位置或［多行文字(M)/文字(T)/角度(A)］：指定角度标注尺寸线的位置，如图 13-59 所示

标注文字 = 〈当前值〉

指定标注尺寸线位置时，可以选择"多行文字"、"文字"或"角度"选项来改变标注文字及其方向。

2）标注圆弧或圆上某段圆周的角度

激活角度标注命令以后，命令行出现以下提示：

选择圆弧、圆、直线或〈指定顶点〉：选择圆弧或圆，如图 13-60（a）、（b）所示

指定标注弧线位置或［多行文字（M）/文字（T）/角度（A）］：指定标注弧线的位置或选择选项

如果标注部分圆周的角度，则出现以下提示：

指定角的第二个端点：指定标注圆周角的第二个端点

指定标注弧线位置或［多行文字（M）/文字（T）/角度（A）］：指定标注弧线的位置或选项

标注文字 = 〈当前值〉。结果如图 13-60 所示。

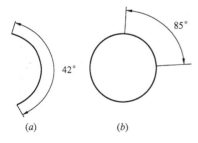

图 13-60　圆弧和圆周的角度标注示例

3）标注三点之间的角度

激活角度标注命令以后，命令行出现以下提示：

选择圆弧、圆、直线或〈指定顶点〉：直接回车

指定角的顶点：指定角的定点，如图 13-61 中"A"点

指定角的第一个端点：指定标注角的第一个端点，如图 13-61 中"C"点

指定角的第二个端点：指定标注角的第二个端点，如图 13-61 中"B"点

指定标注弧线位置或［多行文字（M）/文字（T）/角度（A）］：指定标注弧线的位置或选项

结果如图 13-61 所示。

4．半径与直径标注

（1）半径尺寸标注

半径尺寸标注就是标注圆弧或圆的半径尺寸。

1）命令格式

287

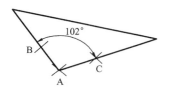

图 13-61 三点角度标注示例

命令行：Dimradius

菜单栏："标注"/"半径"

工具栏：单击半径标注按钮 ◎

2) 操作

激活半径标注命令以后，命令行出现以下提示：

选择圆弧或圆：指定圆弧或圆对象，如图 13-62（a）

标注文字 =〈当前值〉

指定尺寸线位置或[多行文字(M)/文字(T)/角度(A)]:给定尺寸线位置或选项

结果如图 13-62（a）所示。

（2）直径尺寸标注

直径尺寸标注就是标注圆或圆弧的直径尺寸。

1）命令格式

命令行：Dimdiameter

菜单栏："标注"/"直径"

工具栏：单击直径标注按钮 ◎

2）操作

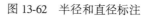

图 13-62 半径和直径标注

激活直径标注命令以后，命令行出现以下提示：

选择圆弧或圆：指定圆弧或圆对象，如图 13-62（b）所示。

标注文字 =〈当前值〉

指定尺寸线位置或［多行文字（M）/文字（T）/角度（A）］：给定尺寸线位置或选项

结果如图 13-62（b）所示。

AutoCAD 系统在标注半径尺寸时，会自动在尺寸数字前加上符号"R"；标注直径尺寸时，会自动在尺寸数字前加上符号"Φ"。

5. 基线标注与连续标注

（1）基线尺寸标注

基线尺寸标注就是以某一个尺寸标注的第一条尺寸界线为基线，创建另一个尺寸标注。

1）命令格式

命令行：Dimbaseline

菜单栏："标注"/"基线"

工具栏：单击基线标注按钮

2）操作

用该命令标注基线尺寸前，应先用线性尺寸标注方式标注出基准尺寸，然后再标注基线尺寸，每一个基线尺寸都将以基准尺寸的第一条尺寸界线为第一尺寸界线进行标注。激活基线标注命令以后，命令行出现以下提示：

选择基准标注：选择基准标注的第一条尺寸界线

指定第二条尺寸界线原点或［放弃（U）/选择（S）]〈选择〉：指定第二条尺寸界线起点或选项

标注文字＝〈当前值〉

指定第二条尺寸界线原点或［放弃（U）/选择（S）]〈选择〉：继续指定第二条尺寸界线起点或选项

标注文字＝〈当前值〉

指定第二条尺寸界线原点或［放弃（U）/选择（S）]〈选择〉：继续指定第二条尺寸界线起点或回车结束命令。基线标注如图13-63所示。

（2）连续尺寸标注

连续尺寸标注就是在某一个尺寸标注的第二条尺寸界线处连续创建另一个尺寸标注，从而创建一个尺寸标注链。

1）命令格式

命令行输入：Dimcontinue

菜单栏："标注"/"连续"

工具栏：单击连续标注按钮

2）操作

用该命令标注连续尺寸前，应先用线性尺寸标注方式标注出基准尺寸，然后再进行连续尺寸标注，每一个

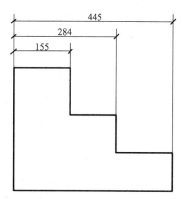

图13-63　基线尺寸标注

连续尺寸都将以前一尺寸的第二条尺寸界线为第一尺寸界线进行标注。激活连续标注命令以后，命令行出现以下提示：

选择连续标注：选择基准标注的第二条尺寸界线

指定第二条尺寸界线原点或［放弃（U）/选择（S）]〈选择〉：指定第二条尺寸界线起点或选项

标注文字＝〈当前值〉

指定第二条尺寸界线原点或［放弃（U）/选择（S）]〈选择〉：继续指定第二条尺寸界线起点或选项

标注文字＝〈当前值〉

指定第二条尺寸界线原点或［放弃（U）/选择（S）]〈选择〉：继续指定第二条尺寸界线起点或回车结束命令。连续尺寸标注如图13-64所示。

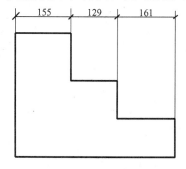

图13-64　连续尺寸标注

二、文本的标注与编辑

在工程图中除了要将实际物体绘制成几何图形外，还需要加上必要的注释，最常见的如技术要求、尺寸、标题栏、明细表等。利用注释可以将一些用几何图形难以表达的信息表示出来，在AutoCAD中所有的这些注释都离不开一种特殊对象——文字。

文字写入是计算机绘图的重要内容，AutoCAD2006提供了强大的文字写入与编辑功能，其中文字写入又分为两种方式，即单行文字和多行文字。一般情况下，对简短的文字输入可以使用单行文字，对带有内部格式的较长的文字输入则采用多行文字。

（一）单行文字写入

1. 单行文字写入命令

可以采用以下三种方式之一来激活单行文字写入命令：

(1) 命令行：Dtext 或 Text 或 Dt

(2) 菜单栏："绘图" / "文字" / "单行文字"

(3) 工具栏：单击单行文字按钮 AI

2. 操作

激活单行文字写入命令以后，命令行出现以下提示：

指定文字的起点或 [对正（J）/样式（S）]：输入一点作为文字的起点或选择其他选项

指定高度〈当前值〉：给定文字的高度✓

指定文字的旋转角度〈当前值〉：给定文字的旋转角度✓

输入文字：输入文字内容

输入第一处文字以后，可以继续指定下一处文字的起点，命令行将继续提示：

输入文字：输入第二处文字的内容

此操作可以重复进行，即能输入若干处相互独立的单行文字，直到回车结束命令。例如分别输入文字"AutoCAD2006"和"计算机绘图"，如图 13-65 所示。

其他各选项含义：

对正（J）：设置文字的对齐方式，即文字相对于起点的位置关系。输入"J"回车，命令行提示：

输入选项 [对齐（A）/调整（F）/中心（C）/中间（M）/右（R）/左上（TL）/中上（TC）/右上（TR）/左中（ML）/正中（MC）/右中（MR）/左下（BL）/中下（BC）/右下（BR）]：选择相应选项

样式（S）：确定文字样式

（二）多行文字写入

对于较长或较为复杂的文字内容，可以创建多行或段落文字。多行文字与单行文字的主要区别是多行文字无论行数多少，只要是单个编辑任务创建的段落集，AutoCAD 都认为是单个对象。

1. 多行文字写入命令

可以采用以下三种方式之一来激活多行文字写入命令：

(1) 命令行：Mtext 或 Mt

(2) 菜单栏："绘图" / "文字" / "多行文字"

(3) 工具栏：单击多行文字按钮 A

2. 操作

激活多行文字写入命令以后，命令行出现以下提示：

命令：mtext 当前文字样式："Standard" 当前文字高度：2.5

指定第一角点：指定多行文字矩形框的第一个角点

指定对角点或 [高度（H）/对正（J）/行距（L）/旋转（R）/样式（S）/宽度

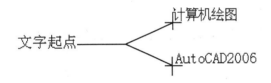

图 13-65 "单行文字"写入示例

(W)]：指定对角点或选择对应选项。

多行文字的写入主要通过"文字格式"编辑器来进行，如图 13-66 所示。

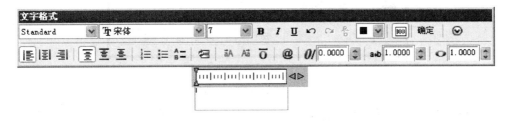

图 13-66　　"文字格式"编辑器

给定第一个角点以后，在绘图窗口拖动光标，可以看见出现一个动态的矩形框，在矩形框中显示一个箭头符号，用来指定文字的扩展方向。此时直接指定第二个角点，然后输入需要的文字内容。

（三）特殊符号写入

当输入文字时，有些特殊符号常常在键盘上难以直接输入，如"Φ"、"°"、"±"等等。AutoCAD 提供了一些特殊字符的输入方法，比较常见的有：

1．％％C：输入直径符号"Φ"

2．％％D：输入角度符号"°"

3．％％P：输入上下偏差符号"±"

4．％％％：输入百分比符号"％"

5．％％O：开始/关闭字符的上划线

6．％％U：开始/关闭字符的下划线

需要强调的是，特殊字符不能在中文文字样式中使用，否则，将显示"？"。

（四）编辑文字

文字输入的内容和样式通常不可能一次就达到要求，还需要进行调整和修改，此时就需要在原有文字的基础上对文字对象进行编辑处理。

1．文字编辑命令

可以采用以下四种方式之一来激活文字编辑命令：

（1）命令行：Ddedit 或 End

（2）菜单栏："修改"/"对象"/"文字"/"编辑"

（3）工具栏：单击文字编辑按钮 A/

（4）双击需要编辑的文字对象

2．操作

（1）编辑单行文字

激活编辑单行文字对象时，出现"编辑文字"对话框，如图 13-67 所示。在此可以任意编辑文字内容，修改完成确定即可。

（2）编辑多行文字

激活编辑多行文字对象时，出现"文字格式"编辑器对话框，在该对话框里可以对文字内容、字体样式、字高等进行修改。同时，还可以对文字进行加粗、设置斜体和下划线

图 13-67 "编辑文字"对话框

等一些特殊效果。修改好以后,直接点击"文字格式"编辑器对话框最右边的"确定"按钮,就完成了对多行文字的编辑。

§13-6 图 块 与 属 性

在工程设计中,有很多图形元素需要大量重复使用,例如建筑行业中的浴缸、卫生间、家具等。这些多次重复使用的图形,如果每次都从头开始设计和绘制,就大大降低了绘图效率,AutoCAD2006 将逻辑上相关联的一系列图形对象定义成块,就从根本上解决了这类问题。

一、块的创建

块是组成复杂图形的一组图形对象。在使用块之前,首先要创建相应的块,以便调用。创建块时,先要将组成块的图形对象绘制出来,然后再按照创建块的步骤将原始的图形对象定义成一个块。

1. 创建块的命令

可以选择以下三种方式之一来激活创建块的命令:

(1) 命令行:Block 或 Bmake 或 B

(2) 菜单栏:"绘图"/"块"/"创建"

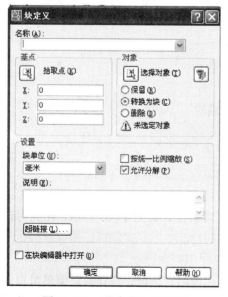

图 13-68 "块定义"对话框

(3) 工具栏:单击创建块按钮

2. 操作

激活创建块的命令以后,AutoCAD 系统弹出"块定义"对话框,如图 13-68 所示。在该对话框中,可以进行块的创建。

(1) 在"名称"框中输入所创建的块的名称,例如"浴缸"、"卫生间"等。

(2) 在"基点"区域输入图块插入时的基点坐标,也可以用拾取点的方式从绘图窗口选取一点作为基点。

(3) 在"对象"区域确定组成块的图形对象。单击 按钮,返回绘图窗口,用户可以选择图形对象,然后点击鼠标右键回到"块定义"对话框,还可以在"拖放单位"选项中选择相应的拖放单位并附加必要的说明,然后点击确定即完成了对块的创建。

二、块的属性

块属性是附属与块的非图形信息，是块的组成部分，是特定的可包含在块定义中的文字对象，当插入带有属性的块时，用户可以交互地输入块的属性。并且在定义一个块时，图形绘制完成后，首先要先给块上属性，然后才定义块。

1. 创建属性的命令

可以选择以下二种方式之一来创建属性：

（1）命令行：ATTEXT

（2）菜单栏："绘图"/"块"/"定义属性"

2. 操作

激活创建属性的命令以后，AutoCAD 系统弹出"属性定义"对话框，如图 13-69 所示。在该对话框中，可以进行块的属性创建。

（1）"模式"栏：确定属性的模式。

（2）"属性"栏：确定属性标记、属性提示和属性值。当插入带有属性的块时，属性提示显示在命令行中。这里的属性值是预设值。

（3）"插入点"栏：确定属性在块中的位置。

三、块的插入

创建了块以后，即可进行块的插入操作。

1. 块的插入命令

选择以下三种方式之一来激活块的插入命令：

（1）命令行：Insert

（2）菜单栏："插入"/"块"

（3）工具栏：单击插入块按钮

图 13-69 "属性定义"对话框

2. 操作

激活插入块命令以后，AutoCAD 系统弹出"插入"对话框，如图 13-70 所示。

（1）在"名称"下拉列表框中选择所需要的块名或单击 浏览 按钮选择需要插入的图形文件作为块进行插入。

（2）在"插入点"区域输入块插入时的点的坐标或用光标在绘图窗口直接制定。

（3）给定块插入时的 X、Y、Z 三个方向的缩放比例，也可以在绘图窗口从命令行直接输入相应的比例系数。

（4）在"旋转"区域输入块插入时的旋转角度，或从绘图窗口命令提示区直接输入旋转角度。

设置完成以后，点击确定，就完成了对块的插入。

图 13-70 "插入"对话框

参 考 文 献

1. 朱育万. 画法几何及土木工程制图. 北京：高等教育出版社，2001
2. 黄水生. 画法几何及土木工程制图. 广州：华南理工大学出版社，2003
3. 卢传贤. 土木工程制图（第二版）. 北京：中国建筑工业出版社，2003
4. 何铭新. 画法几何及土木工程制图（第二版）. 武汉：武汉理工大学出版社，2003
5. 易幼平. 土木工程制图. 北京：中国建材工业出版社，2002
6. 朱福熙. 建筑制图（第三版）. 北京：高等教育出版社，1994
7. 曾珂. 土木工程计算机辅助设计. 北京：中国建材工业出版社，2004.6
8. 管正. 中文版 AutoCAD2006 计算机绘图简明教程. 北京：清华大学出版社，2006
9. 郭启全. AutoCAD2005 基础教程. 北京：北京理工大学出版社，2004

高等学校规划教材

土木工程制图习题集

蒋红英 盛尚雄 编著
王秀丽 主审

中国建筑工业出版社

本习题集与蒋红英、盛尚雄编著的《土木工程制图》教材配套使用。本书主要内容包括：点、直线和平面的投影，平面立体的投影，曲面立体的投影，工程上常用的曲线与曲面，轴测投影，组合体的投影，建筑形体的表达方法，建筑施工图，结构施工图，建筑给水排水工程图，桥梁、涵洞、隧道工程图等。

本习题集可供高等学校本、专科土建类、水利类各专业师生使用，也可供相关工程技术人员参考。

前 言

本习题集由蒋红英、盛尚雄、张兰英编写,王秀丽教授主审,与《土木工程制图》配套使用。适合于高等院校建筑类、城市规划、工程管理、建筑环境与设备等相关专业的本专科专业的教学。遵循形象思维、模仿思维、空间与平面对应思维的三维训练思想方法,由感性到理性,先由三维立体再到二维平面的认识规律编写的。本习题与《土木工程制图》配合使用,除绪论、第 13 章 AutoCAD2006 绘图基本方法与技能外,其余章节都与教材章节相对应。本习题主要突出了画法几何基本投影概念,组合体读图与补图,专业制图平、立、剖的综合训练,通过练习以期达到专业课程设计要求。计算机可直接上机实习,甚至可将建筑形体中的常用结构练习制作为课程设计用,作业可多样化。

本书在编写过程中,得到了兰州理工大学土木工程学院的领导和教师们的大力支持,在此表示深切的谢意。

由于编者水平有限,加之时间仓促,书中难免存在缺点和错误;欢迎广大师生批评指正。

目 录

第 1 章　点、直线和平面的投影 ……………………………………… 1
第 2 章　平面立体的投影 ……………………………………………… 28
第 3 章　曲面立体的投影 ……………………………………………… 31
*第 4 章　规则曲线、曲面及曲面立体 ………………………………… 42
第 5 章　轴测投影 ……………………………………………………… 46
第 6 章　建筑制图国家标准及其基本规定 …………………………… 55
第 7 章　组合体 ………………………………………………………… 67
第 8 章　建筑形体的表达方法 ………………………………………… 88
第 9 章　建筑施工图 …………………………………………………… 96
第 10 章　结构施工图 ………………………………………………… 107
第 11 章　建筑给水排水工程图 ……………………………………… 110
第 12 章　桥梁、涵洞、隧道工程图 ………………………………… 112

第 1 章 点、直线和平面的投影

1. 根据点 A、B、C 的轴测图，作出其两面投影。

第 1 章 点、直线和平面的投影

2. 已知点 A (30, 25, 20) 和点 B (0, 20, 30) 的坐标，分别画出 A、B 二点的三面投影图。

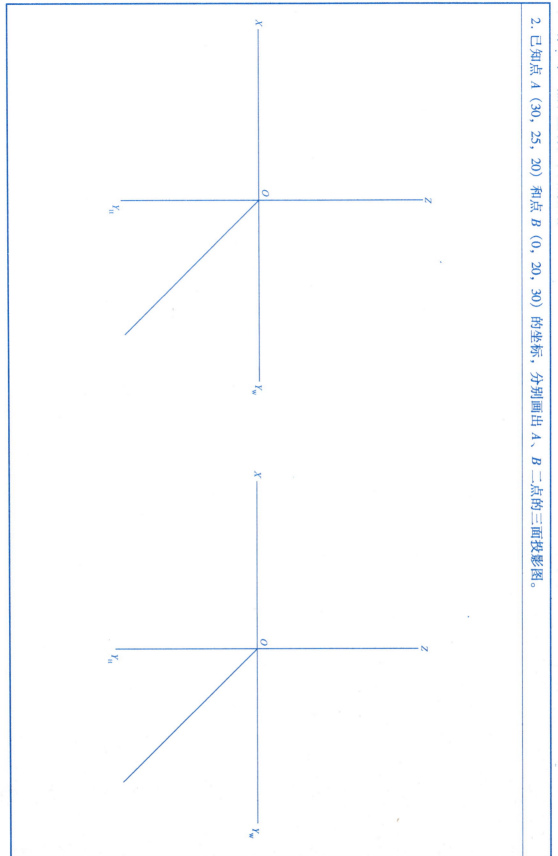

第 1 章 点、直线和平面的投影

3. 根据点 A、B、C 的两面投影，求出它们的第三投影。

4. 作出 A、B、C、D 四点的三面投影，A(30, 15, 20) 点与 B 点对称于 H 面，A 点与 C 点对称于 OX 轴，A 点与 D 点对称于原点。

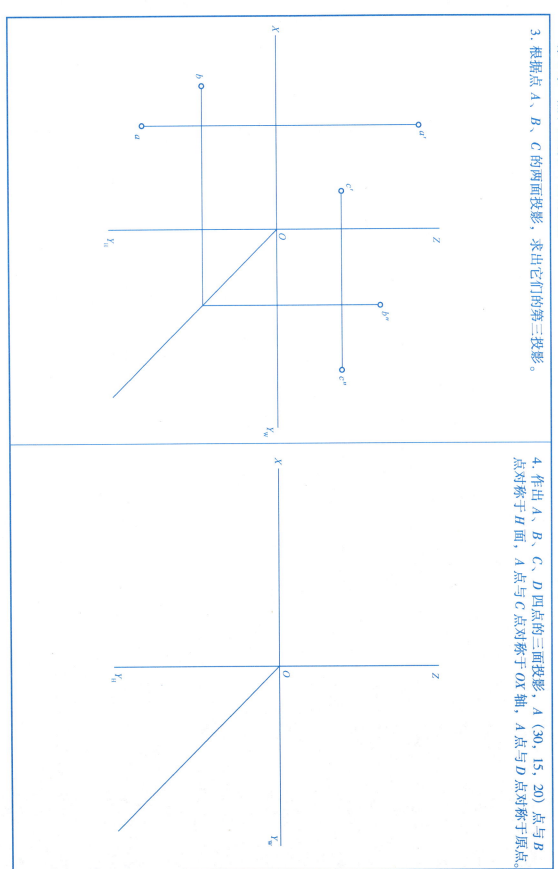

第1章 点、直线和平面的投影

5. 已知 B 点对 A 点在 X、Y、Z 方向的相对坐标，分别为 (12, -6, -5); C 点对 A 点在 X、Y、Z 方向的相对坐标分别为 (-7, 5, 8); 作出 B、C 点的三面投影，并确定 C 点对 B 点的相对坐标。C 点对 B 点相对坐标为 (, ,)。

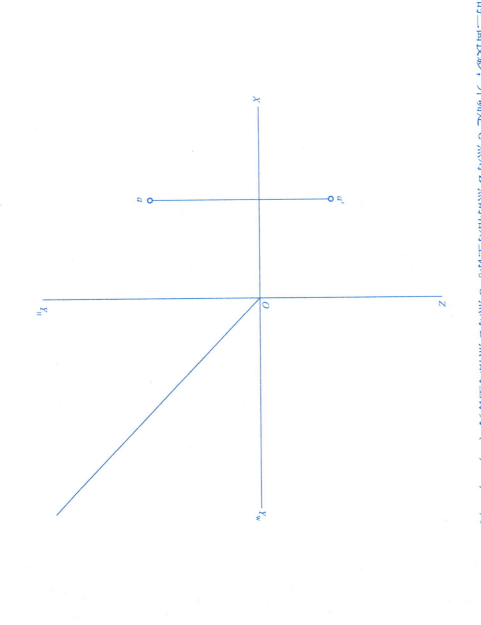

第 1 章 点、直线和平面的投影

6. 已知 D、E、F 三点的两面投影，作出其第三投影，并写出各点的坐标值。

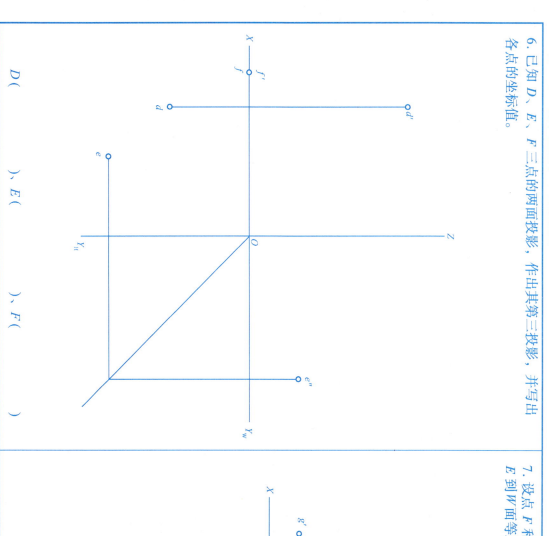

$D(\quad\quad)$、$E(\quad\quad)$、$F(\quad\quad)$

7. 设点 F 和 E 到 H 面等距；点 G 和 E 到 V 面等距；点 D 和 E 到 W 面等距。试完成 F、D、G 点的三面投影。

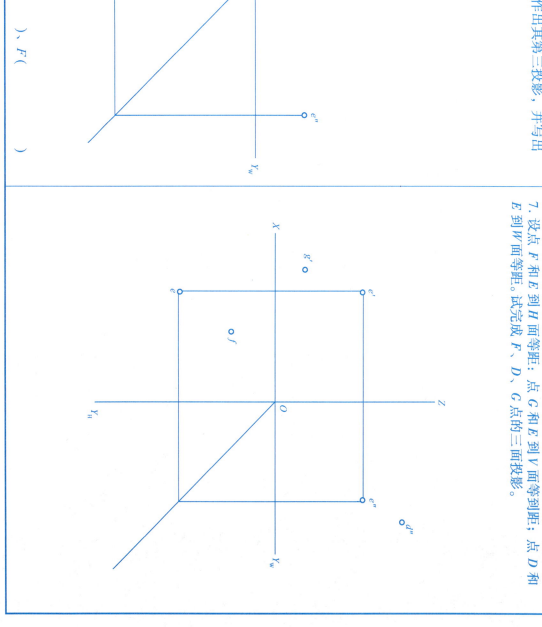

第1章 点、直线和平面的投影

8. 已知点 A (20, 12, 8), B (15, 20, 20), C (8, 0, 13), 求作它们的三面投影及轴测图。

第 1 章 点、直线和平面的投影

9. 根据点 A、B、C 的两面投影补画其第三投影,并作出其轴测图。

第 1 章 点、直线和平面的投影

10. 求点 A、B、C 的侧面投影，并将各点的同面投影分别用粗实线相连。

11. 设 $AB // H$ 面，其实长为 30mm，$\beta = 30°$，且 B 在 A 的右前方；$CD // V$ 面，且距 V 面 20mm。试完成 AB、CD 的两面投影。

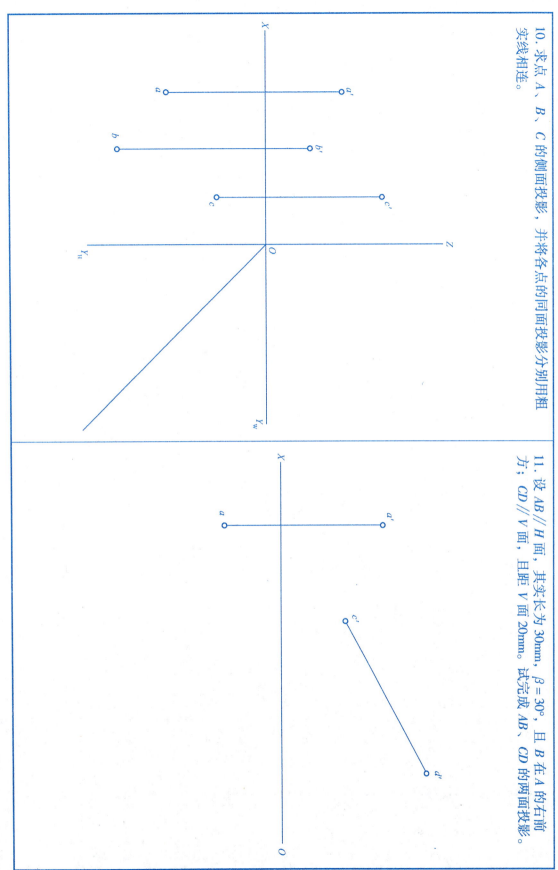

第1章 点、直线和平面的投影

12. 在下面各分题投影图中，试标出立体图上所注线段的三面投影，并写出它们是什么位置的直线。

(a')b'　　a"b"

AB ——————— 正垂线
BC ———————
CD ———————
BE ———————

AB ———————
BD ———————
CA ———————

AB ———————
BC ———————
BD ———————

AB ———————
BC ———————
CD ———————

第1章 点、直线和平面的投影

13. 过点 A 作水平线 AB，使 $AB=40\text{mm}$，$\beta=30°$（点 B 在点 A 的右前方）；作侧平线 AC，使 $AC=35\text{mm}$，$\alpha=45°$（点 C 在点 A 的前上方）。

14. 在线段 AB 上确定点 C，使 $AC:CB=1:3$；确定点 D，使它到 V 和 H 面等距；确定点 E，使其坐标 $z=2y$。

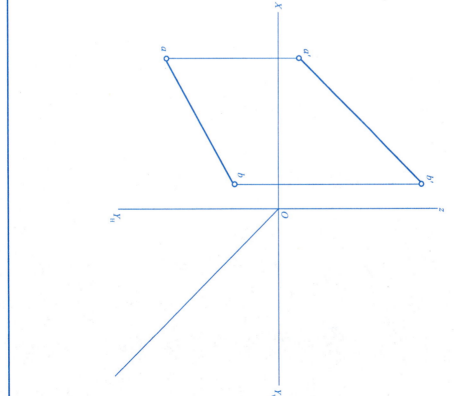

第1章 点、直线和平面的投影

15. 设侧平线 $AB=40\text{mm}$, B 在 A 的前方；线段 $CD=42\text{mm}$, C 在 D 的前方，试完成 AB、CD 的两面投影。

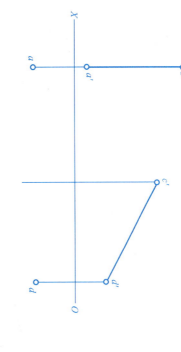

16. 设线段 AB 的倾角 $\alpha=30°$；CD 的倾角 $\beta=30°$；EF 的实长为 35mm。试完成 AB、CD、EF 的两面投影。讨论：每小题有几解（只作一解）。

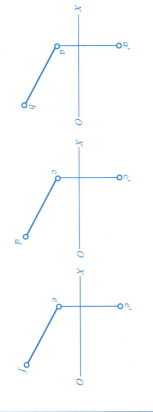

17. 在 AB 上确定一点 K，使得 $AK=25\text{mm}$，求点 K 的正面投影和侧面投影。

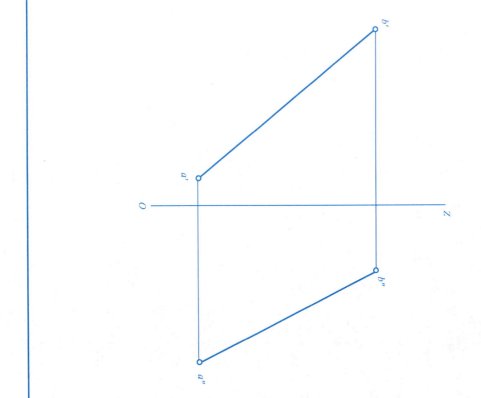

第1章 点、直线和平面的投影

18. 在投影图上分别求出该线段的 α、β、γ 的真实大小。

19. 已知线段 AB 的实长为 48mm，求其水平投影 ab。

第1章 点、直线和平面的投影

20. 在 AB 上确定点 C，使 AC:CB = 1:2。

21. AB 是侧平线，其实长为 30mm，$\beta = 60°$，B 在 A 的后上方，试完成线段 AB 的三面投影，并判断点 K 是否在 AB 上。

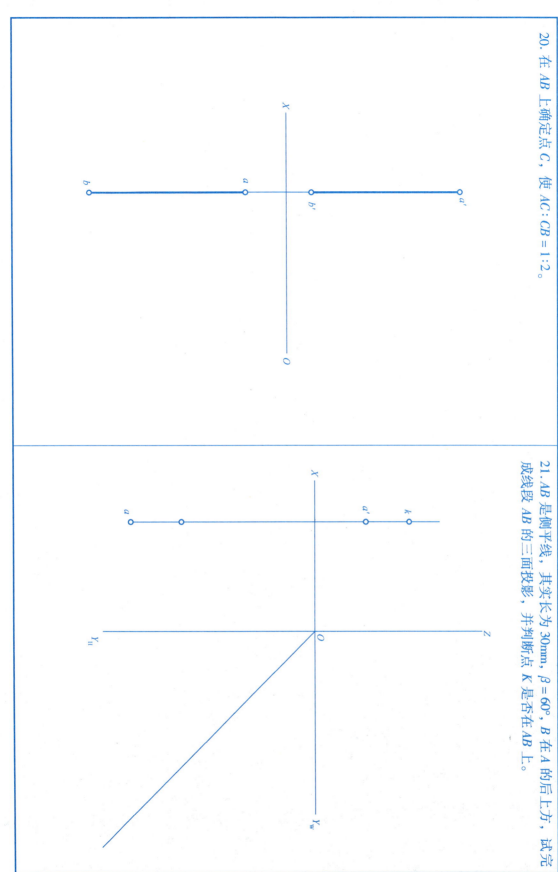

第 1 章　点、直线和平面的投影

22. 试判断两直线的相对位置（平行、相交、交叉、垂直相交、垂直交叉），并判断重影点。

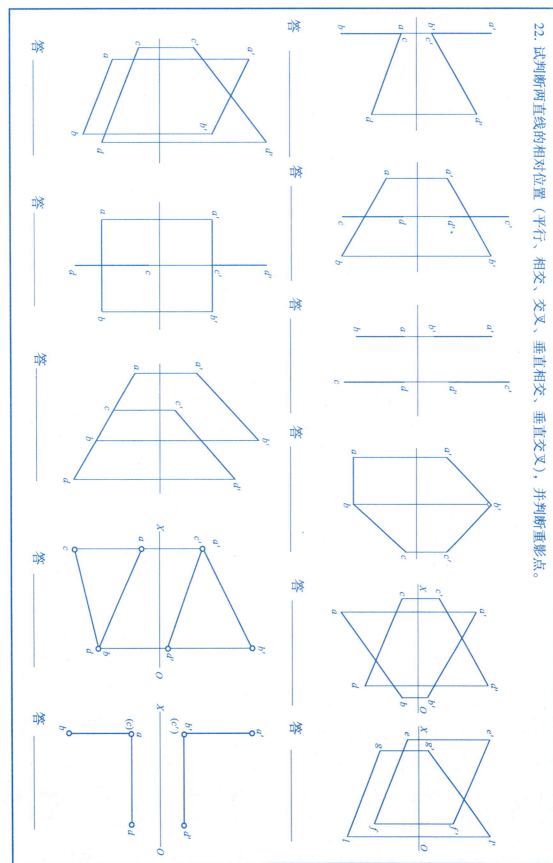

第1章 点、直线和平面的投影

23. 试作一直线与交叉直线 CD、EF 都相交,且平行于直线 AB。

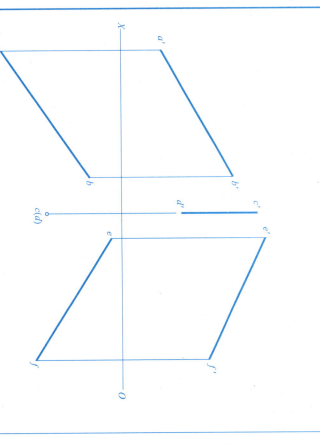

24. 求作矩形 ABCD 的两面投影,使顶点 D 在直线 EF 上。

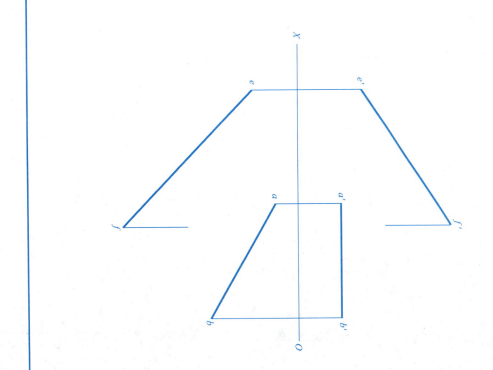

第1章 点、直线和平面的投影

25. 在投影图中，标出立体图上指定平面的三面投影，并写出它们各属何种类型的平面。

A是 _____ 面　C是 _____ 面
B是 _____ 面　D是 _____ 面

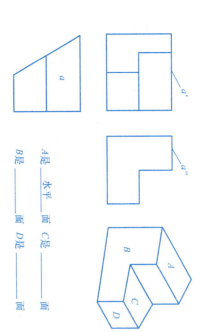

水平面　C是 _____ 面
B是 _____ 面　D是 _____ 面

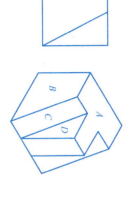

A是 _____ 面　C是 _____ 面
B是 _____ 面　D是 _____ 面

A是 _____ 面　C是 _____ 面
B是 _____ 面　D是 _____ 面

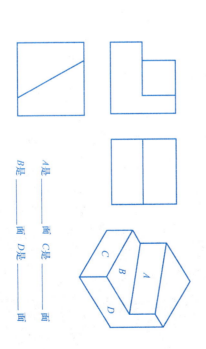

第1章 点、直线和平面的投影

26. 判断下列平面属于投影面倾斜面，还是平行面、垂直面？是六种特殊平面中的哪一种？

□ABCD 是 ___ 面 □EFGH 是 ___ 面 △KMN 是 ___ 面 平面 P 是 ___ 面 平面 Q 是 ___ 面

27. 已知平面由相交两直线 AB 和 CD 决定，完成平面的投影。

28. 作出平面图形的水平投影。

第1章 点、直线和平面的投影

29. 已知房屋的立体图和投影图,把 A、B、C、D 各点标注在投影图上的相对位置,并判断重影点的可见性。

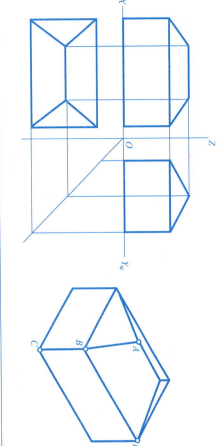

30. 将 A、B、C、D 各点标注在正投影图中,并判断重影点的可见性。

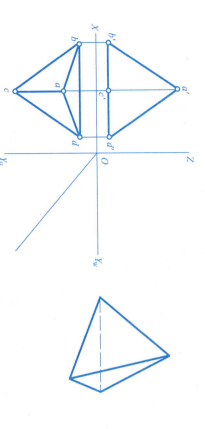

31. 已知 A、B、C、D 各点的 V、H 投影,求作 W 投影,并连成直线,再将各点标注在立体图上。

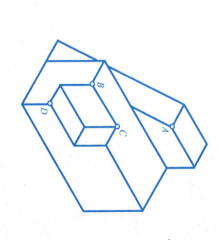

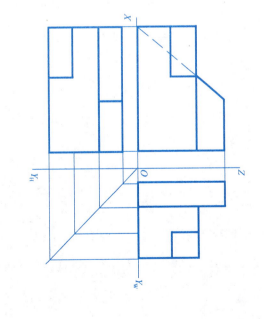

18

第 1 章 点、直线和平面的投影

32. 已知如图，求作投影图和立体图中的 W 投影，将 A、B、C、D 各点标注在投影图中并回答各相对应位置。

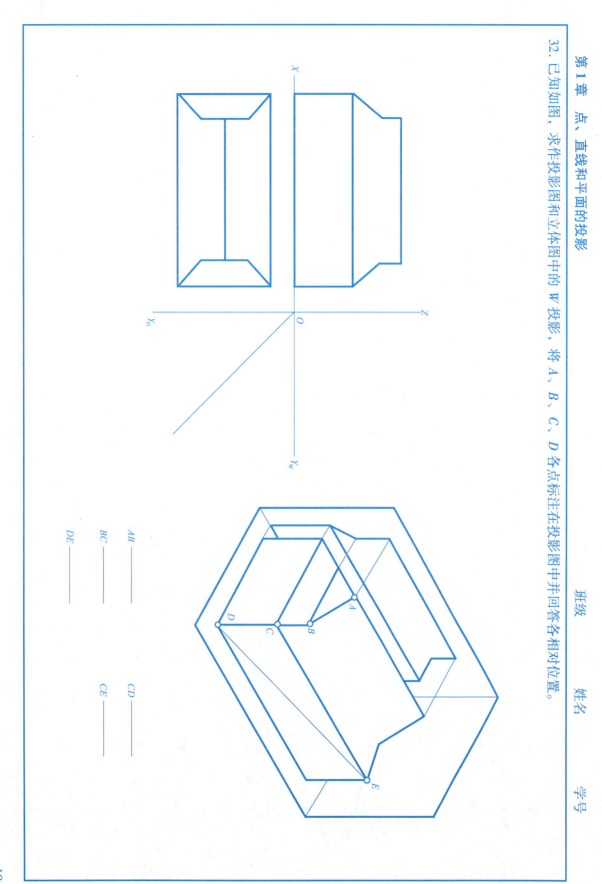

AB ————   CD ————
BC ————   CE ————
DE ————

第1章 点、直线和平面的投影

33. 在△ABC内过点K作水平线，在△EFG内作距V面为20的正平线；已知直线FG平行△EMN，作出直线FG的水平投影fg。

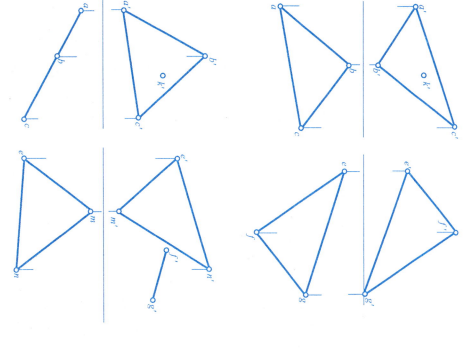

34. 已知平行四边形ABCD平面内有A字的V投影，求A字的H投影。

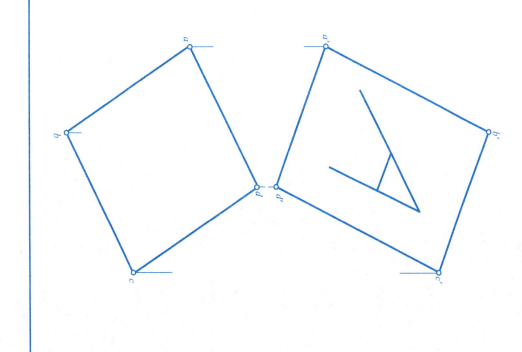

第 1 章 点、直线和平面的投影

35. 求 △ABC 内点 D 的 V，H 投影，使点 D 比点 B 低 20，比点 B 前 20。

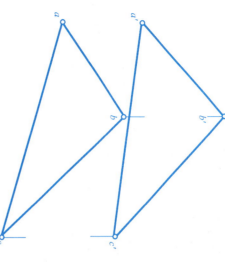

36. 在 △ABC 平面内取一点 K，使其距 V 面 20，H 面 16。

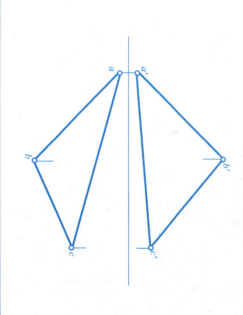

37. 判断直线 EF、GH 或点 K、L 是否在给定平面上。

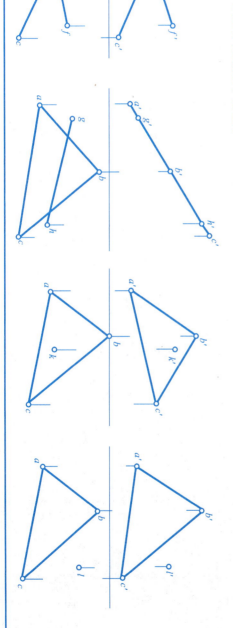

第 1 章 点、直线和平面的投影

38. 求作直线 DE 与 △ABC 的交点，并判断可见性。

39. 求作直线 DE 与 △ABC 的交点，并判断可见性。

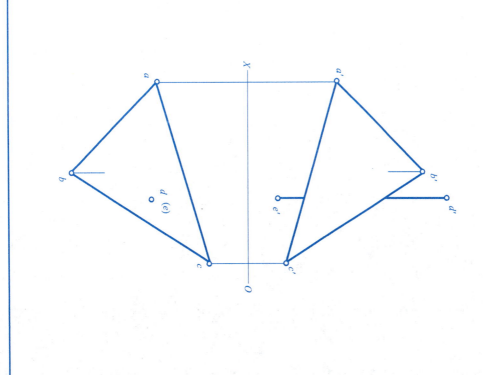

40. 求作直线 DE 与 △ABC 的交点，并判断可见性。

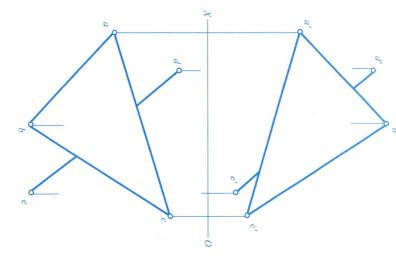

41. 求作 △ABC 与 △DEF 的交线，并判断可见性。

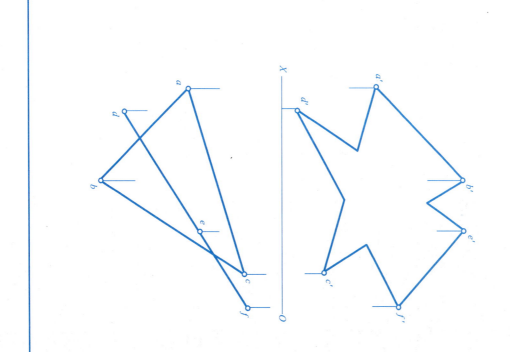

42. 求作△ABC与△DEF的交线，并判断可见性。

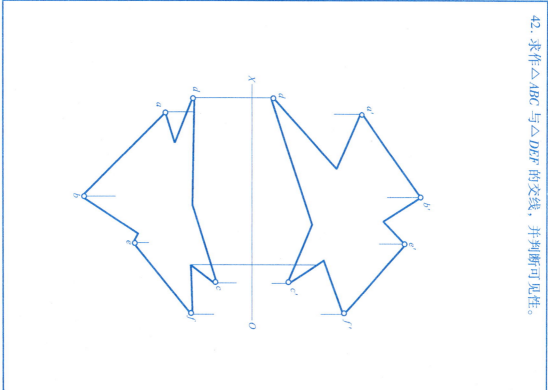

43. 已知同坡屋顶四周屋檐的水平投影以及各屋面的坡度为1:1.5，作出同坡屋顶的两面投影。

第 1 章 点、直线和平面的投影

班级　　　姓名　　　学号

44. 用换面法求点 A 的二次换面投影 a_2。

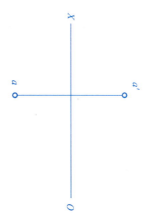

45. 用换面法求直线 AB 的实长及倾角 $α$。

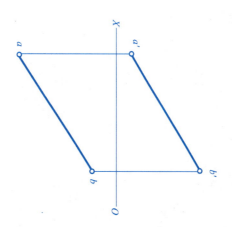

第 1 章 点、直线和平面的投影

46. 用换面法求三角形 ABC 的实形。

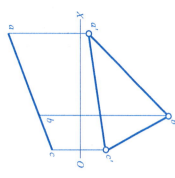

47. 用换面法求点 C 到直线 AB 的距离（须画出距离的 V、H 投影）。

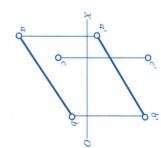

第1章 点、直线和平面的投影

48. 用换面法求点 D 到 $\triangle ABC$ 的距离（须画出距离的 V、H 投影）。

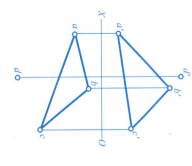

49. 用换面法求平行两直线 AB、CD 的距离。

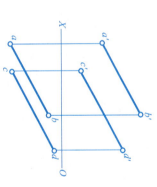

第 2 章 平面立体的投影

1. 已知四棱锥的 V、W 投影，求 H 投影。

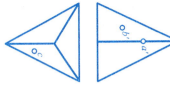

2. 已知三棱锥的 V、H 投影，补 W 投影；又知表面上 A、B、C 点的一个投影，求其另两个投影。

3. 已知三棱锥的 V、H 投影，补 W 投影；又知表面上 A、B、C 点的一个投影，求其另两个投影。

4. 已知六棱锥台的 V、H 投影，补 W 投影；又知表面上 A、B、C 点的一个投影，求其另两个投影。

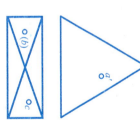

第 2 章 平面立体的投影

5. 求带缺口的四棱锥台的 H 投影。

6. 求垫块上缺口的投影。

7. 求四棱台缺口的另两投影。

第 2 章 平面立体的投影

8. 求三棱柱缺口的 H、W 投影。

9. 求 △ABC 与四棱柱的截交线。

第 3 章 曲面立体的投影

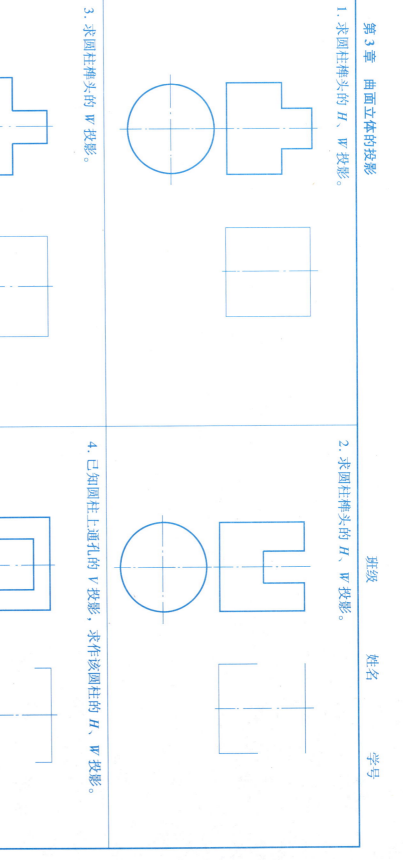

1. 求圆柱榫头的 H、W 投影。
2. 求圆柱榫头的 H、W 投影。
3. 求圆柱榫头的 W 投影。
4. 已知圆柱上通孔的 V 投影，求作该圆柱的 H、W 投影。

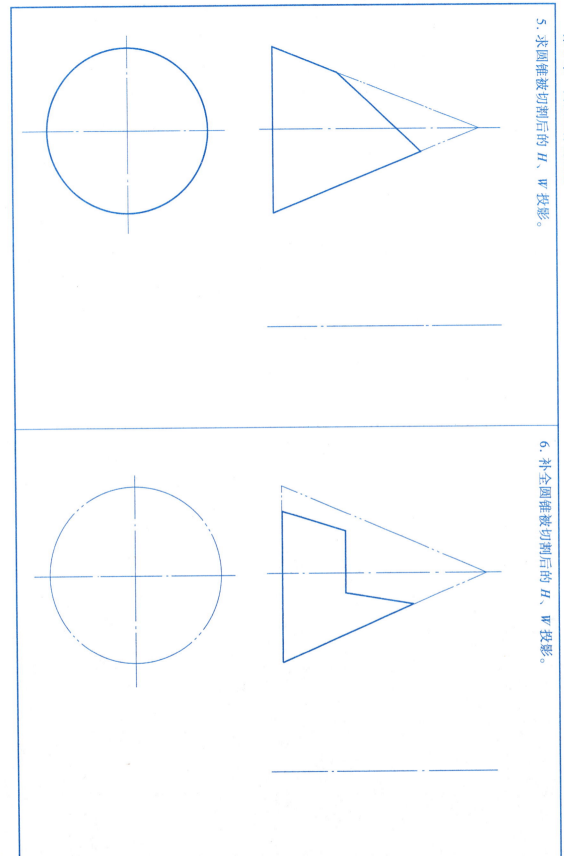

5. 求圆锥被切割后的 H、W 投影。

6. 补全圆锥被切割后的 H、W 投影。

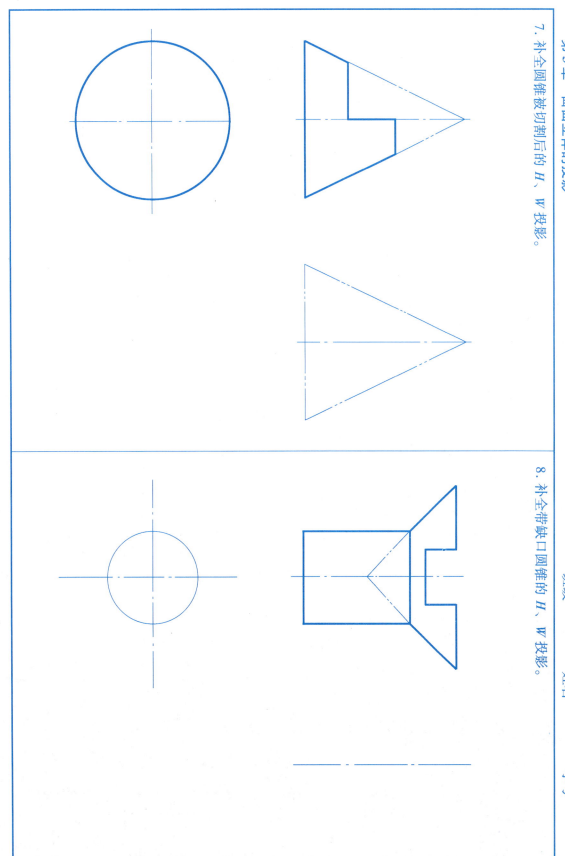

第 3 章 曲面立体的投影

9. 求球被 P 面切割后的 H、W 投影。

10. 补画带通孔的球的 H、W 投影。

第 3 章 曲面立体的投影

11. 求半球上缺口的 H、W 投影。

12. 求球壳屋面的 V、W 投影。

第 3 章 曲面立体的投影

13. 求烟囱、气窗与屋面的交线。

14. 求两屋面的交线。

第 3 章 曲面立体的投影

15. 求六棱锥与四棱柱的表面交线。

16. 求三棱锥和三棱柱的表面交线,并补出 W 投影。

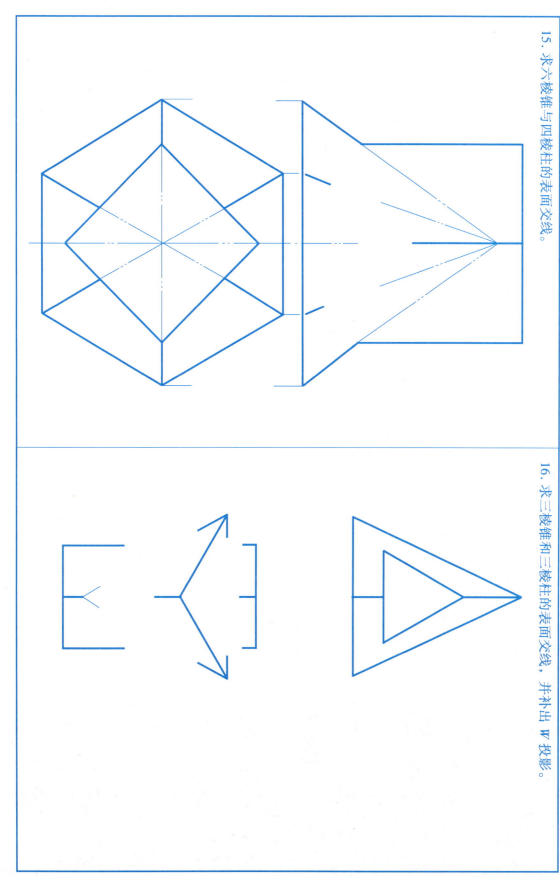

第 3 章 曲面立体的投影

17. 求圆拱屋面与斜屋面的交线。

18. 求球壳基础的表面交线。

第 3 章 曲面立体的投影

19. 求作圆柱形气窗与球壳屋面表面交线的 V、W 投影。

20. 求作相贯两立体的水平投影。

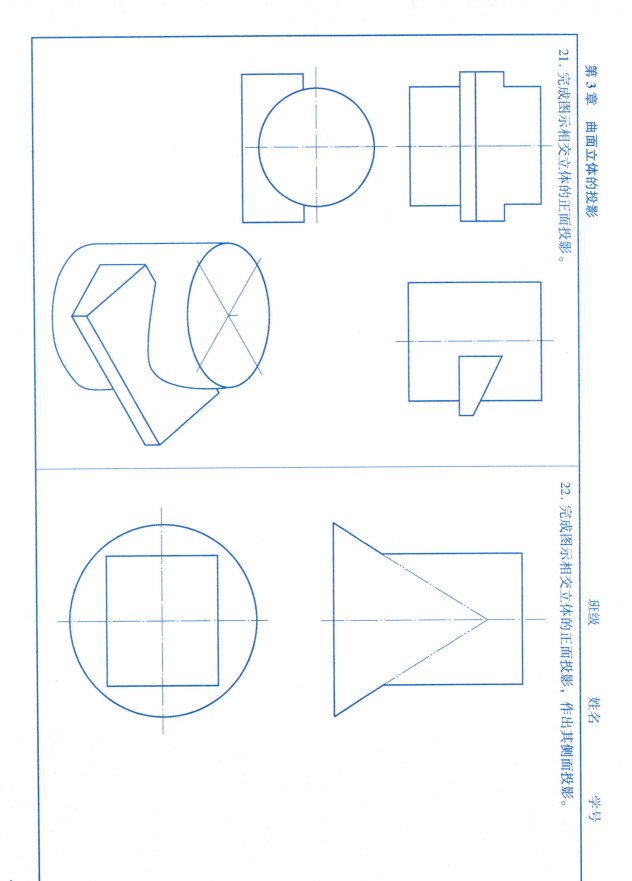

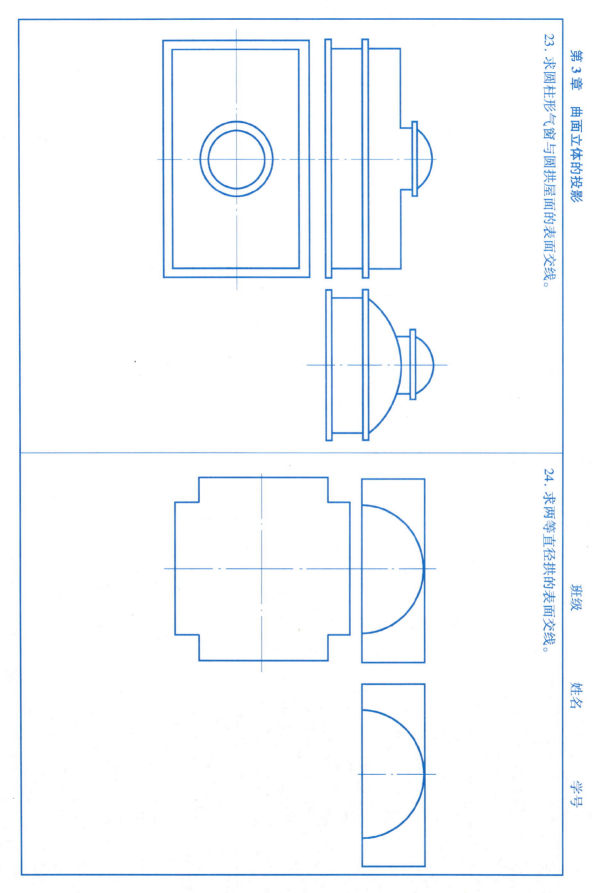

第4章 规则曲线、曲面及曲面立体

1. 求作从属于 45°侧垂面 P 的圆的正面投影和水平投影，并标出它们的长短轴 CD、AB。

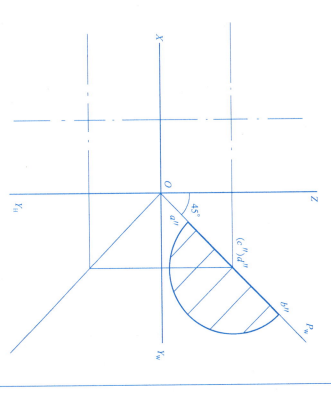

2. 求作斜置圆锥的水平投影，并标出转向轮廓线在水平投影中的位置。

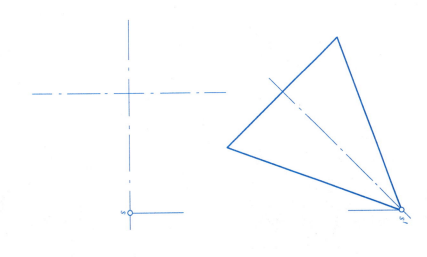

第 4 章 规则曲线、曲面及曲面立体

3. 求作180°螺旋弯头（楼梯扶手）的正面投影。

第4章 规则曲线、曲面及曲面立体

4. 已知导圆柱及螺距 P，试作圆柱右旋螺旋线。

5. 试作圆柱右旋正螺旋面。

班级　　姓名　　学号

第 4 章　规则曲线、曲面及曲面立体　　　班级　　　姓名　　　学号

6. 求作以 AB 为母线，轴线垂直于 H 面的单叶回转双曲面的 V、H 投影。

第 5 章 轴测投影

1. 根据已给出的视图，在指定位置画出物体的正等测图。

2.

第 5 章 轴测投影

3. 根据已给出的视图，画出物体的正等测图。

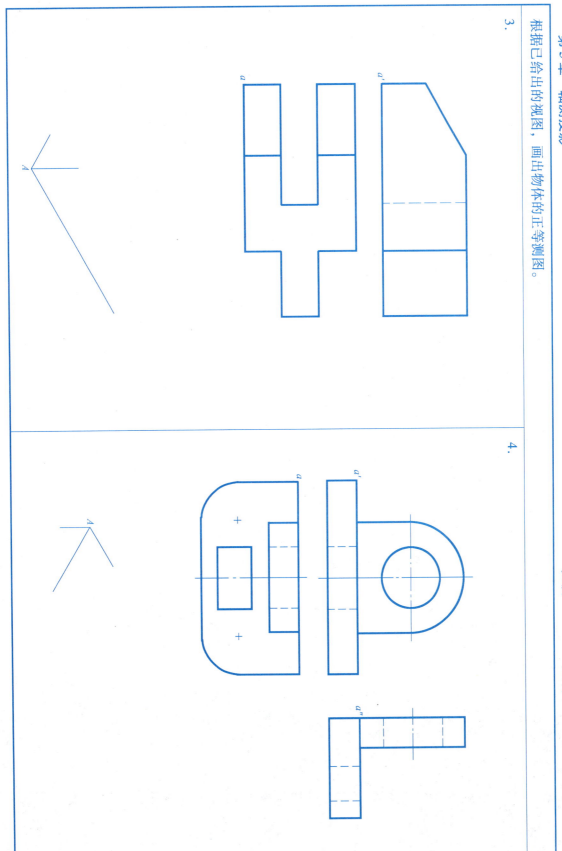

第 5 章 轴测投影

5. 作出圆拱门的正等测图。

6. 作出台阶的正等测图。

第 5 章 轴测投影

7. 根据已给出的视图，在 A3 图纸上，用适当的比例画出建筑形体的正等测图（尺寸从图上量取）。

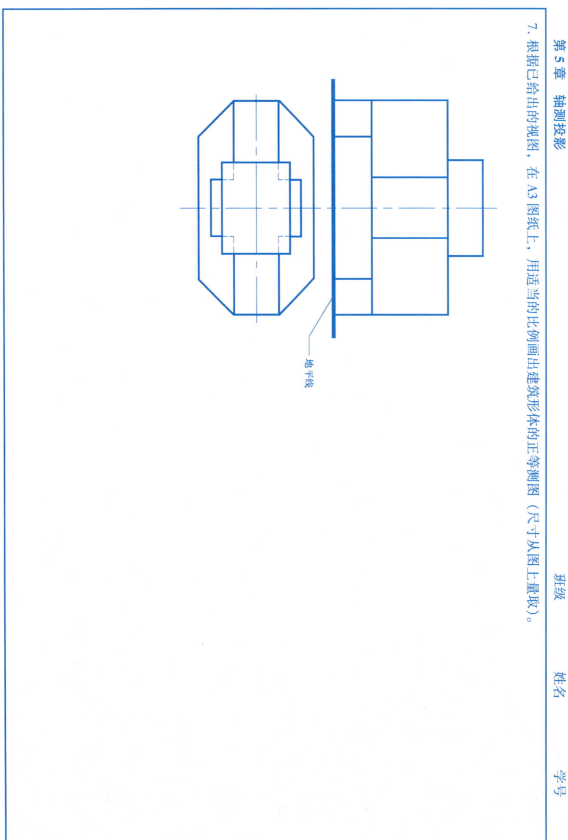

地平线

第 5 章 轴测投影

8. 根据已给出的视图，画出工程形体的斜二测图。

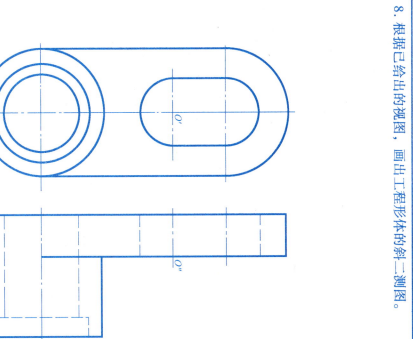

第 5 章 轴测投影

9. 根据已给出的视图，画出工程形体的斜二测图。

10.

第 5 章 轴测投影

11. 根据已给出的视图，画出建筑形体的斜二测图。

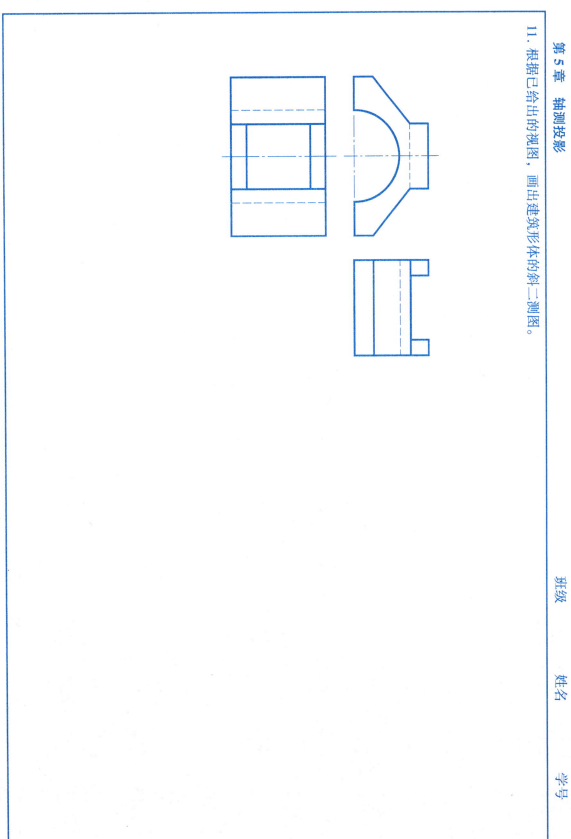

第 5 章 轴测投影

12. 根据已给出的视图，画出建筑形体的正等轴测剖视图。

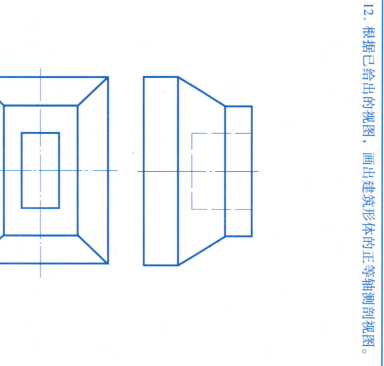

13. 根据已给出的视图，画出锚环的斜二等轴测剖视图。

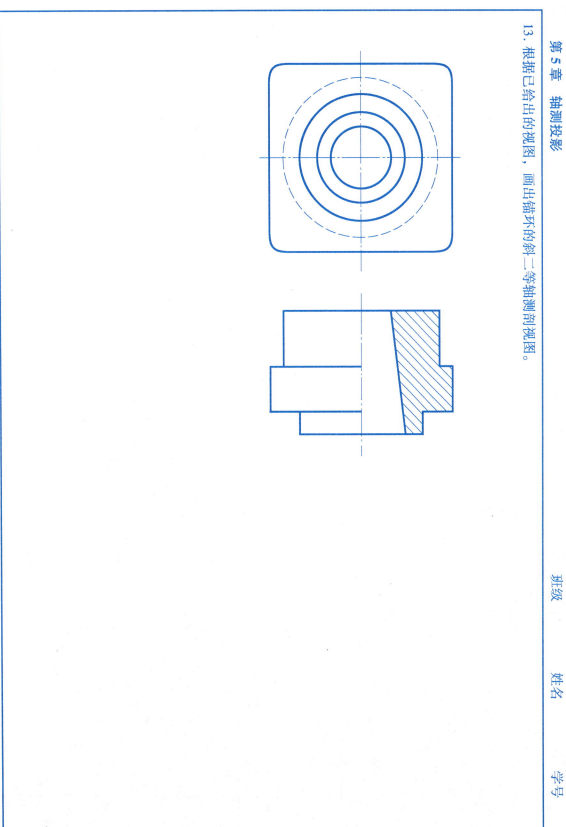

第6章 建筑制图国家标准及其基本规定

1. 长仿宋体书写练习示范。

木	本	末	机	材	村	杉	板	林	枝	梁	板	桩	栏
丝	丝	丝	红	级	幻	幼	孙	纸	线	练	细	结	绘
王	王	王	理	琴	琐	玖	玩	玻	瓦	瓯	瓶	瓷	瓿
车	车	辈	轧	轨	转	轮	轶	轻	轴	辊	辑	输	辕
日	日	早	旬	明	春	是	映	晚	晴	暂	暨	曲	曼
目	目	冒	眉	晨	取	量	景	圆	则	负	财	账	

第 6 章 建筑制图国家标准及其基本规定

班级　　　姓名　　　学号

2. 长仿宋体书写练习示范。

一七三下丈万才协南博仁区巨匠
不廿世卅东业再更厦厂历压厕厚
两中书画面上丰复卜卜占风外
中书旧用人门门同网周处
长年向垂个人亿化全外
了飞买事三千什代仕丛个仓
云议估佰杆伟优仲众份
企俢佐住徐体俩作你仍勾
低你估便俩修包人内余们勾
例侧候使宽俯党先亢北顿冗
保信值储像隹雀上六市交正
健做偏俯像人八变袭亭亮离

言计订讯记龟刨制剂刻剐剔
设试话该调凸剖剧割剧剪制锢
记记出印印卫加办动么县去
却印帮邦印阳队反对发
防陆隆除限陆阻降阴能文延
部隔隙阴陪陈陵阳障障建
刀力加功办功动加加劲
重摄振摊扩挪抛执扎扛扫
堂功堆培增堪基坐坡地坏型
切工子左龙功扎孔抗机江社
半斗守寺牵荷芳苦茶
稳步步率英草菜

第6章 建筑制图国家标准及其基本规定

3. 长仿宋体书写练习示范。

一七三下大万才协南樟仁区巨匠
不世平东业再更厘厂历压侧匣厚
两来面面上丰复十卜卜同处外
中书旧画丰厦工同网周了
长年间垂人九人久门用
了飞买事二千什代仆个仓一
云专丘五十升合优他个佘
仑似任余体伸作人内全勾
低依位住位丘伸作包匕为匀仍
例侧舍休伸修虎先无气勿伙
保侗值俭集俩促亮一北元
健做偿储像人八变京夜亭离宽寡

言计订讯记针钮刨刻制制
设试话该调山刮制副剪
回凸出门包卫印办加对乏
却明阝队阳阶为又县去
阳防队际际阻降邦地场坏壮
阝隔隘陵阿都在坚坐块型
墙堆墙培接郡邮邻坟执扒打
堡城土茏喜到我寺方执技抛折抗
壹士工壮龙功巩求扎拔扼打
士艹艾艺节茶护拉抢挂
芋节节荷挡挡找按抽

第 6 章 建筑制图国家标准及其基本规定

4. 长仿宋体书写练习。

建筑工程专业设计制图审核比例日期说明东西南北平立剖钢筋混凝土框架承重结构基础楼梯墙面门窗阳台

第 6 章　建筑制图国家标准及其基本规定

5. 长仿宋体书写练习。

建筑工程专业设计制图审核比例日期说明东西南北平面建筑梁板柱水泥砂石砖木灰浆玻璃马赛克防潮层

第 6 章 建筑制图国家标准及其基本规定

6. 长仿宋体书写练习。

城市道路给排水暖电气照明设备油毡隔热挂瓦屋顶天棚檐口变形伸缩缝百页窗子安全栏杆消防材料绝缘层湿度砌墙宿舍预留孔洞现浇标准上下左右长宽前后尺寸大小形状天地装配件空调车间管网布置架空支撑牲畜铁栅铰链喷漆

第 6 章 建筑制图国家标准及其基本规定

7. 长仿宋体书写练习。

城市道路给排水暖电气照明设备油箱隔热挂瓦屋顶天棚檐口变形伸缩缝百页亮子安全栓杆消防材料绝缘层温度砌墙宿舍预留孔洞现浇标准上下左右长宽前后尺寸大小形状天地装配件空调车间管网布置梁空支撑件腿铁栅栏铰链喷漆

第 6 章 建筑制图国家标准及其基本规定

8. 线型练习。

作业要求：用A3图幅，用铅笔1:1描绘所给图样，线型必须分明，交接正确。

普通砖　金属　石材　砂、灰土、粉刷材料　混凝土　钢筋混凝土　木材

班级　　　姓名　　　学号

第 6 章 建筑制图国家标准及其基本规定

9. 按 1:1 的比例把下图抄画到右边。

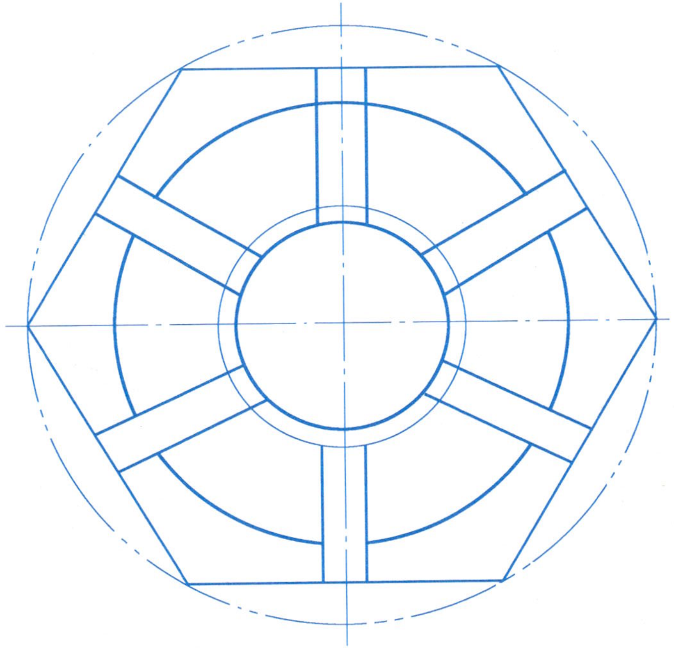

第 6 章 建筑制图国家标准及其基本规定

10. 任选一个平面图形（二个图中取一个），采用适当的比例，将其抄绘在 A3 图纸上。

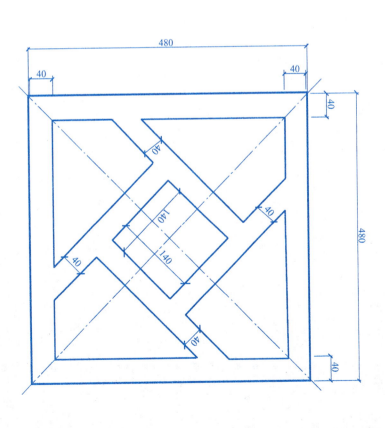

11. 将平面图形采用适当的比例，抄绘在 A3 图纸上。

第 6 章 建筑制图国家标准及其基本规定

12. 任选一个平面图形，采用适当的比例，将其抄绘在 A3 图纸上。

楼梯扶手断面 1:1

栏杆（局部）

第 7 章 组合体

1. 根据立体图画组合体的三视图。

第 7 章 组合体

2. 根据立体图画组合体的三视图。

第 7 章 组合体

3. 根据组合体的轴测图，在 A3 图纸上用 2:1 画出组合体的三视图（每张图纸上画四个模型图）。

第 7 章 组合体

4. 根据组合体的轴测图，在 A3 图纸上用 2:1 画出组合体的三视图（每张图纸上画四个模型图）。

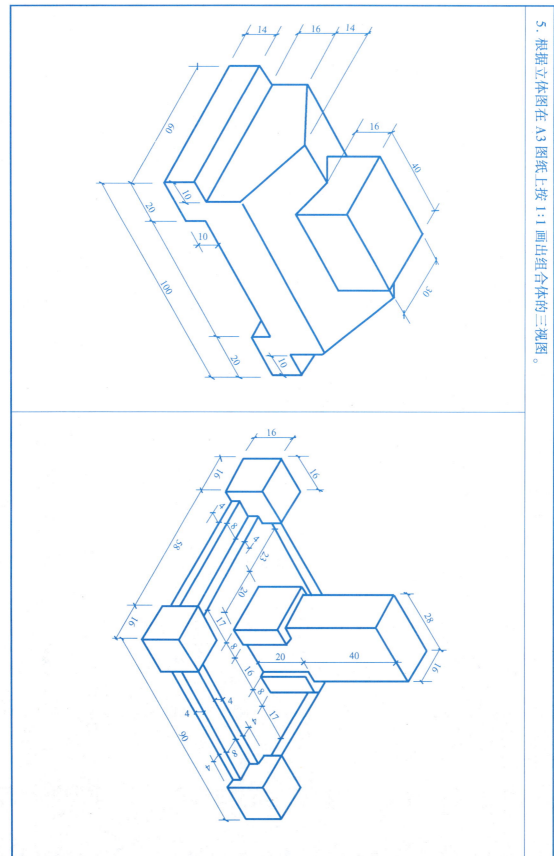

5. 根据立体图在 A3 图纸上按 1:1 画出组合体的三视图。

第 7 章 组合体

6. 根据立体图在 A3 图纸上按 1:1 画出组合体的三视图，并标注尺寸。

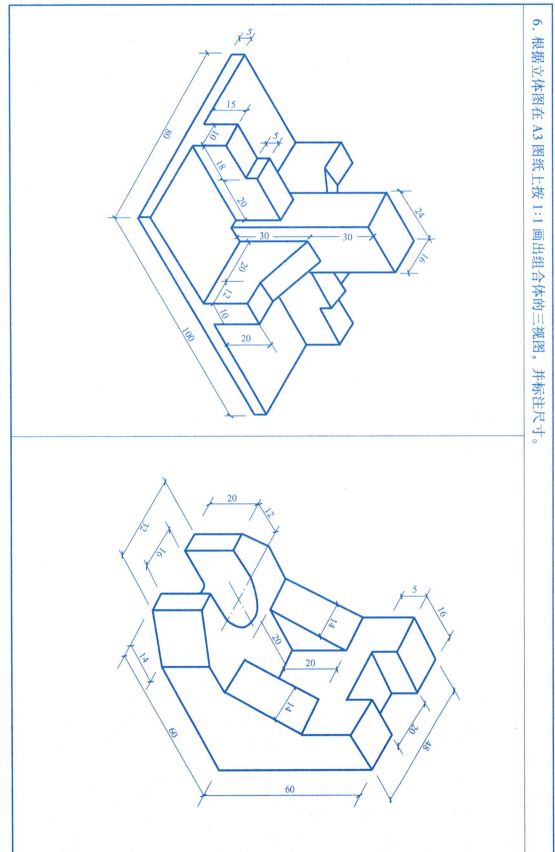

第 7 章 组合体

7. 根据一面视图,补画另外两面视图。

(1) (2) (3) (4) (5) (6)

第7章 组合体

8. 补画下列组合体三视图中所缺图线。

第 7 章 组合体

9. 补画下列组合体三视图中所缺图线。

第7章 组合体

10. 补画下列组合体三视图中所缺的图线。

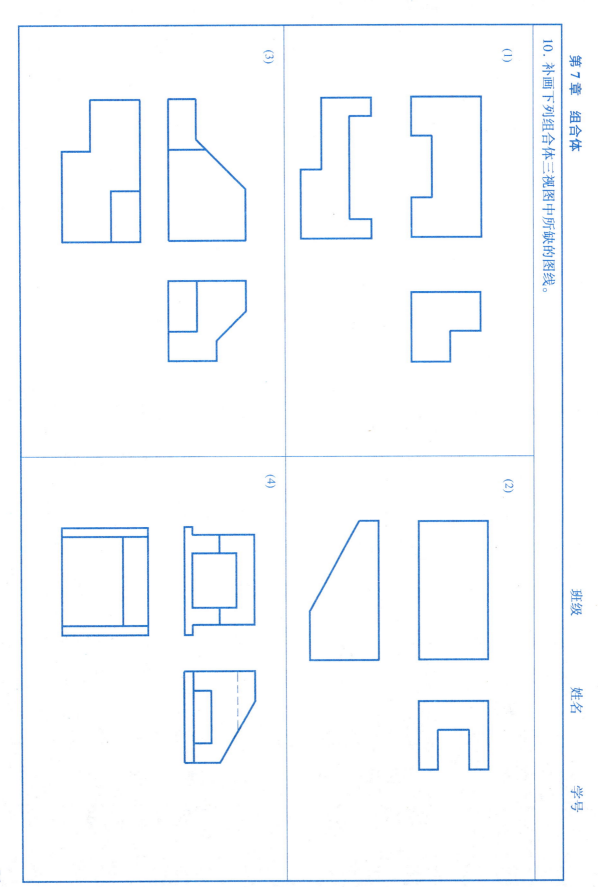

第7章 组合体

11. 补画下列组合体三视图中所缺的图线。

(1)

(2)

(3)

(4)

第 7 章 组合体

12. 补画下列组合体视图中所缺第三视图。

(1) 补画台阶的 H 投影。

(2) 补画坡道的 W 投影。

(3) 补画台阶的 W 投影。

(4) 补画组合体的 W 投影。

第 7 章 组合体

13. 补画下列组合体视图中所缺第三视图。

(1)

(2)

(3)

(4)

14. 补画下列组合体视图中所缺第三视图。

第 7 章 组合体

15. 补画下列组合体视图中所缺第三视图。

第 7 章 组合体

16. 补画下列组合体视图中所缺第三视图。

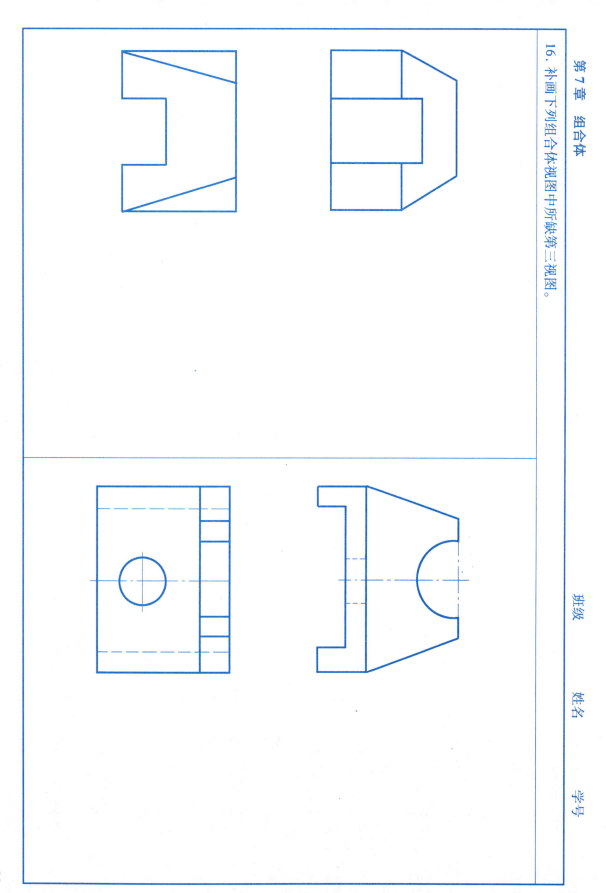

第 7 章 组合体

17. 补画下列组合体视图中所缺第三视图。

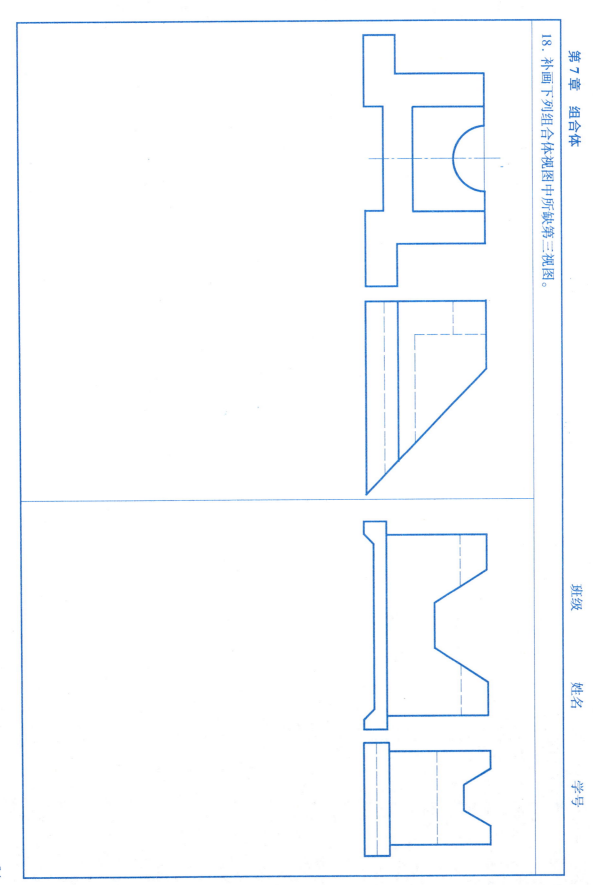

第 7 章 组合体

19. 补画下列组合体视图中所缺第三视图。

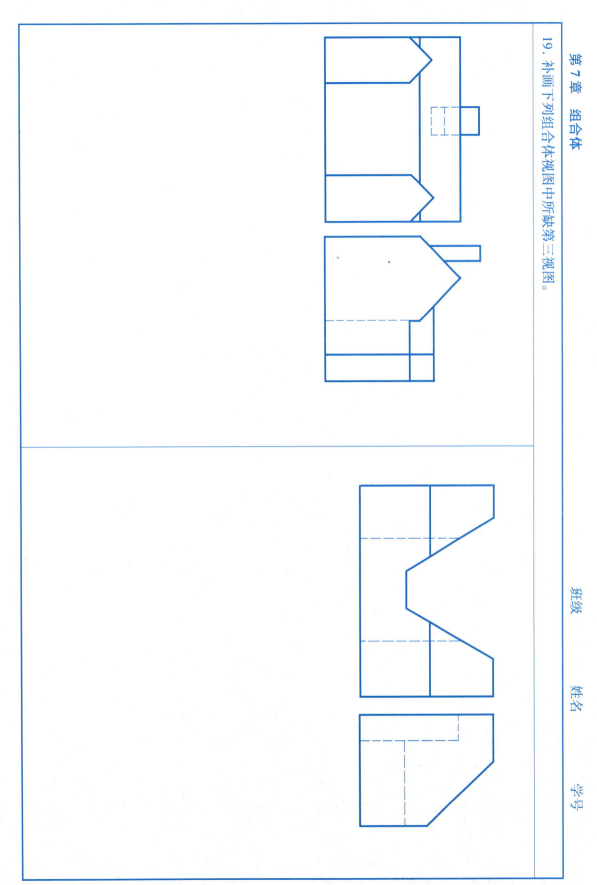

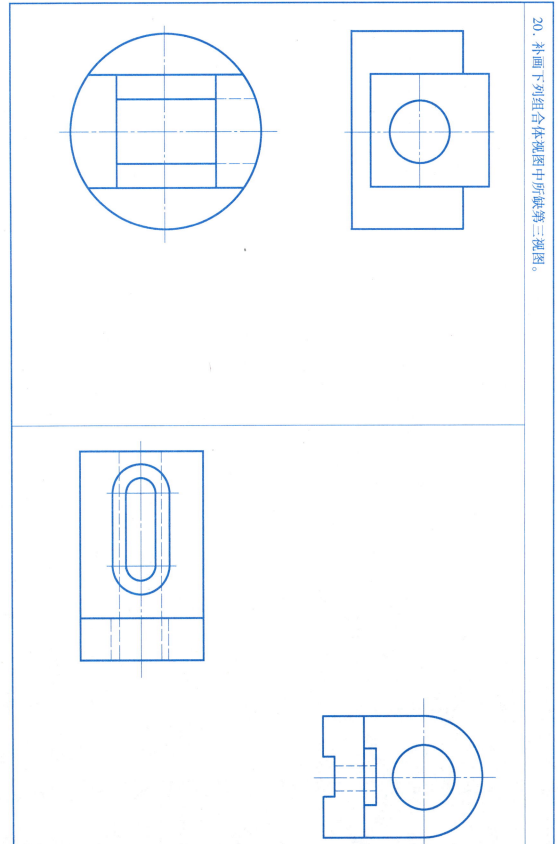

第7章 组合体

21. 补画两相同视图的第三视图，尽可能作出多种答案，并找出一些读图的规律。

第 8 章 建筑形体的表达方法

1. 根据已给正立面图、底面图,补画左立面图、右立面图、背立面图、平面图。

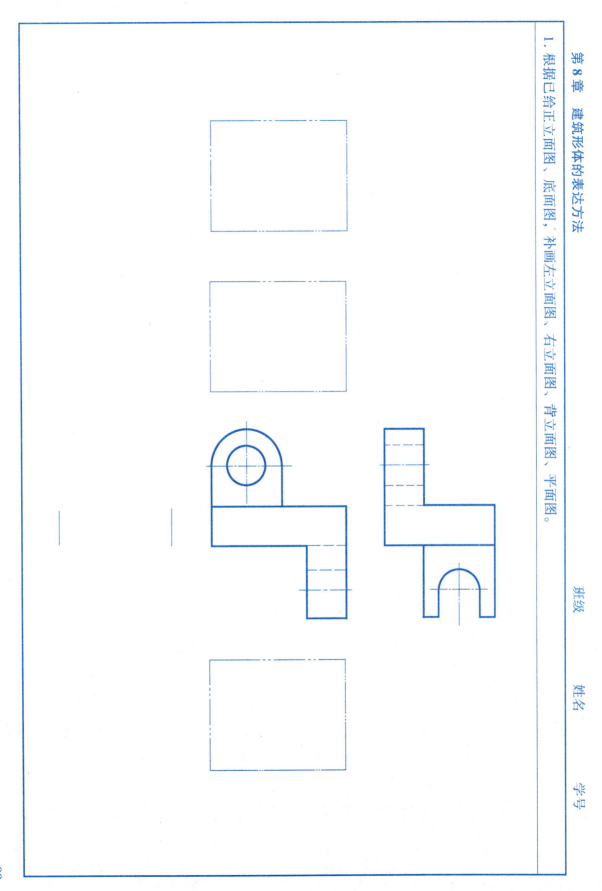

第 8 章 建筑形体的表达方法

2. 参照右侧轴测图绘制 1—1 剖面图（2—2 剖面图中的虚线为雨篷的投影）。

2—2 剖面图

第 8 章 建筑形体的表达方法

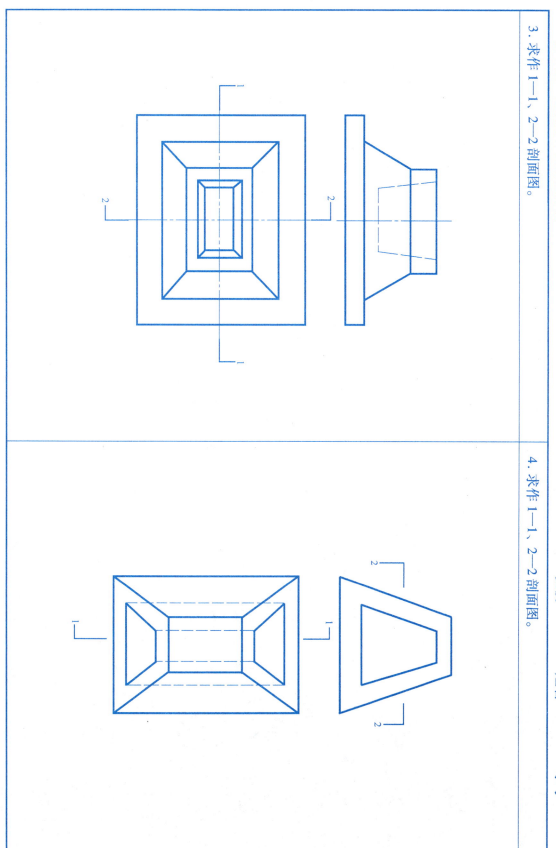

3. 求作 1—1、2—2 剖面图。

4. 求作 1—1、2—2 剖面图。

第 8 章 建筑形体的表达方法

5. 用阶梯剖表达形体的剖面图。

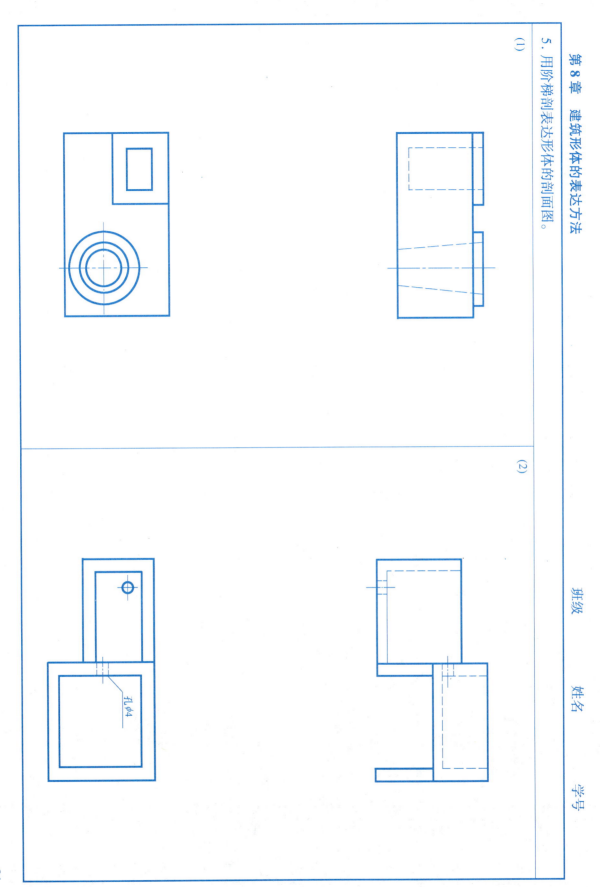

6. 按绘制半剖面图的要求，绘制形体的半剖面图。

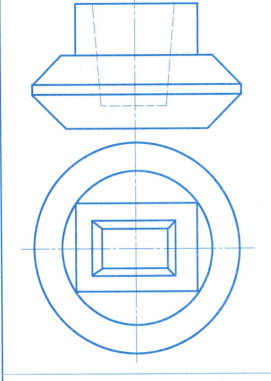

7. 绘制 1—1、2—2 剖面图。

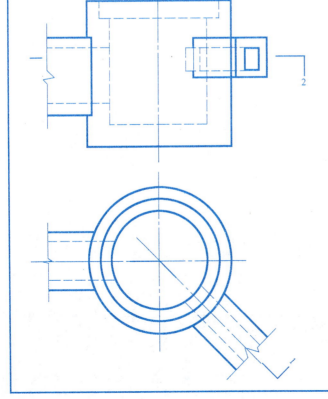

8. 绘出柱子的1—1、2—2、3—3、4—4断面图。

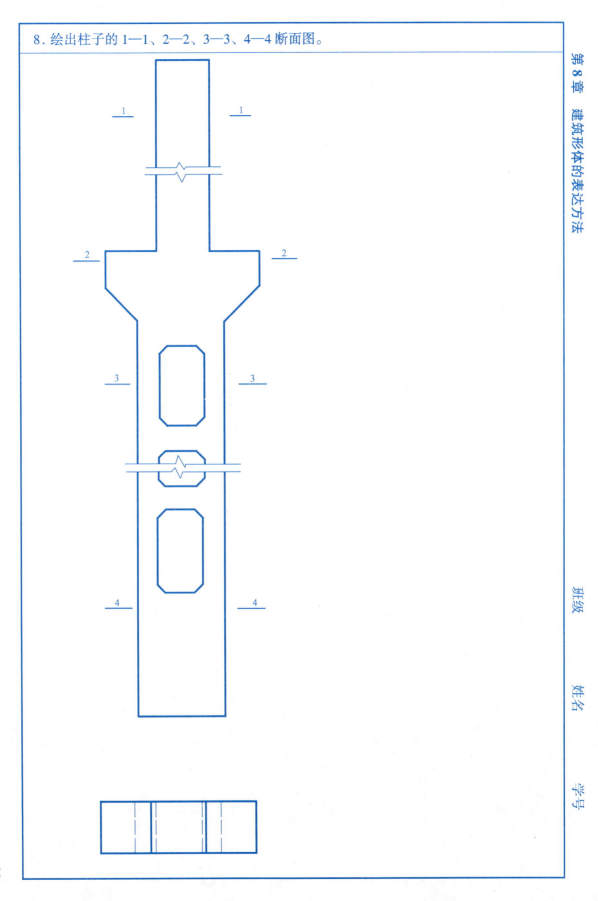

9. 放大一倍绘出薄腹式吊车梁的 1—1、2—2、3—3 断面图。

10. 绘出檩条的 1—1、2—2 断面图。

11. 在平面图中的适当位置画出现浇楼面的折倒断面图。

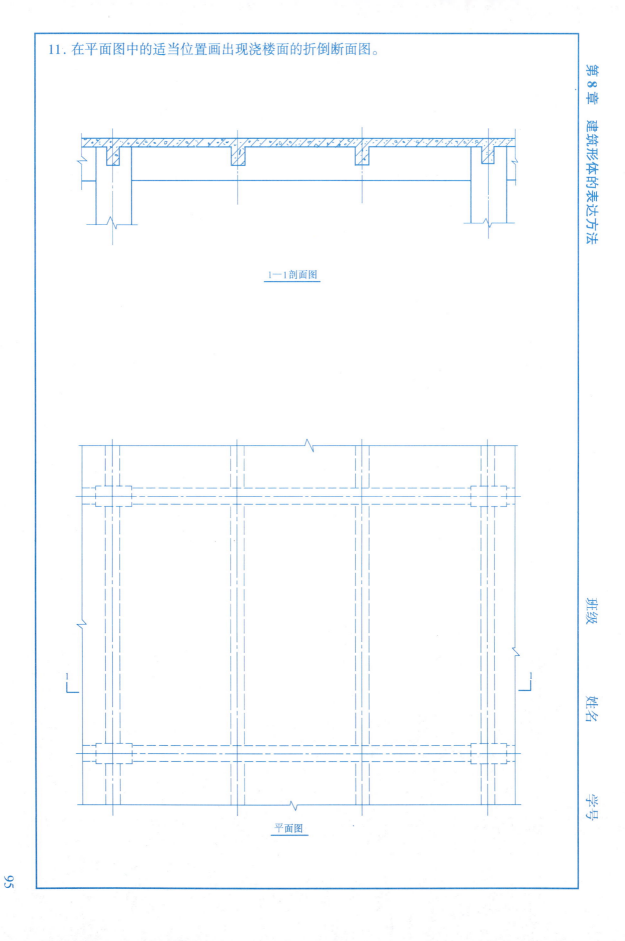

第9章 建筑施工图

总 说 明

1. 本住宅±0.000标高为193.20m。
2. 本住宅砖混结构,墙身厚度为240、120两种,具体位置见平面图。砖墙门垛除注明者外,均为120,轻质隔墙采用水泥木屑板,做法详见有关标准图。与轻质墙相连接之墙均预埋防腐木砖@500。
3. 楼地面做法详见材料做法表。门窗立樘平至内墙面,阳台见西南丁。
4. 屋面为二毡三油柔性防水屋面,炉渣混凝土空心砖满铺屋面作隔热层,做法详见西南丁。屋面采用结构找坡,坡度为3%。
5. 砖墙防潮层设在±0.000处,采用20厚1:2水泥砂浆掺5%的防水剂。室外勒脚高1350,散水、明沟详见本图中的墙身剖面图。
6. 室内阳角粉1.5m高1:2水泥砂浆护角。内墙装修详见附图—1材料做法图。
7. 墙体二层以下采用MU7.5、M2.5混合砂浆砌筑,二层以上采用MU7.5、M5混合砂浆砌筑。
8. 外装修:外墙1350以上采用灰绿色干粘石,外门窗采用浅粉红色油漆,户门及室内门窗均采用浅灰色油漆(按颜色样板确定后施工)。

作业:在A3图纸上抄绘一套平、立、剖视图及楼梯剖面图,节点详图

材料做法(装修)表

名 称	楼地面	踢 脚	墙 裙	墙 面	顶 棚
起居室 卧室 楼梯间 阳台	陶瓷地砖楼面 西南丁 3225甲/302 11	水泥砂浆踢脚 西南丁 3301/302 14		涂料墙面 西南丁 5601/505 42	白浆顶棚 西南丁 5101/505 31
	水泥石屑楼面 西南丁 3302/302 3			同上	同上
卫生间 盥洗间 过道	玛赛克楼面 西南丁 3217甲/302 9		白瓷砖墙裙 西南丁 3406/302 19 H=1800	同上	同上
厨 房	玛赛克楼面 西南丁 3217甲/302 9		同上 H=1500	同上	同上
贮藏室	水泥石屑地面 西南丁 302	水泥砂浆踢脚 西南丁 3301/302 14		同上	同上
	西南丁 31066/302 2				

底层平面图 1:100

第 9 章 建筑施工图

标准层平面图 1:100

第 9 章 建筑施工图

①～⑪ 立面图 1:100

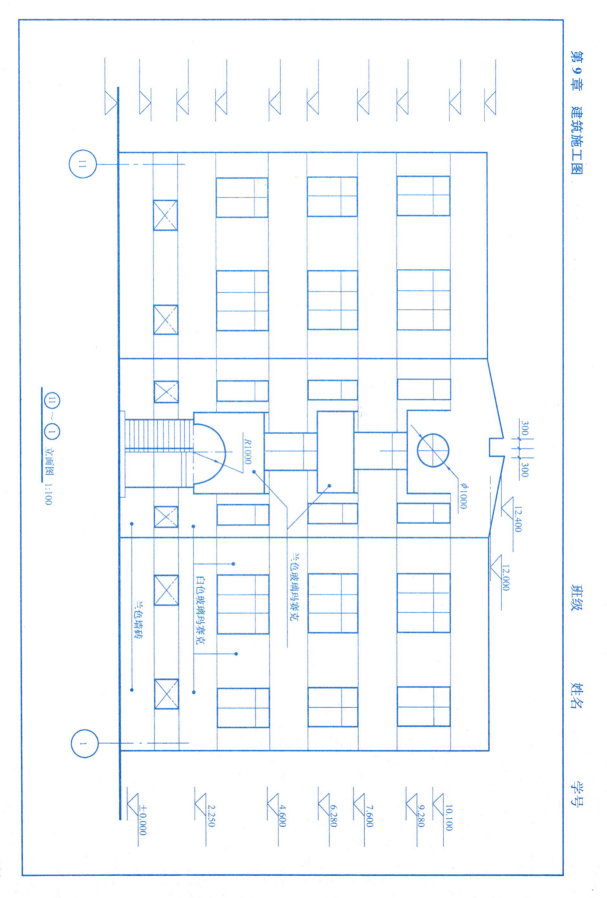

第 9 章 建筑施工图

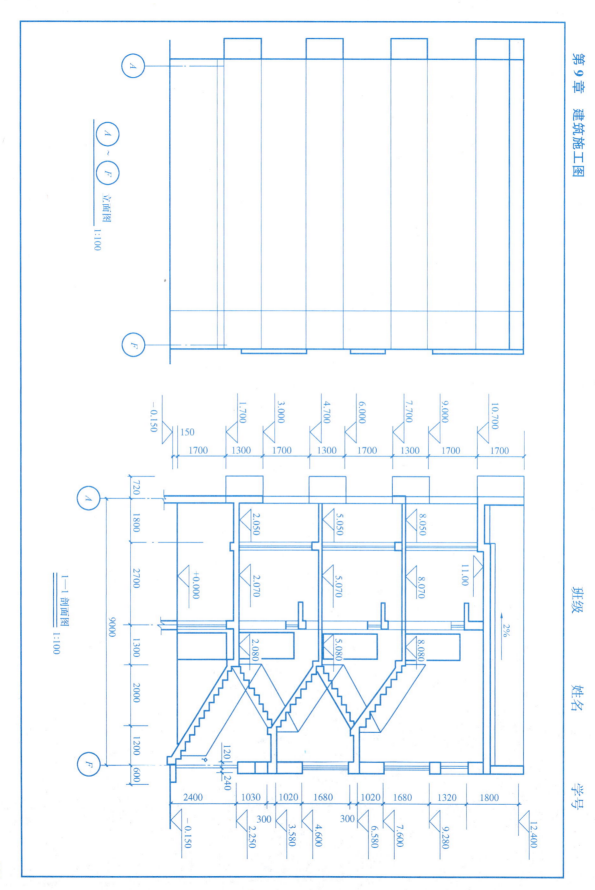

楼梯间顶层平面图

楼梯间中间层平面图

梯梯间底层平面图

2—2剖面图 1:30

墙身部面图 1:20

阳台立面图 1:20

阳台平面图

3—3剖面图

② 1:20

① 1:10

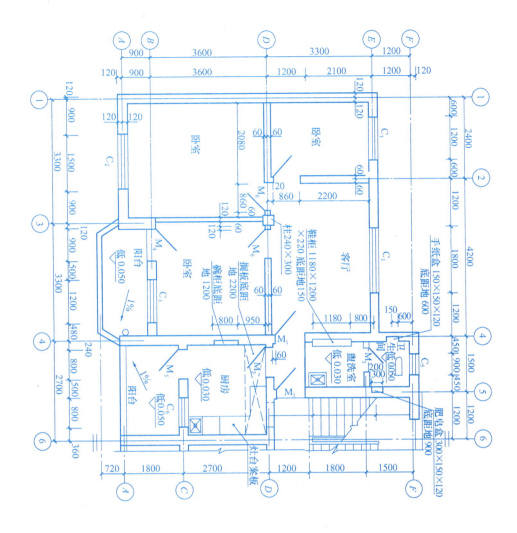

单元详图 1:50

门编号	尺寸	数量	说明	窗编号	尺寸	数量	说明
M_1	900×2100	12		C_1	1800×1700	6	
M_2				C_2			
M_3				C_3			
M_4				C_4			
M_5				C_5			
M_6				C_6			
M_7				C_7			
				C_8			
				C_9	600×500	6	厨房高窗

门窗表

第 10 章 结构施工图

1. 抄绘基础平面图、基础详图。

下图为某砖混结构住宅的基础平面图和基础详图。试在看懂该图的基础上用指定的比例将该图抄绘在 A3 图纸上。要求图面整洁，符合制图国家标准的各项规定。图中的汉字应用长仿宋体，字高 7mm（图名字高 10mm），尺寸数字字高 3.5mm，定位轴线编号的字高 5mm，详图索引符号中的数字字高 2.5mm，详图符号中的数字字高 3.5mm。

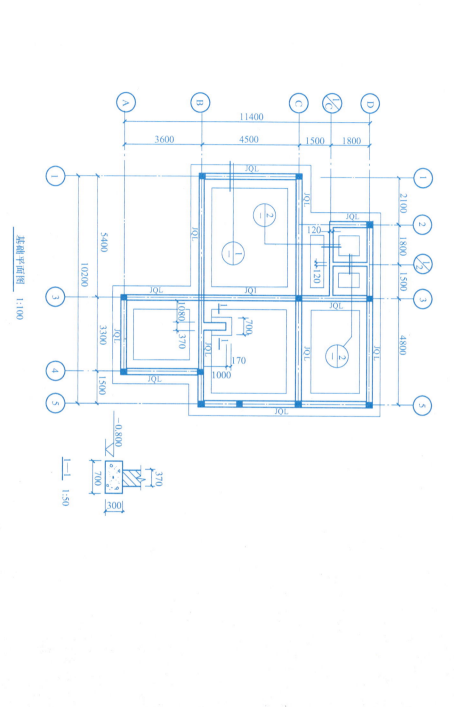

第10章 结构施工图

2. 抄绘钢筋混凝土梁结构详图。

下图为某砖混结构住宅的钢筋混凝土梁结构详图。试在看懂该图的基础上用指定的比例将该图抄绘在A3图纸上。要求图面整洁，符合制图国家标准的各项规定。图中的汉字应用长仿宋体，字高7mm（图名字高10mm），尺寸数字字高3.5mm，定位轴线编号的字高5mm，符详图索引符号中的数字字高2.5mm，详图符号中的数字字高3.5mm。

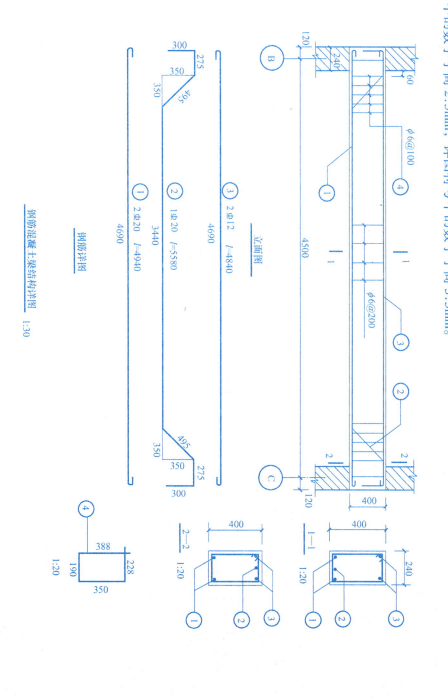

钢筋混凝土梁结构详图 1:30

第10章 结构施工图

3. 抄绘楼层结构平面图。

下图为某砖混结构住宅的二层结构平面图。试在看懂该图的基础上用指定的比例将该图抄绘在A3图纸上。要求图面整洁，符合制图国家标准的各项规定。图中的汉字应用长仿宋体，字高7mm（图名字高10mm），尺寸数字字高3.5mm，定位轴线编号的字高5mm，详图索引符号中的数字字高2.5mm，详图符号中的数字字高3.5mm。

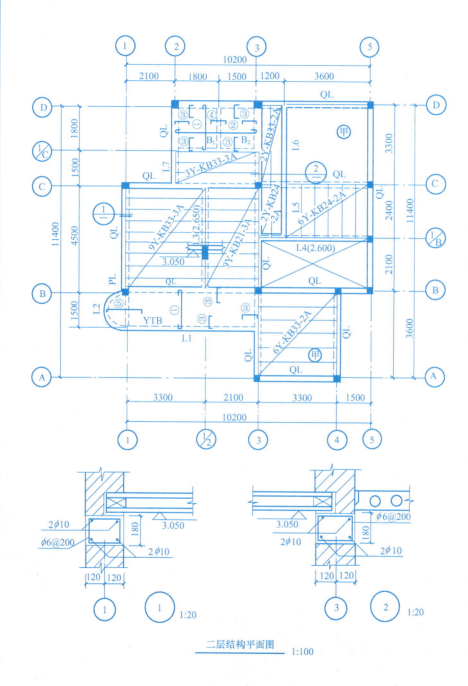

二层结构平面图 1:100

在 A2 图纸上抄绘室内给水、排水管网平面图（配合下页读图）

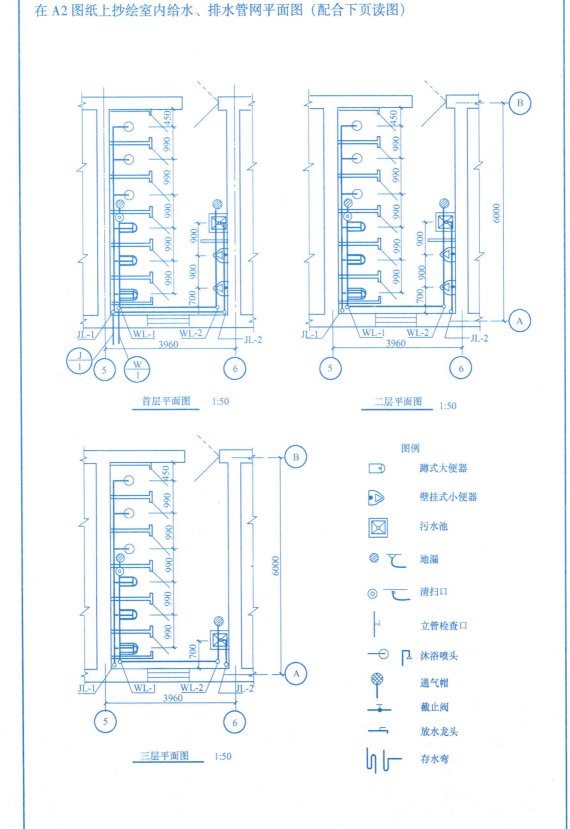

1. 在 A2 图纸上抄绘室内给水、排水管网平面图。
2. 补全给水、排水管子网系统图。
3. 系统图中支管安装高度为①给水管：接大便器高位水箱支管子离地面 2.200m 小便器支管子离地 1.200m，沐浴器支管子离地 0.700m，喷头高 2.200m。②排水管：接大便器支管子低于地面 0.330m，接小便器支管子低于地面 0.500m，地漏及清扫口平齐地面。
4. 排水管子坡度：$DN75$ 时，$i=0.020$；$DN100$ 时，$i=0.015$；$DN150$ 时，$i=0.010$。

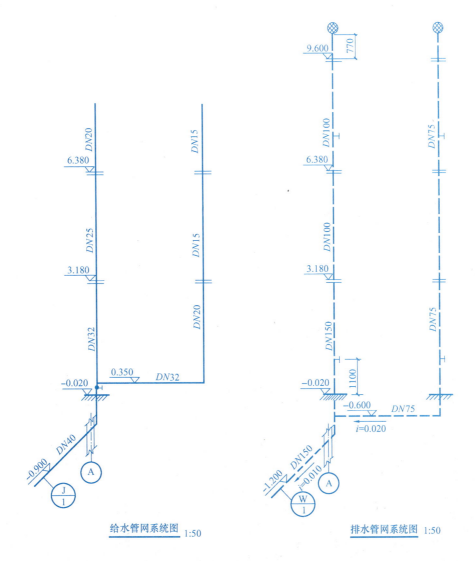

给水管网系统图 1:50   排水管网系统图 1:50

第 12 章 桥梁、涵洞、隧道工程图

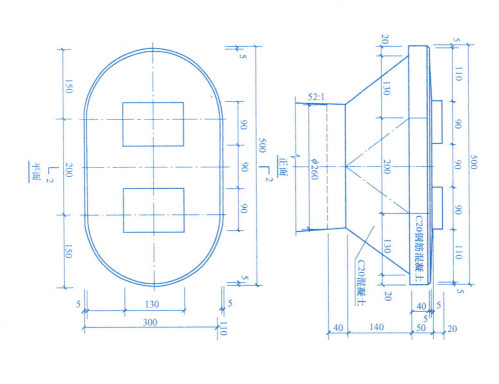

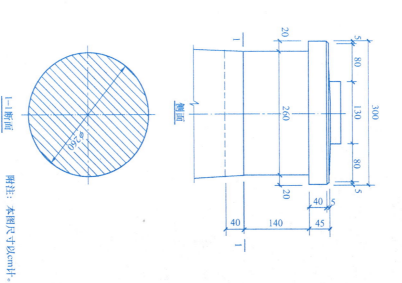

附注：本图尺寸以cm计。

在A3幅面的图纸上绘制图示圆形桥墩顶帽构造图，把其中的侧面图改画成半侧面、半2—2断面，标注尺寸并书写附注，选定。本作业图名：圆形桥墩顶帽构造图。

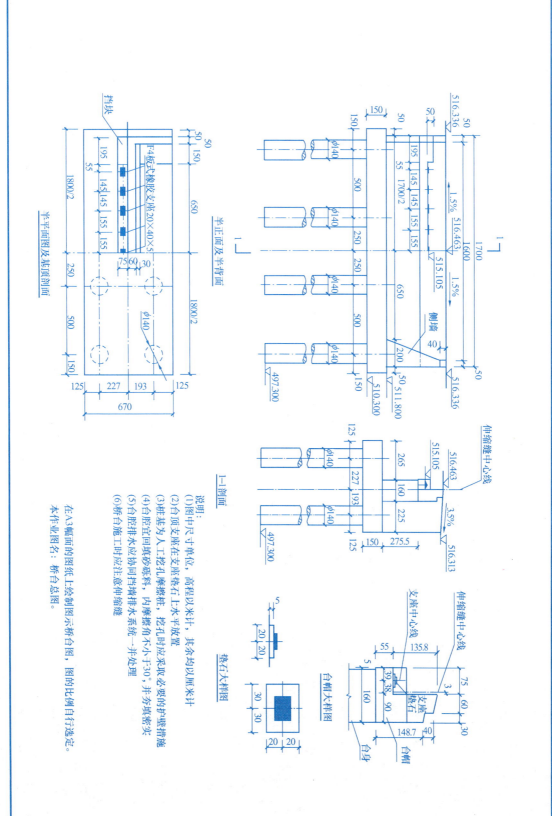

第 12 章 桥梁、涵洞、隧道工程图

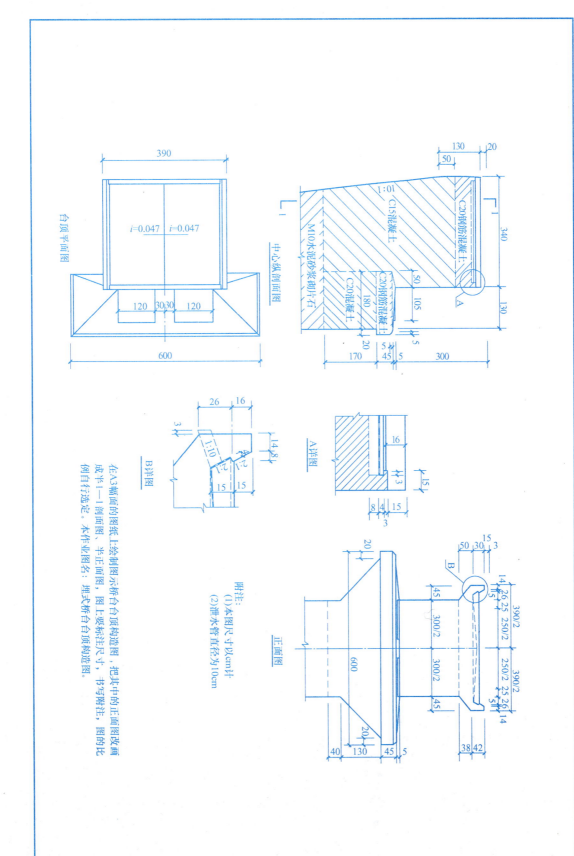

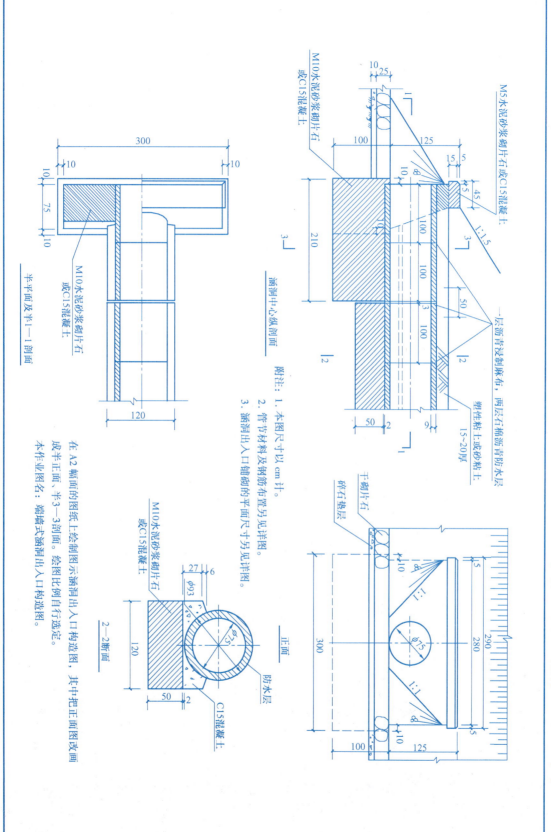

第12章 桥梁、涵洞、隧道工程图

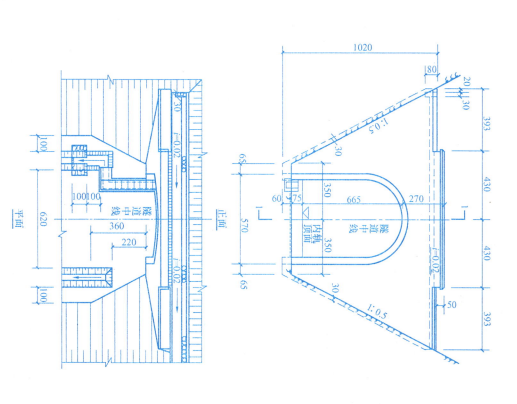

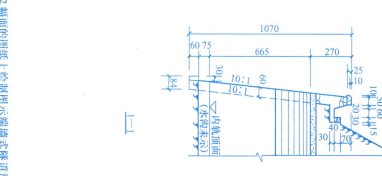

1—1

在 A2 幅面的图纸上绘制图示端墙式隧道洞门图，图中要标注尺寸。隧道内外侧水沟形状和尺寸以及隧道衬砌的各部分尺寸见本习题集的下一页。绘图比例自行选定。本作业图名：端墙式隧道洞门图。

第 12 章 桥梁、涵洞、隧道工程图

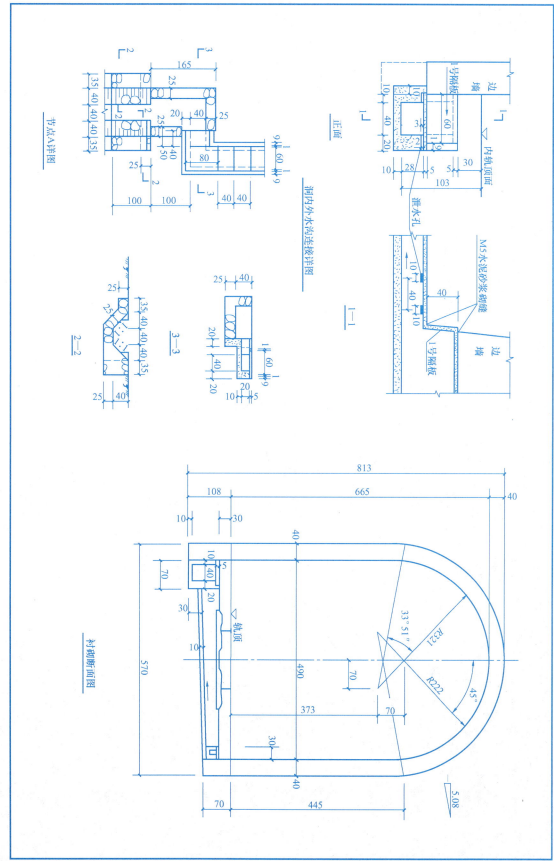